并集置信规则库建模、优化与应用

常雷雷　孙建彬　徐晓滨　徐晓健　侯平智　著

科 学 出 版 社

北　京

内 容 简 介

置信规则库专家系统凭借其强大的非线性建模能力和具有较强可解释性的特点，已成功应用于不同领域的复杂系统建模和求解，并取得了较好的效果。本书分为四个部分。第一部分介绍置信规则库的基本理论以及置信规则库空间的概念；第二部分介绍并集置信规则库建模和推理方法、并集置信规则库传播方法，以及在考虑随机性、相关性和多输出特征时的置信规则库建模方法；第三部分为并集置信规则库优化，包括基于演化算法的单目标优化、双层优化和多目标优化；第四部分为并集置信规则库在多传感器信息融合、并发故障预测、建筑沉降约减、铁路安全评估等实际问题中的应用研究。

本书主要面向管理科学与工程、控制科学与工程、系统工程等领域的学者及研究生，也可供相关领域的研究人员阅读参考。

图书在版编目（CIP）数据

并集置信规则库建模、优化与应用 / 常雷雷等著. — 北京：科学出版社，2021.10

ISBN 978-7-03-070052-0

Ⅰ. ①并…　Ⅱ. ①常…　Ⅲ. ①置信－系统建模　Ⅳ. ①O212

中国版本图书馆 CIP 数据核字（2021）第 206922 号

责任编辑：陈　静 / 责任校对：胡小洁

责任印制：吴兆东 / 封面设计：迷底书装

科学出版社 出版

北京东黄城根北街 16 号

邮政编码：100717

http://www.sciencep.com

北京中石油彩色印刷有限责任公司印刷

科学出版社发行　各地新华书店经销

*

2021 年 10 月第 一 版　开本：720×1 000　1/16

2022 年 1 月第二次印刷　印张：17 1/4　插页：3

字数：327 000

定价：138.00 元

（如有印装质量问题，我社负责调换）

前　　言

置信规则库(belief rule base，BRB)是以具有置信结构的规则为基本形式，对不确定条件下多种类型的复杂信息进行建模、推理和集成的一种专家系统和机器学习方法。置信规则库可以较好地处理复杂系统建模、推理及优化等问题。相对于其他同类型方法，置信规则库具有以下诸多优势。

(1) 置信规则库所采用的 IF-THEN 规则形式更接近人对于知识的自然理解和表达。复杂系统建模的难点之一在于难以直接建立解析模型：面向系统局部采集定量数据较为容易，而面向系统全局获得相关信息较难。但同时人对复杂系统也并不是完全无知的，只是人对复杂系统的认知往往具有模糊和强不确定性，这使得直接基于人的知识进行建模的可信性较差。相对而言，IF-THEN 规则较为接近人对知识的自然理解，因此置信规则库可以更好地建模不确定条件下的多种类型信息，包括定性定量知识、语义数值信息，以及完备与不完备信息等。

(2) 置信规则库具有较强的非线性建模能力。首先，置信规则库的非线性建模能力建立在其 IF-THEN 规则的基础之上。具体而言，置信规则的前提属性部分能够较好地表达包括人的主观知识和定量数据的多种类型信息，即置信规则库具有较强的非线性信息表达能力。然后，置信规则库将根据输入信息匹配并激活相关规则，为激活规则自动赋予权重，这个过程本质上是信息转换的过程。最后，采用证据推理算法集成具有不同权重的激活规则，这个过程本质上是信息集成的过程。以上面向多种类型信息的表达、转换和集成过程赋予了置信规则库较强的非线性建模能力。

(3) 置信规则库是一种白箱(white box)方法，专家和决策者可参与。置信规则库的建模过程专家可见、易理解、可参与，同时置信规则库的推理和集成过程也是解析的。也就是说，每一个输入信息从表达到推理再到最后集成的过程都是透明可见的，专家可以清楚地理解每条规则的含义，这样一来，当某条置信规则所表达的含义与实际情况不一致的时候，可以及时根据专家的知识和经验来调整该条规则中的不恰当参数。相对而言，大多数黑箱方法都不具有这一特征，而这一特征对于具有特定要求的复杂系统具有重要的意义。

(4) 评估结果具有较好的可解释性和可追溯性。由于置信规则库属于白箱方法，基于置信规则库对复杂系统进行建模、评估和预测的结果天然具有较好的可解释性；由于复杂系统的建模与推理过程全程可见，可以从最终结果逐步向上追溯，直至识别系统的薄弱环节。这一点对某些结构庞杂、过程繁多的复杂系统尤为重要，同时此类复杂系统的综合决策往往涉及巨大的经济、军事、政治意义，要做出综合决策需要对整个分析、评估和预测过程有较为全面综合地了解，此时置信规则库具有较好的可解释性和可追溯性的优势则十分巨大。

由于具有上述优势，置信规则库已成功应用于不同领域、不同类型复杂系统问题的建模和求解，并且取得了较好的效果，这其中既包括理论问题，如分类问题、多属性决策问题，又包括实际应用问题，如复杂系统故障诊断、态势评估、新产品研发、隧道施工过程中建筑沉降约减等。

当前置信规则库均建模于交集假设(conjunctive assumption)之下，即假设置信规则成立的条件为所有前提属性同时成立，这样的规则称为交集规则(conjunctive rules)，相应的置信规则库称为交集置信规则库(conjunctive BRB)。由于交集假设关系与人的认知和常识较为一致，因此交集置信规则库具有易于直观理解和构造的优势，但同时交集置信规则库要求其中包含的交集规则要能够覆盖所有前提属性参考值的遍历组合，当复杂系统中包含的前提属性与/或前提属性参考值数量过多时，交集置信规则库的规模(其中规则的数量)会呈指数上升，这也就极易导致组合爆炸问题(combinatorial explosion problem)。

基于此，本书中着重介绍并集假设(disjunctive assumption)下建立的置信规则库，即并集置信规则库(disjunctive BRB)。相对而言，并集置信规则库中包含的规则是并集规则(disjunctive rules)，其中每条规则成立的条件为任一前提属性成立(被激活)，该条规则即被激活。这样一来，并集置信规则库的规模将仅与前提属性参考值的最大值有关(第 3 章将详细讨论该问题)，因此，并集置信规则库可以有效地约简置信规则库的规模，也就可以规避交集置信规则库所面临的组合爆炸问题。

面向并集置信规则库开展相关研究，并将其用于复杂系统的建模、推理与优化，需要解决以下诸多问题。

(1)并集置信规则库的定义。交集与并集置信规则库二者能否定义在统一的理论框架之上，二者有何异同？本书的第一部分将重点阐述该问题。

(2)并集置信规则库的建模。如何对并集置信规则库进行建模与推理？尤其是区别于交集置信规则库的建模与推理过程，面向少量数据、缺失信息的情况如何进行建模？如何考虑随机性、相关性和多输出的情况进行建模和推理？本书的第二部分将重点阐述该问题。

(3)并集置信规则库的优化。由于初始置信规则库精度可能较低，因此往往需要进一步优化。并集置信规则库的优化应当如何进行？能否对置信规则库的规模进行优化？能否从单目标优化拓展到多目标优化？本书的第三部分将重点阐述该问题。

(4)面向实际问题的应用验证。本书不仅在第 10～第 13 章专门针对多传感器信息融合、并发故障诊断、建筑沉降约减和铁路运输安全性评估问题开展面向实际问题的应用验证，还针对风险评估(第 4 章)、新产品研发(第 5 章)、发动机传感器信号推理(第 7 章)、输油管道泄漏检测(第 8 和第 9 章)等也开展了大量的应用验证。

本书将分为四个部分重点解答以上问题：第一部分为第 1 和第 2 章，主要介绍置信规则库基本理论知识；第二部分为第 3～第 6 章，主要提出并集置信规则库建模；第三部分为第 7～第 9 章，主要提出并集置信规则库优化方法；第四部分为第 10～第 13 章，主要介绍并集置信规则库在多个实际问题中的应用。

同时出于完整性的目的，本书部分章节中也涉及部分交集置信规则库(第 4.1 节、第 8.4 节、第 11.3 节)；基于交集与并集置信规则库的研究基础，在第 13 章还提出了混合置信规则库的概念并将其应用于区域铁路运输安全性评估问题。相信在本书中加入这部分内容将会使读者能够更有对比性得理解并集与交集假设下置信规则库的建模推理以及使用过程中的异同。

在本书的撰写过程中，作者得到了许多学者及专家的无私帮助，其中，特别感谢我的导师国防科技大学李孟军教授、杨克巍教授、赵青松教授、姜江副教授等，火箭军工程大学周志杰教授，英国曼彻斯特大学的杨剑波教授、徐冬玲教授、陈玉旺高级讲师等对作者的帮助和支持。本书参考了大量国内外相关文献，书中所附主要参考文献仅为其中一部分，在此向所有列入和未列入参考文献的作者们表示衷心感谢。

本书出版得到了国家自然科学基金项目(71901212、61903108、62103121、71601180)、NSFC-浙江两化融合联合基金重点支持项目(U1709215)、浙江省杰出青年基金项目(R21F030005)、浙江省科技计划项目(2021C03015、2018C01031、2019C01058)，以及国家重点研究发展计划(2017YFB120700)的支持。

限于作者的水平，书中难免有不妥和疏漏之处，敬请领域专家和读者不吝赐教。

作　者
杭州电子科技大学
2021 年 3 月

本书分为四个部分共[illegible]章。第一部分为第1和第2章，主要介绍[illegible]；第二部分为第3～第5章，主要[illegible]；第三部分为第6～第9章，主要[illegible]；第四部分为第10～第[illegible]章，[illegible]。

[illegible]

[illegible]。

在本书的撰写过程中，作者参阅了大量相关的文献资料，[illegible]。

本书出版得到了国家自然科学基金项目(71901212、61903108、62103121、71GD1140)、[illegible]、浙江省[illegible](2021C03015、2018C01031、2019C01058)以及[illegible](2017YFD1209001)的支持。

限于作者水平，书中难免有不足之处，恳请[illegible]指正。

作　者

[illegible]科技大学

2021年3月

目　　录

基 本 理 论

并集置信规则库建模

并集置信规则库优化

并集置信规则库应用

基 本 理 论

第 1 章　置信规则库基本理论

1.1　D-S 证据理论

证据理论是处理不确定性问题的重要理论之一，由哈佛大学 Dempster 教授于 1976 年提出，在进一步发展的集值映射和上、下概率等重要概念的基础上定义了命题的不确定性和未知性，随后又给出了 Dempster 规则[1]。Dempster 教授的学生 Shafer 进一步推广和发展了 D-S 证据理论，引入信任函数重新诠释了上、下概率，最终形成了具有一般普适性和系统化的 D-S 证据理论(Dempster-Shafer theory of evidence，D-S theory of evidence)[2]。D-S 证据理论满足比贝叶斯概率论更弱的约束条件，采用“区间估计”描述信息的不确定性，进一步明确和区分了信息的“不确定性”和“未知性”。该理论可用于合成多个不确定信息的证据，在精确反映证据融合程度方面表现出了较强的灵活性[3]，广泛应用于基于知识的系统、模式识别、多源信息融合、多准则决策分析和风险分析等领域。

在证据理论中，辨识框架(framework of discernment)表示所有可能假设的有限集合，表示为 $\Theta=\{\theta_1,\theta_2,\cdots,\theta_n\}$，由 n 个相互独立且互补相容的命题构成。2^Θ 是 Θ 的幂集，表示辨识框架的所有子集，即 $2^\Theta=\{\varnothing,\{\theta_1\},\{\theta_2\},\cdots,\{\theta_1,\theta_2\},\cdots,\Theta\}$。设 A 是 Θ 上的任一子集，若存在映射 m：$2^\Theta\to[0,1]$，并满足 $m(\varnothing)=0$，$\sum_{A\subset\Theta}m(A)=1$，$m(A)\geqslant 0$，则 m 是 2^Θ 上的基本概率赋值函数(basic probability assignment，BPA)，表示该条证据对命题 A 的支持程度。证据理论包括两个部分，用来表示决策者在给定证据下假设或命题信念的置信度函数(belief function)与似然函数(plausibility function)，以及 Dempster 合成规则。其中，置信度函数 $\mathrm{Bel}(A)$ 给出了子集 A 以及 A 的子集 B 的概率赋值，如式(1.1)；似然函数 $\mathrm{Pl}(A)$ 表示 A 可能为真的不确定度量，如式(1.2)。

$$\mathrm{Bel}(A)=\sum_{B\subseteq A}m(B),\quad A\subseteq\Theta \tag{1.1}$$

$$\mathrm{Pl}(A)=1-\mathrm{Bel}(\bar{A})=\sum\nolimits_{B\cap A\neq\varnothing}m(B),\quad A\subseteq\Theta \tag{1.2}$$

Dempster 合成规则是用来反映证据联合作用的一种规则，通过 D-S 证据理论将同一辨识框架下的多个证据合成一个基本概率赋值函数，如式(1.3)：

$$m(A)=\begin{cases}\dfrac{\sum\limits_{\cap A_i=A}\prod\limits_{i=1}^{n}m_i(A_i)}{1-\sum\limits_{\cap A_i=A}\prod\limits_{i=1}^{n}m_i(A_i)}, & \forall A\in\Theta, A\neq\varnothing\\ 0, & A=\varnothing\end{cases} \tag{1.3}$$

通过分析传统概率论方法的不足，姜江[4]总结了提出 D-S 证据理论的 5 个动机。

(1) 建模认知不确定性的需要。

不确定性分为两种类型[5,6]：随机不确定性(aleatory uncertainty)和认知不确定性(epistemic uncertainty)。随机不确定性来源于客观事物内在的本质，只能通过科学方法认识和描述，而不能消除；认知不确定性来源于人对客观世界的无知，随着信息的增加，可以逐渐减少。概率论不能描述无知的情况，随着信息量的增加而消除的不确定性在概率模型里很难表示。

(2) 处理不完备、不精确信息的需要。

无论是在科学研究还是实际生活中，来自不同信息源的定性/定量、主观/客观信息都时时刻刻存在，这类信息往往存在信息缺失或模糊不准确的特征，因此具有较强的不确定性。这就需要一个普适性的一般理论框架来描述和处理各种不精确的信息。

(3) 构造性解释的需要。

经典概率论有三种解释：客观解释(频率解释)、个人主义解释(主观解释或贝叶斯解释)、必要性解释(逻辑主义解释)。但这三种解释实际上都要求给出一个命题为真的概率，则这三种解释都是“非黑即白”的。客观解释和必要性解释赋予概率以客观属性，但是却忽视了人的作用；个人主义解释认为概率是人的偏好，但这又忽视了证据的作用。

Shafer 指出，对于概率推断的理解，不仅要强调证据的客观性也要强调证据估计的主观性。因此可以在客观证据的基础上给出“构造性解释”：概率是某人在证据的基础上构造出的对一命题为真的信任程度，即为“置信度”。

(4) 描述信念的需要。

概率论中对于信念的描述是单一的，只要在概率论框架之内，均要求以一个[0,1]区间内的数值去表示信念。这本身就是十分不精确的，尤其是在涉及多个专家的情况下，如何综合集成多位专家的意见也是概率论框架中的一个难点。

(5) 克服概率不足的需要。

概率不足问题主要体现在以下 4 个方面。

①假设有 K 个专家对命题 A 给出 K 个测度 P_i，$i=1,\cdots,K$。要集成 K 个专家的意见为一个统一的意见 P，概率论的方法是向这 K 个专家赋权 $w_i \geqslant 0$ 且 $\sum_{i=1}^{K} w_i = 1$，那么无论怎么选择 w_i，总有 $\min_i P_i \leqslant P = \sum_{i=1}^{K} w_i P_i \leqslant \max_i P_i$。

假如对某一命题，两个专家分别给出认为其为真的概率是 80%和 90%，从概率论的角度计算，如果为甲乙二人赋予相同的权重，那么可以得到该命题为真的概率为 85%；如果为二人赋予不同的权重，则最终得到的命题为真的概率也将介于 80%和 90%之间。但是从常理出发，由于二人都肯定了该命题为真(给出的概率较高)，那么应当认为该命题为真的概率大于二者给出概率的最大值(90%)，这才应当是合理的结果。显然，根据概率论计算的结果与常理相悖。

②根据概率论中的独立事件可加性原则，可以得到推论：一个命题与其逆命题的概率之和为 1，即 $P(\bar{A})=1-P(A)$。基于该推论，在一些情况下会推导出荒谬的结论，比如只要某命题为真的概率是 p，那么该命题为假的概率是 $1-p$，这在多数情况下是不能接受的。

③概率的三种解释都满足可加性，即 $\forall A,B \subset \theta; A \cap B = \varnothing$，则 $P(A \cup B) = P(A) + P(B)$。根据可加性，如果一个命题为真的概率为 s，那么必须以 $(1-s)$ 的概率去相信该命题的逆命题。基于该准则，在一些情况下也会推导出荒谬的结论。

④概率论在对待完全无信息的情况时，认为该命题为真与假的概率各是一半，这在一定情况下是合理的，如抛硬币的例子，一枚硬币自由落下，在没有任何信息的情况下，一枚硬币正面朝上为真的概率等于其正面朝上为假的概率。但是在更多的时候，也会推理出荒谬的结论。例如，法国数学家拉普拉斯(Laplace)曾基于此计算出“明天太阳升起的概率居然是 1/1826214”。

相比于传统的概率论理论，证据理论的改进主要体现在以下三个方面：

(1) 证据理论可以更好地表示不确定条件下的多种信息，尤其是对不完备信息的表示更加明确、合理；

(2) 基于 Dempster 合成规则，证据理论可以处理传统概率论框架内不便处理的不同概率函数；

(3) 与传统概率论相比，证据理论关于不确定性的观点是不同的，D-S 证据理论将不确定性视为主体基于证据的认识(即对某种结论的一种信念，为本书中所称的“置信度”)，而概率论认为不确定性是固有的，证据的作用仅仅是修改对于事件不确定性的估计。

证据理论提出至今，逐渐得到国际学术界的认可，已经取得了丰硕的研究成果，并广泛应用于人工智能、检测诊断、不确定决策等多个领域。2008 年 Yager 和 Liu[7]

收集整理了证据理论研究中有代表性的 29 篇论文，对 D-S 证据理论进行了比较全面地介绍和总结。

国际上关于 D-S 证据理论的文献涉及众多领域，Denœux 和 Masson[8]讨论了证据理论在大偏序集中的应用；Yager[9]讨论了证据理论中非单调信息的处理情况；Beynon 等[10]提出了一种基于 D-S 证据理论的多准则决策模型，Masson 和 Denœux[11]讨论了置信度函数框架中成组对称信息的排序问题；Ramasso 和 Denœux[12]提出了基于置信度函数求解隐马尔可夫模型(hidden Markov model，HMM)问题的方法，Dubois 和 Prade[13]提出了非正规化析取规则；Jousselme 等[14]对证据理论中规则之间的距离进行了充分地研究。

国内也已经有多个研究机构和学者进行有关证据理论方面的研究工作，每年都有多篇学位论文采用证据理论方法来解决多个领域问题，如航天器故障诊断、科研基金立项、风险评估、海事管理、多传感器信息融合、移动机器人定位、矿井突水预测等。

1.2　证据推理方法

曼彻斯特大学的 Yang 教授等提出了证据推理方法——RIMER(belief rule-based inference methodology using evidential reasoning)[15]，其是一种较好地处理不确定条件下多种类型信息的方法。该方法已经成功应用于多个实际应用领域，并体现出较强的优势。

在传统 D-S 证据理论的基础上，证据推理方法采用置信结构(belief structure，BS)模型描述不确定性，可以更加有效地建模多种类型的不确定信息，尤其是不完备信息。证据推理方法主要包括两部分，置信规则库(belief rule base，BRB)和证据推理(evidential reasoning，ER)算法。置信规则库以 IF-THEN 规则为基本形式来表示、融合、转换不确定条件下的多种类型信息，包括定性定量信息、语义数字信息、完备或不完备信息等；证据推理算法集成具有同样置信结构的规则。总的来说，置信规则库是证据推理方法中的专家系统和知识库，用来表达和描述不同类型的信息，并将其转换为统一置信结构下的规则；而证据推理算法是一种集成算法，用来集成置信规则库中的激活规则，并以同样置信结构的形式输出最终结果。

目前证据推理方法已经成功应用到多个领域，大致可以分为理论研究和实际应用两个方向：理论研究又可以分为有关证据推理方法自身的理论研究，如输入为区间型数据的置信结构集成问题、置信规则库约简方法、变权的证据推理算法等，和证据推理方法与其他相关方法的综合集成，如与正负理想点法、数据包络分析方法等的综合集成研究；实际应用问题则根据不同问题特点有不同特征，如风险评估、故障预测、群决策、军事能力评估等。

这里着重介绍有关置信规则库理论研究方面的部分研究成果：Chen 等[16]提出了一种适应性置信规则库学习方法；Zhou[17]使用隐马尔可夫链来建模环境变量与观测变量之间的关系，提出一种参数学习方法；姜江[4]将条件置信规则与置信规则库模型结合起来，提出了证据网络(evidential network，EN)的概念，并提出了证据网络的参数学习方法；Tsai 等[18]提出了一种规则挖掘的算法，并应用于病情诊断中，验证了其提出方法的有效性。规则约简[19]主要是评估置信规则库中的规则是否应该仍然保留于置信规则库之中，大约有 40 种方法可以用于规则约简[20]；Suzuki[21]总结，没有一种方法是完全通用的，具体选择哪一种方法或技术手段应当依据具体的情况而定。针对实际系统为基础的置信规则库，已经有了许多与其结构学习相关的研究。Yang 等[22]在 2007 年首先提出了以优化模型为基础的通用置信规则库学习框架；Xu 等[23]也提出了一种置信规则库的训练方法，并应用在了燃油管道泄露检测问题上。Zhou 等[24]认为，上述优化方法都是离线的，且都是局部最优的，不能用于动态背景下，因此，提出了在线更新置信规则库的方法，该在线更新方法不需要构建完全的置信规则库，且可以更好地融合专家知识。在证据推理方法框架下，Zhou 等[25]提出了“统计效用”的概念来进行置信规则库的参数学习，通过使用“统计效用”来筛选置信规则库中的规则。Chen 等[26]提出了一个更加一般化的学习和推理框架。

目前国内从事与证据推理相关的研究的主要团队来自于多所大学，主要包括合肥工业大学、清华大学、北京大学、福州大学、华中科技大学、火箭军工程大学、西北工业大学、武汉理工大学、昆明理工大学、国防科技大学、杭州电子科技大学、长春工业大学、海南师范大学等。国内也有众多研究者将证据推理作为其研究内容，在多篇博士论文中都进行了深入的讨论。

1.3　置信规则库构造、推理及集成算法

1.3.1　置信规则库构造

按照准则 c_i 对方案 a_k 进行评估，假设评估结果分为 N 个等级 $\{H_1,H_2,\cdots,H_N\}$，不失一般性假设 $H_1 \prec H_2 \prec \cdots \prec H_N$，评估结果 $s(a_k)=\{(H_n,\beta_{n,k})\}(n=1,2,\cdots,N$；$k=1,2,\cdots,J)$，且满足 $0\leqslant\beta_{n,k}<1$，$0<\sum_{n=1}^{N}\beta_{n,k}\leqslant1$，表示方案 a_k 被评为 H_n 的置信度为 $\beta_{n,k}$，称 $\{(H_n,\beta_{n,k})\}$ 为置信结构。置信结构可以有效地描述由信息不完备或知识不足而导致的不确定性。置信结构是置信规则库的基本结构，置信规则库是证据推理方法中集成专家知识的专家系统。置信规则库中第 k 条规则 (R_k) 可表示为

$$
\begin{aligned}
R_k: \text{if} \quad & (x_1 \text{ is } A_1^k) \wedge (x_2 \text{ is } A_2^k) \wedge \cdots \wedge (x_M \text{ is } A_M^k), \\
& \text{then } \{(D_1, \beta_{1,k}), \cdots, (D_N, \beta_{N,k})\} \\
& \text{with rule weight } w_k, \text{ attribute weights } \delta_m
\end{aligned} \tag{1.4}
$$

其中，$A_m^k(m=1,\cdots,M;k=1,\cdots,K)$ 表示第 m 个前提属性的参考值，M 表示前提属性的个数，K 表示规则的数量；θ_k 表示规则初始权重；δ_m 表示属性权重；$\beta_{n,k}$ ($n=1,\cdots,N$) 表示结论中评估为第 n 个等级 D_n 的置信度，N 表示结论中等级的个数。如果第 k 条规则的信息是完备的，那么 $\sum_{n=1}^{N}\beta_{n,k}=1$；如果存在不完备信息，则有 $\sum_{n=1}^{N}\beta_{n,k}<1$。

1.3.2　置信规则库推理

第 k 条规则的激活权重如式(1.5)：

$$
w_k = \frac{\theta_k \prod_{m=1}^{M} (\alpha_m^k)^{\bar{\delta}_m}}{\sum_{k=1}^{K} \theta_k \prod_{m=1}^{M} (\alpha_m^k)^{\bar{\delta}_m}}, \quad \bar{\delta}_m = \frac{\delta_m}{\max\limits_{m=1,\cdots,M} \{\delta_m\}} \tag{1.5}
$$

其中，θ_k 表示第 k 条规则的权重，δ_m 表示第 m 个前提属性的权重，α_m^k 表示输入对第 k 条规则关于第 m 个前提属性的匹配度。当任一 $\alpha_k=0$ 时，有 $w_k=0$，即第 k 条规则未被激活。

当输入信息不完备时，应该对结论部分每个等级的置信度分布进行调整，如式(1.6)：

$$
\overline{\beta}_{n,k} = \beta_{n,k}\mu_k \tag{1.6}
$$

其中，μ_k 是调整因子。如果输入是完备的，那么 $\overline{\beta}_{n,k}=\beta_{n,k}$。

1.3.3　置信规则库集成

经过置信规则库推理步骤之后，即完成了输入数据的转换，获得输入数据对相应规则的激活程度。下面用证据推理的方法进行规则集成，该过程也分为两个步骤，首先构造基本可信数(basic probability mass，BPM)，然后使用证据推理算法进行集成。

(1) 构造基本可信数。

基本可信数的构造如式(1.7)所示：

$$
m_{n,k} = w_k \overline{\beta}_{n,k} \tag{1.7a}
$$

$$
m_{D,k} = 1 - w_k \sum_{n=1}^{N} \overline{\beta}_{n,k} \tag{1.7b}
$$

$$
\overline{m}_{D,k} = 1 - w_k \tag{1.7c}
$$

$$\tilde{m}_{D,k} = w_k\left(1-\sum_{n=1}^{N}\overline{\beta}_{n,k}\right) \tag{1.7d}$$

其中，$m_{n,k}$ 表示分配到第 n 个等级的基本置信度分布；$m_{D,k}$ 表示未分配到任何等级的基本置信度分布，$m_{D,k}=\overline{m}_{D,k}+\tilde{m}_{D,k}$，其中 $\overline{m}_{D,k}$ 是由于激活权重引起的第 k 条规则的重要性，$\tilde{m}_{D,k}$ 是由于第 k 条规则的不完备性引起的。

(2) 证据的集成。

假设共激活 K 条规则，采用证据推理算法集成激活的 K 条规则，其中 $m_{D,k}$，$\overline{m}_{D,k}$，$\tilde{m}_{D,k}$ 根据式 (1.7b) ～式 (1.7d) 计算得到，并规定 $m_{n,E(1)}=m_{n,1}$，$\overline{m}_{D,E(1)}=\overline{m}_{D,1}$，$\tilde{m}_{D,E(1)}=\tilde{m}_{D,1}$，则有：

$$\begin{gathered}
m_{n,E(k+1)} = \mu_{E(k+1)}(m_{n,E(k)}m_{n,k+1}+m_{n,E(k)}m_{D,k+1}+m_{D,E(k)}m_{n,k+1}) \\
\overline{m}_{D,E(k+1)} = \mu_{E(k+1)}(\overline{m}_{D,E(k)}\overline{m}_{D,k+1}) \\
\tilde{m}_{D,E(k+1)} = \mu_{E(k+1)}(\tilde{m}_{D,E(k)}\tilde{m}_{D,k+1}+\tilde{m}_{D,E(k)}\overline{m}_{D,E(k)}+\overline{m}_{D,E(k)}\tilde{m}_{D,k+1}) \\
\mu_{E(k+1)} = \left(1-\sum_{n=1}^{N}\sum_{t=1,t\neq k}^{N} m_{n,E(k)}m_{t,k+1}\right)^{-1} \\
\beta_n = \frac{m_{n,E(K)}}{1-\overline{m}_{D,E(K+1)}} \\
\beta_D = \frac{\tilde{m}_{D,E(K)}}{1-\overline{m}_{D,E(K)}}
\end{gathered} \tag{1.8}$$

其中，β_n 表示集成之后第 n 个等级的置信度，β_D 表示不完备信息的置信度。

以上是证据推理算法的迭代形式，目前更广为使用的是由福州大学王应明教授于 2006 年推理得到的证据推理算法的解析形式[27]：

$$m_n = \mu\left[\prod_{k=1}^{K}(m_{n,k}+\overline{m}_{D,k}+\tilde{m}_{D,k})-\prod_{k=1}^{K}(\overline{m}_{D,k}+\tilde{m}_{D,k})\right],\quad n=1,\cdots,N \tag{1.9a}$$

$$\tilde{m}_D = \mu\left[\prod_{k=1}^{K}(\overline{m}_{D,k}+\tilde{m}_{D,k})-\prod_{k=1}^{K}(\overline{m}_{D,k})\right] \tag{1.9b}$$

$$\overline{m}_D = \mu\left[\prod_{k=1}^{K}(\overline{m}_{D,k})\right] \tag{1.9c}$$

$$\mu = \left[\sum_{n=1}^{N}\prod_{k=1}^{K}(m_{n,k}+\overline{m}_{D,k}+\tilde{m}_{D,k})-(N-1)\prod_{k=1}^{K}(\overline{m}_{D,k}+\tilde{m}_{D,k})\right]^{-1} \tag{1.9d}$$

$$\beta_n = \frac{m_n}{1-m_D}, \quad n=1,\cdots,N \tag{1.9e}$$

$$\beta_D = \frac{\tilde{m}_D}{1-\bar{m}_D} \tag{1.9f}$$

其中，β_n 表示第 n 个等级的置信度，β_D 表示不完备信息的置信度。关于 $\mu \neq 0$ 的证明见附录 A。

以上具有解析形式的证据推理算法还可以进一步整理为

$$\beta_n = \frac{\mu\left[\prod_{k=1}^{K}\left(w_k\bar{\beta}_{n,k}+1-w_k\sum_{n=1}^{N}\bar{\beta}_{n,k}\right)-\prod_{k=1}^{K}\left(1-w_k\sum_{n=1}^{N}\bar{\beta}_{n,k}\right)\right]}{1-\mu\left[\prod_{k=1}^{K}(1-w_k)\right]} \tag{1.10a}$$

$$\beta_D = \frac{w_k\left(1-\sum_{n=1}^{N}\bar{\beta}_{n,k}\right)}{1-\mu\left[\prod_{k=1}^{K}(1-w_k)\right]} \tag{1.10b}$$

$$\mu = \left[\sum_{n=1}^{N}\prod_{k=1}^{K}\left(w_k\bar{\beta}_{n,k}+1-w_k\sum_{n=1}^{N}\bar{\beta}_{n,k}\right)-(N-1)\prod_{k=1}^{K}\left(1-w_k\sum_{n=1}^{N}\bar{\beta}_{n,k}\right)\right]^{-1} \tag{1.10c}$$

其中，β_n 表示第 n 个等级的置信度，β_D 表示不完备信息的置信度。

特别地，当不存在不完备信息，即 $\bar{\beta}_{n,k}=\beta_{n,k}, \sum_{n=1}^{N}\bar{\beta}_{n,k}=1, \beta_{D,k}=0$ 时，有：

$$\beta_n = \frac{\prod_{k=1}^{K}(w_k\bar{\beta}_{n,k}+1-w_k)-\prod_{k=1}^{K}(1-w_k)}{\sum_{n=1}^{N}\prod_{k=1}^{K}(w_k\bar{\beta}_{n,k}+1-w_k)-N\prod_{k=1}^{K}(1-w_k)} \tag{1.11}$$

其中，β_n 表示第 n 个等级的置信度，$\beta_D=0$。

需要注意的是，上述证据推理算法并未考虑规则的可靠性，因此 Yang 和 Xu 在 2013 年进一步提出了考虑可靠性的证据推理规则(evidential reasoning rule，ER rule)[3]。假设第 k 条规则的可靠性为 r_k，则需要将一条规则的可靠性和其权重首先转换为

$$\omega_k = \frac{w_k}{1+w_k-r_k} \tag{1.12}$$

基于式(1.12)，式(1.10)可转换为

$$\beta_n=\frac{\mu\left[\prod_{k=1}^{K}\left(\omega_k\overline{\beta}_{n,k}+1-\omega_k\sum_{n=1}^{N}\overline{\beta}_{n,k}\right)-\prod_{k=1}^{K}\left(1-\omega_k\sum_{n=1}^{N}\overline{\beta}_{n,k}\right)\right]}{1-\mu\left[\prod_{k=1}^{K}(1-\omega_k)\right]} \tag{1.13a}$$

$$\beta_D=\frac{\omega_k\left(1-\sum_{n=1}^{N}\overline{\beta}_{n,k}\right)}{1-\mu\left[\prod_{k=1}^{K}(1-\omega_k)\right]} \tag{1.13b}$$

$$\mu=\left[\sum_{n=1}^{N}\prod_{k=1}^{K}\left(\omega_k\overline{\beta}_{n,k}+1-\omega_k\sum_{n=1}^{N}\overline{\beta}_{n,k}\right)-(N-1)\prod_{k=1}^{K}\left(1-\omega_k\sum_{n=1}^{N}\overline{\beta}_{n,k}\right)\right]^{-1} \tag{1.13c}$$

其中，β_n 表示第 n 个等级的置信度，β_D 表示不完备信息的置信度。以上为 ER rule 的解析形式，在文献[3]中还给出了其迭代形式，二者是一致的。基于式(1.13)可知 ER rule 对多条规则进行集成之后得到的结果与规则集成顺序无关。

1.4　置信规则库主要研究方向与热点

本节主要从理论研究和面向实际问题的应用两个方面来介绍当前置信规则库的研究方向与热点。

1.4.1　置信规则库理论研究方面

在建立初始置信规则库时，可以同时参考历史定量数据和专家经验定性知识，或仅基于其中一种信息。但无论如何，初始置信规则库都可能并不十分精确，需要通过学习来优化调整其相关结构和参数，这称为置信规则库的学习与推理。自置信规则库提出以来，其学习与推理就是一个十分重要的理论问题和研究方向。

(1) 置信规则库参数学习。

广义而言，所有的置信规则库学习都是参数学习，狭义而言，置信规则库的参数学习指的是以提高其建模精度而不改变置信规则库大小为目的的参数优化过程。具体地，置信规则库参数学习的目标一般是使模型的建模精度更高(或误差更小)，其优化参数包括各规则初始权重、各前提属性初始权重、前提属性参考值、各规则中结论等级的置信度等。

(2) 置信规则库结构学习。

相对而言，置信规则库结构学习的目的是确定最为合理的置信规则库结构，一般而言是精简置信规则库结构。影响置信规则库规模的参数有两个：前提属性的个数和每个前提属性参考值的个数,因此这也是置信规则库结构学习的两大研究方向。

(3)置信规则库参数与结构联合优化。

基于以上研究成果，可以统一开展置信规则库参数与结构联合优化，即同时优化置信规则库的结构与参数，旨在提高建模精度的同时寻求最为合理的置信规则库结构。换言之，即平衡模型精度和模型复杂度之间的关系。

(4)置信规则库的在线学习。

部分复杂系统的行为建模与推理过程中要求模型具有在线特征，相应的置信规则库也可以建模为在线学习方法，这方面工作开展最为深入的是 Zhou 等[24,25]。但需要注意的是，由于演化算法本身不具有在线学习功能，因此置信规则库的在线学习要求其优化算法不能采用演化算法(evolutionary algorithm)，而应当采用牛顿法(Newton approach)等确定型方法(deterministic algorithm)。

(5)具有区间、模糊等特征的置信规则库建模。

初始置信规则库建模中，前提属性可以是语义信息，也可以是数值信息，但其参考值都是单值。在进一步研究中，不同研究人员考虑了置信规则库前提属性具有区间、模糊等特征的情况。Liu 等[28]和 Wang 等[29]提出了面向具有区间和模糊特征前提属性的置信规则库推导与集成方法。

(6)考虑前提属性可靠性、相关性与冗余情况的建模。

复杂系统中各要素之间的复杂关系也是其不确定性的重要来源，这些复杂关系中最为重要的是各要素的可靠性与相关性等。Feng 等[30]考虑了置信规则库中的前提属性具有可靠性的情况，Li 等[31]考虑了前提属性具有相关性与冗余性的情况，这都对分析和建模体系中的不确定性传播具有重要支持。

(7)多级置信规则库的建模。

面向复杂大系统，尤其是具有多级评估指标体系的情况，采用具有多级或多层结构的置信规则库进行建模是一个十分有效的解决思路，这样既与实际问题的逻辑关系一致，又可以通过多级置信规则库的结构降低评估过程的不确定性，还可以降低建模复杂度[32]。

(8)幂集(power set)辨识框架基础上的置信规则库建模与推理。

在本章前述章节中给出的置信结构(belief structure)中均仅包含单集、全集和空集(即不完备信息)，但实际上置信结构是可以建立在幂集结构辨识框架之上的。Zhou 等[33]研究了幂集辨识框架基础上的置信规则库建模与推理方法。

(9)将置信规则库推广到并集假设(disjunctive assumption)。

传统置信规则库一般基于交集假设,为了更好地满足实际问题的复杂建模需求,还可以进一步将其拓展到并集假设之下，文献[34]系统提出了一般化的并集置信规则库建模、推理和优化方法。这是本书重点讨论的内容，在后续章节中将详细介绍。

1.4.2 置信规则库应用方面

迄今为止，置信规则库已经广泛应用于求解多个理论和实际问题，并取得了较好的效果，本书的第三部分和第四部分将介绍多个应用实例。

(1) 多属性决策问题(multi-attribute decision making，MADA)。

置信规则库提出的初衷是为了解决多属性决策问题。通过在置信结构的基础上建立统一辨识框架来表达、转换和集成不确定性条件下的多种类型信息。尤其需要注意的是，一般多属性决策问题具有多层指标，因此相应的也需要建立多个子置信规则库。例如，针对某问题构建了包括三层结构的指标，顶层为最终评价目标，中间层为三个子目标，每个子目标又分别包含不同数量的底层目标，因此需要构建四个子置信规则库分别面向顶层目标(输出为最终评价目标，输入为三个子目标)和三个子目标(输出为各子目标，输入为相应底层指标)，以上明确输入输出的过程即基于对实际问题的客观认识，建模的过程。

(2) 分类问题(classification)。

分类问题是决策、控制和系统工程领域的基本问题之一，也是许多理论和实际问题的基础模型。由于分类问题往往涉及较多因素，因此可以采用多种策略来处理这一情况。Jiao 等[35]、Chang 等[36]、Xu 等[37]分别开展了针对分类问题的多方面研究，并且在采用交叉验证与当前主流方法对比的情况下，取得了相对较好的成果。

(3) 复杂系统行为建模与故障检测(behavior modeling and fault detection)。

复杂系统的行为与故障模式往往难以直接识别，但又要求所建立的模型具有较好的可解释性和专家的可参与性。置信规则库的白箱特征使得其在应用于求解这一类问题时具有较强的优势。目前，在这一方面也开展了较多的研究，并且分别提出了离线和在线的故障检测方法[25]，并取得了一定成果。

(4) 新产品研发(new product development，NPD)。

新产品研发问题一般根据新产品研发的实际需求从多个方面(如针对化妆品的气味、质量等因素)对新产品进行系统评估，在该过程中往往需要建立多级/多个置信规则库。由于置信规则库作为一种白箱建模方法可以为专家和决策者提供公开透明的建模与推理过程，同时新产品的研发和发布涉及重要的经济甚至战略因素，因此更凸显置信规则库方法对于解决这一类问题的重要性[38]。

(5) 风险评估(risk assessment)。

采用故障模式影响及危害度分析(failure mode effects and criticality analysis，FMECA)等理论方法对复杂系统的风险因素进行分析之后，风险评估问题也可以建模为多属性决策问题。由于风险评估问题的分析与建模过程中往往涉及较多因素，因此可能需要采用结构学习来筛选关键指标或建立多级置信规则库。与新产品研发问题类似，面向复杂系统的风险评估往往涉及诸多经济、战略甚至政治因素，因此采用置信规则库的建模和推理方法也具有诸多优势[31]。

(6)医学疾病诊断问题(medical disease diagnosis)。

医学领域众多疾病的辅助诊断是置信规则库的另一大重要应用，医学领域各种疑难疾病的辅助诊断是关乎病人生死安危的重要问题，如果能够利用病人病史病例和相关检查检测数据对病人进行诊断则具有重要意义。同时，医疗辅助诊断还要求诊断过程公开可理解、医务工作人员可输入、诊断结果也要具有较强的可解释性和可追溯性，而置信规则库可以较好地满足这些需求。目前置信规则库已经成功地应用于胃癌[32]、肺结核[39]，以及甲状腺肿瘤[40]等疾病的诊断之中。

1.5 置信规则库的组合爆炸问题

传统交集置信规则库在对复杂系统进行建模时，为了能够处理任何输入信息(能够集成所有激活的交集规则，并确保置信规则库是完备的，本书第 2 章和第 3 章将详细讨论该问题)，要求能够覆盖所有前提属性的所有参考值，即遍历所有前提属性参考值的所有可能组合。置信规则库的关键结构参数共有四个：前提属性的数量、每个前提属性的参考值、结论中等级的数量以及各等级的置信度。其中前两个参数，前提条件中属性的数量与每个前提属性的参考值，决定置信规则库的规模，当这两个参数(或其中之一)的数量较大时，会导致置信规则库的规模产生组合爆炸问题。

例如，当构造置信规则库时，假设有 M 个前提属性，且第 m 个前提属性有 m_i 个可能取值，那么置信规则库中有 $\prod_{i=1}^{M} m_i$ 条规则。这是一个组合爆炸问题。比如，当有 5 个前提属性，每个前提属性有 3 个参考值的时候，置信规则库中有 $3^5=243$ 条规则。很显然，在这种情况下要求专家给出 243 条规则在实际问题中是不可行的。

要解决这个问题，主要有两个思路，一是开展置信规则库的结构学习，二是将置信规则库拓展到并集假设之下。

如前所述，主要有两个参数影响置信规则库的规模：置信规则库中的前提属性的个数和前提属性参考值的个数。置信规则库的结构学习可通过一系列的技术手段和措施筛选出最为关键的前提属性、明确最具有代表性的前提属性参考值。这样一来，当置信规则库的前提属性个数或者参考值个数减少时，其规模也会相应减少。但是置信规则库的结构学习并未从根本上改变其构造假设条件(仍为交集假设)，尤其当实际复杂系统的前提属性十分巨大(如几十个前提属性)时，即使通过各种技术手段删除部分前提属性(如仅剩余一半前提属性)，此时置信规则库的规模仍然十分巨大，并不能从根本上解决置信规则库的组合爆炸问题。

另一个思路是将传统交集置信规则库拓展到并集假设之下，即并集置信规则库。

并集置信规则库中的规则为并集规则，其中每条规则成立(激活)的条件为前提属性中任一成立(激活)该条规则即成立(激活)。相对而言，在确保置信规则库完备性的同时，并集假设下置信规则库的规模(其中规则的数量)仅与前提属性参考值的最大个数有关(具体见第 3 章)。表 1.1 对比了具有同样数量前提属性和参考值个数的交集与并集置信规则库的规模。可以发现，并集置信规则库可以较好地解决交集置信规则库所面临的组合爆炸问题。

表 1.1　具有相同数量前提属性/前提属性参考值的置信规则库规模对比

前提属性个数	3 个参考值		4 个参考值		5 个参考值	
	交集置信规则库	并集置信规则库	交集置信规则库	并集置信规则库	交集置信规则库	并集置信规则库
3	$3^3=27$	3	$4^3=64$	4	$5^3=125$	5
4	$3^4=81$	3	$4^4=256$	4	$5^4=625$	5
5	$3^5=243$	3	$4^5=1024$	4	$5^5=3125$	5
6	$3^6=729$	3	$4^6=4096$	4	$5^6=15625$	5

由于并集置信规则库能够较好地解决交集置信规则库在面向复杂系统进行建模时所必须面对的组合爆炸问题，因此其在处理具有多个前提属性以及前提属性参考值的复杂问题时就具有较强的优势。本书在后续章节中将详细讨论面向并集置信规则库的建模、推理、优化及其在多个实际问题背景下的应用。

参 考 文 献

[1] Dempster A P. Upper and lower probabilities induced by a multivalued mapping [J]. Annals of Mathematical Statistics, 1967, 38(2): 325-339.

[2] Shafer G. A mathematical theory of evidence [J]. Technometrics, 1976, 20(1): 242.

[3] Yang J B, Xu D L. Evidential reasoning rule for evidence combination [J]. Artificial Intelligence, 2013, 205: 1-29.

[4] 姜江. 证据网络建模、推理及学习方法研究[D]. 长沙: 国防科技大学, 2010.

[5] Pate-Cornel M E. Uncertainties in risk analysis: Six levels of treatment [J]. Reliability Engineering and System Safety, 1996, (54): 95-111.

[6] Helton J C, Oberkampf W L. Alternative representations of epistemic uncertainty [J]. Reliability Engineering and System Safety, 2004, 85(1/2/3): 1-10.

[7] Yager R R, Liu L. Classic Works of the Dempster-Shafer Theory of Belief Functions [M]. Berlin: Springer, 2008.

[8] Denœux T, Masson M H. Evidential reasoning in large partially ordered sets[J]. Annals of

Operations Research, 2012, 195 (1): 135-161.

[9] Yager R R. Normalization and the representation of nonmonotonic knowledge in the theory of evidence[J]. arXiv preprint arXiv: 1304. 1536. 2013.

[10] Beynon M, Curry B, Morgan P. The Dempster-Shafer theory of evidence: An alternative approach to multicriteria decision modelling[J]. Omega, 2000, 28 (1): 37-50.

[11] Masson M H, Denœux T. Ranking from pairwise comparisons in the belief functions framework[M]//Belief Functions: Theory and Applications. Berlin: Springer, 2012.

[12] Ramasso E, Denœux T. Making use of partial knowledge about hidden states in HMMs: An approach based on belief functions[J]. IEEE Transactions on Fuzzy Systems, 2014, 22 (2): 395-405.

[13] Dubois D, Prade H. Representation and combination of uncertainty with belief functions and possibility measure [J]. Computational Intelligence, 1988, 4: 244-264.

[14] Jousselme A L, Grenier D, Bosse E. A new distance between two bodies of evidence [J]. Information Fusion, 2001, 2 (2): 91-101.

[15] Yang J B, Liu J, Wang J, et al. Belief rule-base inference methodology using the evidential reasoning approach-RIMER [J]. IEEE Transactions on Systems, Man, and Cybernetics, Part A: Systems and Humans, 2006, 36 (2): 266-285.

[16] Chen Y W, Yang J B, Xu D L, et al. Inference analysis and adaptive training for belief rule based systems [J]. Expert Systems with Applications, 2011, 38 (10): 12845-12860.

[17] Zhou Z J, Hu C H, Xu D L, et al. A model for real-time failure prognosis based on hidden Markov model and belief rule base [J]. European Journal of Operational Research, 2010, 207 (1): 269-283.

[18] Tsai C J, Lee C I, Yang W P. Mining decision rules on data streams in the presence of concept drifts [J]. Expert Systems with Applications, 2009, 36 (9): 1164-1178.

[19] Kavsek B, Lavsek N. APRIORI-SD: Adapting association rule learning to subgroup discovering [J]. Lecture Notes in Computer Science, 2003, 2810: 230-241.

[20] Abe H, Tsumoto S. Analyzing behavior of objective rule evaluation indices based on Pearson product-moment correlation coefficient [J]. Lecture Notes in Artificial Intelligence, 2008, 5178: 758-765.

[21] Suzuki E. Pitfalls for categorizations of objective interestingness measures for rule discovery[M]// Gras R, Suzuki E, Guillet F, et al. Statistical Implicative Analysis: Theory and Applications. Berlin: Springer, 2008.

[22] Yang J B, Liu J, Xu D L, et al. Optimization models for training belief-rule-based systems [J]. IEEE Transactions on System, Man, and Cybernetics, Part A, System and Humans, 2007, 37: 569-585.

[23] Xu D L, Liu J, Yang J B, et al. Inference and learning methodology of belief-rule-based expert system for pipeline leak detection [J]. Expert Systems with Applications, 2007, 32(1): 103-113.

[24] Zhou Z J, Hu C H, Yang J B, et al. A sequential learning algorithm for online constructing belief-rule-based systems [J]. Expert Systems with Applications, 2010, 37(2): 1790-1799.

[25] Zhou Z J, Hu C H, Yang J B, et al. Online updating belief-rule-base using the RIMER approach [J]. IEEE Transactions on Systems, Man, and Cybernetics, Part A: Systems and Humans, 2011, 41(6): 1225-1243.

[26] Chen Y W, Yang J B, Xu D L, et al. On the inference and approximation properties of belief rule based systems [J]. Information Sciences, 2013, 234: 121-135.

[27] Wang Y M, Yang J B, Xu D L. Environmental impact assessment using the evidential reasoning approach[J]. European Journal of Operational Research, 2006, 174(3): 1885-1913.

[28] Liu H C, Liu L, Bian Q H, et al. Failure mode and effects analysis using fuzzy evidential reasoning approach and grey theory[J]. Expert Systems with Applications, 2011, 38(4): 4403-4415.

[29] Wang Y M, Yang J B, Xu D L, et al. The evidential reasoning approach for multiple attribute decision analysis using interval belief degrees[J]. European Journal of Operational Research, 2006, 175(1): 35-66.

[30] Feng Z, Zhou Z J, Hu C, et al. A new belief rule base model with attribute reliability[J]. IEEE Transactions on Fuzzy Systems, 2018, 27(5): 903-916.

[31] Li G, Zhou Z, Hu C, et al. An optimal safety assessment model for complex systems considering correlation and redundancy[J]. International Journal of Approximate Reasoning, 2019, 104: 38-56.

[32] Zhou Z G, Liu F, Jiao L C, et al. A bi-level belief rule based decision support system for diagnosis of lymph node metastasis in gastric cancer[J]. Knowledge-Based Systems, 2013, 54: 128-136.

[33] Zhou Z J, Hu G Y, Zhang B C, et al. A model for hidden behavior prediction of complex systems based on belief rule base and power set[J]. IEEE Transactions on Systems, Man, and Cybernetics: Systems, 2017, 48(9): 1649-1655.

[34] Chang L L, Zhou Z J, Liao H, et al. Generic disjunctive belief-rule-base modeling, inferencing, and optimization[J]. IEEE Transactions on Fuzzy Systems, 2019, 27(9): 1866-1880.

[35] Jiao L, Denœux T, Pan Q. A hybrid belief rule-based classification system based on uncertain training data and expert knowledge[J]. IEEE Transactions on Systems, Man, and Cybernetics: Systems, 2015, 46(12): 1711-1723.

[36] Chang L L, Zhou Z J, You Y, et al. Belief rule based expert system for classification problems with new rule activation and weight calculation procedures[J]. Information Sciences, 2016, 336: 75-91.

[37] Xu X B, Zheng J, Yang J B, et al. Data classification using evidence reasoning rule[J]. Knowledge-Based Systems, 2017, 116: 144-151.

[38] Yang Y, Fu C, Chen Y W, et al. A belief rule based expert system for predicting consumer preference in new product development[J]. Knowledge-Based Systems, 2016, 94: 105-113.

[39] Hossain M S, Ahmed F, Fatema T J, et al. A belief rule based expert system to assess tuberculosis under uncertainty[J]. Journal of Medical Systems, 2017, 41(3): 43.

[40] Fu C, Chang W, Liu W, et al. Data-driven group decision making for diagnosis of thyroid nodule[J]. Science China: Information Sciences, 2019, 62(11): 212205.

第 2 章　置信规则库空间及其性质

本章首先从测度论[1,2]的观点去分析置信规则库(BRB)中前提属性参考值的确定问题，并给出了置信规则库空间的定义；接着，对于置信规则库空间中规则的集成过程，给出了关于规则运算的相关性质；最后，利用示例对拓扑观点下的置信规则库空间进行了剖析说明。

本章所讨论的内容首次从拓扑视角对置信规则库的含义和关键概念进行讨论，同时也是后续章节定义并集置信规则库、讨论并集与交集置信规则库异同，以及进行并集置信规则库相关推理、优化和应用研究的重要基础。

2.1　基 本 定 义

置信规则库由多条 IF-THEN 形式的规则组成，其中第 k 条规则可表述为如下形式[3-5]：

$$
\begin{aligned}
R_k:&\text{if } (x_1 \text{ is } A_1^k) \wedge (x_2 \text{ is } A_2^k) \wedge \cdots \wedge (x_M \text{ is } A_M^k),\\
&\text{then } \{(D_1,\beta_{1,k}),\cdots,(D_N,\beta_{N,k})\}\\
&\text{with rule weight } \theta_k \text{ and attribute weight } \delta_m
\end{aligned}
\tag{2.1}
$$

其中，R_k 表示第 k 条规则；$x_m(m=1,2,\cdots,M)$ 表示第 m 个前提属性；$A_m^k(m=1,\cdots,M;k=1,\cdots,K)$ 表示第 k 条规则的第 m 个前提属性的参考值，M 表示前提属性个数；$\beta_{n,k}(n=1,\cdots,N)$ 表示第 k 条规则结论中相对于评价等级 D_n 的置信度，N 表示等级个数，θ_k 表示规则初始权重；δ_m 表示属性权重。

针对置信规则库规则的前提属性部分，前提属性参考值的大小实际上表示该对象在该前提属性上的度量大小。换言之，前提属性参考值是相应属性的度量函数。因此，可以采用测度论的观点来阐明前提属性参考值的本质。

定义 2.1　属性可测空间(attribute measurable space)

设 X 为对象空间，$\mathcal{A}$ 为 X 中元素的属性。那么，$\mathcal{A}$ 为属性空间，且 $\mathcal{A}$ 中的任何子集 A 都是属性集。由某些属性集组成的集合 $\mathcal{B}$ 被称为 σ 代数，如果满足以下三个条件：

(1) 如果 $A\in\mathcal{B}$，那么 $\overline{A}\in\mathcal{B}$；

(2) 如果 $A,B\in\mathcal{B}$，那么 $A\cup B\in\mathcal{B}$；

(3) 如果 $\forall A_i\in\mathcal{B},i=1,2,\cdots$，那么 $\bigcup_i A_i\in\mathcal{B}$。

基于定义 2.1 可知 $\mathcal{B}$ 是一个 σ 代数，且 $(\mathcal{A},\mathcal{B})$ 是属性可测空间。

定义 2.2　属性测度空间(attribute measure space)

设 μ_x 是 $(\mathcal{A},\mathcal{B})$ 中的属性测度，以 $\mu_x(A)$ 度量对象空间中的元素 x 具有属性 A 的程度。如果满足以下三个条件，则 $(\mathcal{A},\mathcal{B},\mu_x)$ 是一个属性测度空间：

(1) 非负性，$\mu_x(A)\geqslant 0,\ \forall A\in\mathcal{B}$；

(2) 正则性，$\mu_x(\mathcal{A})=1$；

(3) 可加性，$\mu_x\left(\bigcup_{i=1}^{\infty}A_i\right)=\sum_{i=1}^{\infty}\mu_x(A_i)$，若 $A_i\in\mathcal{B},A_i\cap A_j=\varnothing$。

定义 2.3　属性乘积测度空间(attribute product measure space)

设 X 为对象空间，$(\mathcal{A}_i,\mathcal{B}_i,\mu_x^{(i)}),i=1,2,\cdots,M$ 是 $\mathcal{A}_i$ 上的属性测度空间。那么，$\left(\prod_{i=1}^{M}\mathcal{A}_i,\prod_{i=1}^{M}\mathcal{B}_i,\mu(\cdot)\right)$ 是属性乘积测度空间，其中有：

(1) 多维属性空间，$\prod_{i=1}^{M}\mathcal{A}_i=\{(A_1,A_2,\cdots,A_M)|A_i\in\mathcal{A}_i,i=1,2,\cdots,M\}$；

(2) 乘积 σ 代数：$\prod_{i=1}^{M}\mathcal{B}_i=\{(B_1\times B_2\times\cdots\times B_M)|B_i\in\mathcal{B}_i,i=1,2,\cdots,M\}$，其中，“×”表示属性乘积测度空间中的交叉点是由属性度量的排列组合生成的；

(3) 测度函数：$\mu(B)=(\mu_x^{(1)},\mu_x^{(2)},\cdots,\mu_x^{(M)})(B)=(\mu_x^{(1)}(B_1),\mu_x^{(2)}(B_2),\cdots,\mu_x^{(M)}(B_M))$，其中，$B=B_1\times B_2\times\cdots\times B_M,B_i\in\mathcal{B}_i,i=1,2,\cdots,M$。测度函数用于度量属性乘积空间中属性值的范围。

注 2.1　多维属性空间 $\prod_{i=1}^{M}\mathcal{A}_i$ 是 $\prod_{i=1}^{M}\mathcal{A}_i(A_1,A_2,\cdots,A_M)$ 中所有有序 M-元组的集合，其中，$A_i\in\mathcal{A}_i,i=1,2,\cdots,M$。

注 2.2　乘积 σ 代数 $\prod_{i=1}^{M}\mathcal{B}_i$ 包含了 $\prod_{i=1}^{M}\mathcal{A}_i$ 中所有可测属性集合。

注 2.3　测度函数 $\mu(B)=(\mu_x^{(1)}(B_1),\mu_x^{(2)}(B_2),\cdots,\mu_x^{(M)}(B_M))$ 是一个元组形式，其中 $\mu_x^{(i)}(B_i)$ 是 $(\mathcal{A}_i,\mathcal{B}_i)$ 的属性测度，可以用来度量空间中具有属性 $\mathcal{A}_i(i=1,2,\cdots,M)$ 的程度。

定义 2.4　置信规则库空间(属性乘积测度空间)

根据式(2.1)中对置信规则的定义和上述相关定义，若 $\left(\prod_{i=1}^{M}\mathcal{A}_i,\prod_{i=1}^{M}\mathcal{B}_i,\mu(\cdot)\right)$ 是属性乘积测度空间，$[0,1]^N$ 是向量，则有如下映射关系：

$$R_k:\ \prod_{i=1}^{M}\mathcal{B}_i\to[0,1]^N \tag{2.2}$$

置信规则库的置信结构 IF-THEN 本质上是如式(2.2)所示的映射关系。更具体地说，置信规则中的 N 个等级的置信度 $[0,1]^N$ 是由属性 $\prod_{i=1}^{M}\mathcal{B}_i$ 的参考值共同决定的。因此，$\left(\prod_{i=1}^{M}\mathcal{A}_i,\prod_{i=1}^{M}\mathcal{B}_i,\mu(\cdot)\right)$ 是一个带有属性 $\mathcal{A}$ 和测度函数 μ 的属性乘积测度空间。

2.2　置信规则库空间的性质

测度函数 $\mu_x^{(i)}(\cdot)$ 表示对象空间元素 x 具有属性 $\mathcal{A}_i$ 的程度。下面证明测度函数 $\mu(\cdot)$ 满足非负性、正则性和可加性。

(1) 非负性：$\mu(B)\geqslant 0, \forall B = B_1 \times B_2 \times \cdots \times B_M \in \prod_{i=1}^{M}\mathcal{B}_i, B_i \in \mathcal{B}_i, i=1,2,\cdots,M$ 。

证明　由于 $(\mathcal{A}_i, \mathcal{B}_i, \mu_x^{(i)}(\cdot))$ 是 $\mathcal{A}_i, i=1,2,\cdots,M$ 上的属性测度空间，测度函数 $\mu_x^{(i)}(\cdot)$ 满足非负性。即不等式：$\mu_x^{(i)}(B_i)\geqslant 0, B_i \in \mathcal{B}_i$ 成立。进而，可得

$$\mu(B) = (\mu_x^{(1)}(B_1), \mu_x^{(2)}(B_2), \cdots, \mu_x^{(M)}(B_M)) \geqslant 0 \tag{2.3}$$

因此，非负性得证。证毕。

(2) 正则性：$\mu\left(\prod_{i=1}^{M}\mathcal{A}_i\right)=1$ 。

证明　首先，测度函数 $\mu_x^{(i)}(\cdot)$ 满足正则性，因此，$\mu_x^{(i)}(\mathcal{A}_i)=1$ 也成立。那么，式 (2.4) 成立：

$$\mu\left(\prod_{i=1}^{M}\mathcal{A}_i\right) = (\mu_x^{(1)}(\mathcal{A}_1), \mu_x^{(2)}(\mathcal{A}_2), \cdots, \mu_x^{(M)}(\mathcal{A}_M)) = 1 \tag{2.4}$$

因此，正则性得证。证毕。

(3) 可加性：$\mu\left(\bigcup_{j=1}^{\infty}B^{(j)}\right) = \sum_{j=1}^{\infty}\mu(B^{(j)})$ ，其中 $B^{(j)} = B_1^{(j)} \times B_2^{(j)} \times \cdots \times B_M^{(j)} \in \prod_{i=1}^{M}\mathcal{B}_i$，$B_i^{(j)} \cap B_i^{(k)} = \varnothing, j \neq k, i=1,2,\cdots,M$ 。

证明　乘积测度空间本质上可以被看作是一个向量形式的多维属性集合。因此，相关运算可参照向量运算的规则。那么，有：

$$\begin{aligned}
\mu\left(\bigcup_{j=1}^{\infty}B^{(j)}\right) &= \mu\left(\bigcup_{j=1}^{\infty}B_1^{(j)} \times B_2^{(j)} \times \cdots \times B_M^{(j)}\right) \\
&= \left(\mu_x^{(1)}\left(\bigcup_{j=1}^{\infty}B_1^{(j)}\right), \mu_x^{(2)}\left(\bigcup_{j=1}^{\infty}B_2^{(j)}\right), \cdots, \mu_x^{(M)}\left(\bigcup_{j=1}^{\infty}B_M^{(j)}\right)\right) \\
&= \left(\sum_{j=1}^{\infty}\mu_x^{(1)}(B_1^{(j)}), \sum_{j=1}^{\infty}\mu_x^{(2)}(B_2^{(j)}), \cdots, \sum_{j=1}^{\infty}\mu_x^{(M)}(B_M^{(j)})\right) \\
&= \sum_{j=1}^{\infty}(\mu_x^{(1)}(B_1^{(j)}), \mu_x^{(2)}(B_2^{(j)}), \cdots, \mu_x^{(M)}(B_M^{(j)})) \\
&= \sum_{j=1}^{\infty}\mu(B^{(j)})
\end{aligned} \tag{2.5}$$

因此，可加性得证。证毕。

2.3　向量：置信规则库空间中的规则

如式(2.1)所定义的，置信规则库中的每条规则都是由前提属性的一组参考值组成。从拓扑角度分析，置信规则库的前提属性是置信规则库空间中的各个维度，并且前提属性的每个参考值为相应维度中的坐标。因此，置信规则库中的规则可看作空间中的向量，并且规则运算可以参照向量运算的规则。

2.3.1　规则计算与向量运算

置信规则库主要包括三种规则运算：规则激活、权重计算和规则集成。三个规则在置信规则库空间中的运算如图 2.1 所示。

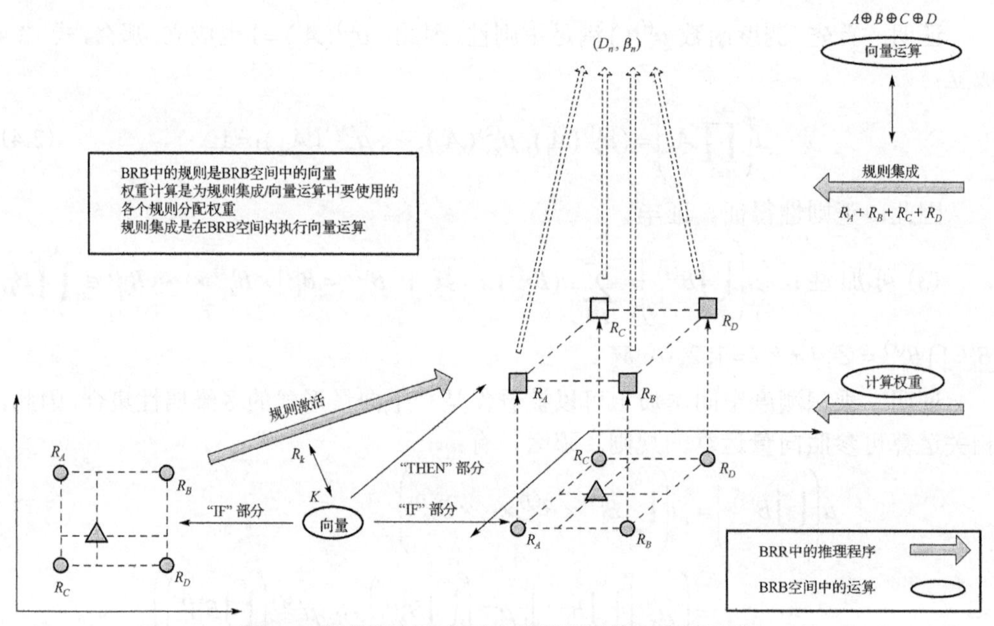

图 2.1　置信规则库空间中的规则运算和向量计算

(1) 规则激活：向量激活。

通过对比每个前提属性的输入值和参考值来激活置信规则库中的规则。从置信规则库空间的角度出发，规则激活的过程则可视为向量激活的过程，即将输入投影于每个维度，然后在相应维度中确定最为接近的向量(规则)。

向量激活主要集中在“IF”部分，其目的是为计算激活规则的权重做准备。

(2) 权重计算。

在向量激活之后，权重计算过程对于规则和向量而言是相同的。权重计算过程可以充分利用预先存在的知识以及定量数据，而不是完全依赖人类知识来产生权重。同时，权重计算还可以被视为沟通规则激活（“IF”部分）和集成（“THEN”部分）的桥梁。

(3) 规则集成：向量集成。

在计算规则激活的权重之后采用 1.3.3 节介绍的 ER 算法以及 ER rule 集成激活的规则。需要注意的是，其他相关算法也可以用于规则集成。

规则/向量集成主要针对“THEN”部分，且规则/向量集成后输出的结果与输入具有相同的置信结构中。

2.3.2　置信规则库空间运算中的交换律和结合律

置信规则库空间中的向量计算遵从加法的交换律和结合律。交换律指的是置信规则库中属性的计算顺序与推理结果无关，结合律指的是属性的组合顺序与推理结果无关。

(1) 加法的交换律：$R_a \oplus R_b = R_b \oplus R_a$。

证明　假设置信规则库空间具有两个前提属性 A_1 和 A_2。对于任意输入 $x=(x_1,x_2)$，与第 k 个规则的匹配度 α_k 计算如下：

$$\alpha_k = \prod_{m=1}^{2} (\alpha_m^k)^{\delta_m} \tag{2.6}$$

其中，α_m^k 表示规则中第 m 个属性的匹配度；δ_m 表示第 m 个属性的权重，大多情况下假设是 1。

假设两个属性 A_1 和 A_2 具有不同的集成顺序，即 A_1和A_2 集成或 A_2和A_1 集成。当属性 A_1 和 A_2 集成时，第 k 条规则的匹配度为

$$\alpha_{k\text{-}1\text{-}2} = (\alpha_1^k)^{\delta_1} (\alpha_2^k)^{\delta_2} \tag{2.7}$$

其中，$\alpha_{k\text{-}1\text{-}2}$ 表示的特定的集成顺序：A_1 和 A_2 的集成，而非 A_2 和 A_1 的集成。

当 A_2 和 A_1 集成时，第 k 条规则的匹配度为

$$\alpha_{k\text{-}2\text{-}1} = (\alpha_2^k)^{\delta_2} (\alpha_1^k)^{\delta_1} \tag{2.8}$$

显然，有：

$$\alpha_{k\text{-}1\text{-}2} = \alpha_{k\text{-}2\text{-}1} \tag{2.9}$$

规则 k 的激活权重计算公式为

$$w_k = \frac{\theta_k \alpha_k}{\sum_{m=1}^{M} \theta_m \alpha_m} \tag{2.10}$$

其中，θ_k 表示规则 k 的初始权重(一般为“1”)。值得注意的是，该计算过程与前提属性的集成顺序也是不相关的。

因此，有：

$$\begin{cases} w_{k\text{-}1\text{-}2} = \dfrac{\theta_k \alpha_{k\text{-}1\text{-}2}}{\sum_{m=1}^{M} \theta_m \alpha_{m\text{-}1\text{-}2}} \\ w_{k\text{-}2\text{-}1} = \dfrac{\theta_k \alpha_{k\text{-}2\text{-}1}}{\sum_{m=1}^{M} \theta_m \alpha_{m\text{-}2\text{-}1}} \end{cases} \tag{2.11}$$

由于 $\alpha_{k\text{-}1\text{-}2} = \alpha_{k\text{-}2\text{-}1}$，可得

$$w_{k\text{-}1\text{-}2} = w_{k\text{-}2\text{-}1} \tag{2.12}$$

采用 1.3.3 节给出的集成算法，由于激活的权重相同，因此推理结果相同。证毕。

(2)加法的结合律：

$$\begin{aligned} R_a \oplus R_b \oplus R_c &= (R_a \oplus R_b) \oplus R_c \\ &= R_a \oplus (R_b \oplus R_c) \\ &= (R_a \oplus R_c) \oplus R_b \end{aligned} \tag{2.13}$$

证明 假设置信规则库空间具有三个属性，即 A_1、A_2 和 A_3，输入为 $x=(x_1,x_2,x_3)$，对于规则 k 的匹配度 α_k 可由如下计算得到：

$$\begin{cases} \alpha_{k\text{-}1\text{-}2\text{-}3} = (\alpha_1^k)^{\delta_1}(\alpha_2^k)^{\delta_2}(\alpha_3^k)^{\delta_3} \\ \alpha_{k\text{-}(1\text{-}2)\text{-}3} = [(\alpha_1^k)^{\delta_1}(\alpha_2^k)^{\delta_2}](\alpha_3^k)^{\delta_3} \\ \alpha_{k\text{-}1\text{-}(2\text{-}3)} = (\alpha_1^k)^{\delta_1}[(\alpha_2^k)^{\delta_2}(\alpha_3^k)^{\delta_3}] \end{cases} \tag{2.14}$$

其中，$\alpha_{k\text{-}1\text{-}2\text{-}3}$ 表示特定的集成顺序：A_1、A_2 和 A_3 集成。对应地，$\alpha_{k\text{-}1\text{-}(2\text{-}3)}$ 表示 A_2 和 A_3 先集成，再和 A_1 集成。

显然有：

$$\begin{cases} \alpha_{k\text{-}(1\text{-}2)\text{-}3} = [(\alpha_1^k)^{\delta_1}(\alpha_2^k)^{\delta_2}](\alpha_3^k)^{\delta_3} \\ \qquad\qquad = (\alpha_1^k)^{\delta_1}(\alpha_2^k)^{\delta_2}(\alpha_3^k)^{\delta_3} \\ \alpha_{k\text{-}1\text{-}(2\text{-}3)} = (\alpha_1^k)^{\delta_1}[(\alpha_2^k)^{\delta_2}(\alpha_3^k)^{\delta_3}] \\ \qquad\qquad = (\alpha_1^k)^{\delta_1}(\alpha_2^k)^{\delta_2}(\alpha_3^k)^{\delta_3} \end{cases} \tag{2.15}$$

那么：

$$\alpha_{k\text{-}1\text{-}2\text{-}3} = \alpha_{k\text{-}(1\text{-}2)\text{-}3} = \alpha_{k\text{-}1\text{-}(2\text{-}3)} \tag{2.16}$$

因此，有：

$$\begin{cases} w_{k\text{-}1\text{-}2\text{-}3} = \dfrac{\theta_k \alpha_{k\text{-}1\text{-}2\text{-}3}}{\sum_{m=1}^{M} \theta_m \alpha_{m\text{-}1\text{-}2\text{-}3}} \\ w_{k\text{-}(1\text{-}2)\text{-}3} = \dfrac{\theta_k \alpha_{k\text{-}(1\text{-}2)\text{-}3}}{\sum_{m=1}^{M} \theta_m \alpha_{m\text{-}(1\text{-}2)\text{-}3}} \\ w_{k\text{-}1\text{-}(2\text{-}3)} = \dfrac{\theta_k \alpha_{k\text{-}1\text{-}(2\text{-}3)}}{\sum_{m=1}^{M} \theta_m \alpha_{m\text{-}1\text{-}(2\text{-}3)}} \end{cases} \tag{2.17}$$

由于 $\alpha_{k\text{-}1\text{-}2\text{-}3} = \alpha_{k\text{-}(1\text{-}2)\text{-}3} = \alpha_{k\text{-}1\text{-}(2\text{-}3)}$，那么：

$$w_{k\text{-}1\text{-}2\text{-}3} = w_{k\text{-}(1\text{-}2)\text{-}3} = w_{k\text{-}1\text{-}(2\text{-}3)} \tag{2.18}$$

在计算激活权重之后，使用 ER 算法对激活规则进行集成。由于激活的权重相同，因此推理结果也是相同的。证毕。

注 2.4　置信规则库空间中的向量计算遵从加法的交换律和结合律，这表明置信规则库中属性的组织和集成顺序与推理结果无关。

2.3.3　置信规则库空间中的距离

对于由 K 个专家给出的 K 条规则(每个带有 N 个评级)的置信度分布 $\beta_n^k, n=1,\cdots,N$, $k=1,\cdots,K$ (为区分表示不同规则，未采用 $\beta_{n,k}$ 的形式)，其点乘结果为 $\sum_{n=1}^{N}\prod_{k=1}^{K}\beta_n^k$。$\sum_{n=1}^{N}\prod_{k=1}^{K}\beta_n^k$ 可以理解为“专家观点的一致程度”[6-9]。特别地，$\sum_{n=1}^{N}\prod_{k=1}^{K}\beta_n^k$ 越大，专家意见越统一，反之亦然。当专家意见完全一致时，$\sum_{n=1}^{N}\prod_{k=1}^{K}\beta_n^k = 1$。

相应地，从置信规则库空间的角度而言，假设置信规则库空间中存在两个向量 $\beta^1 = (\beta_1^1, \beta_2^1, \cdots, \beta_N^1)$ 和 $\beta^2 = (\beta_1^2, \beta_2^2, \cdots, \beta_N^2)$，其夹角的余弦值为

$$\begin{aligned} \cos\phi &= \cos\langle \beta^1, \beta^2 \rangle \\ &= \frac{\sum_{n=1}^{N}\prod_{k=1}^{2}\beta_n^k}{\|\beta^1\| \cdot \|\beta^2\|} \\ &= \frac{\sum_{n=1}^{N}\prod_{k=1}^{2}\beta_n^k}{\sqrt{\sum_{n=1}^{N}(\beta_n^1)^2} \cdot \sqrt{\sum_{n=1}^{N}(\beta_n^2)^2}} \end{aligned} \tag{2.19}$$

由于 $\sqrt{\sum_{n=1}^{N}(\beta_n^1)^2} \leqslant 1$，$\sqrt{\sum_{n=1}^{N}(\beta_n^2)^2} \leqslant 1$，因此其余弦值不小于 $\sum_{n=1}^{N}\prod_{k=1}^{2}\beta_n^k$，如式(2.20)和图 2.2(a)所示。

$$\cos\phi = \frac{\sum_{n=1}^{N}\prod_{k=1}^{2}\beta_n^k}{\sqrt{\sum_{n=1}^{N}(\beta_n^1)^2}\cdot\sqrt{\sum_{n=1}^{N}(\beta_n^2)^2}} \geqslant \sum_{n=1}^{N}\beta_n^1\beta_n^2 \tag{2.20}$$

基于式(2.19)和式(2.20)，当两个向量完全重合时，即当两个向量均有且只有一个等级的置信度为100%(其他等级下的置信度全为0)时，有$\sum_{n=1}^{N}\beta_n^1=\sum_{n=1}^{N}\beta_n^2=1$，因此，$\sum_{n=1}^{N}\beta_n^1\beta_n^2=1$，且有$\cos\phi=1$，$\phi=0°$，如图2.2(b)所示。当两个向量完全相反时，即当存在对于一个向量的第n个等级对应的$\beta_n^1\neq 0$，而在其他任何等级下都有$\beta_n^2=0$，则有$\sum_{n=1}^{N}\prod_{k=1}^{2}\beta_n^k=0$，$\cos\phi=0$和$\phi=90°$，如图2.2(c)所示。

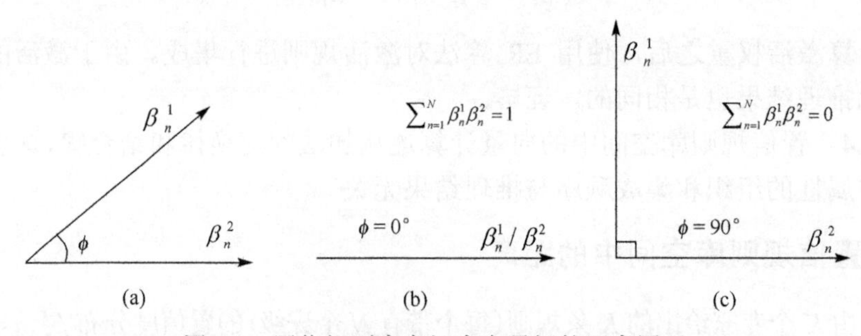

图2.2　置信规则库空间中向量间的距离图示

在已有文献[6]～[9]中，$\sum_{n=1}^{N}\prod_{k=1}^{2}\beta_n^k$被定义为“冲突等级(degree of conflict)”，用来度量两个向量的不一致性的程度(距离)。

2.4　示　例

本节将以诊断患者是否患感冒为示例对本章所定义和讨论的内容进行说明。

2.4.1　置信规则库空间中属性的基本性质

假设当前仅考虑一个因素，即仅包含一个前提属性x_1：采用患者的温度来诊断患者是否感冒，并且将三种不同的体温视为参考值，即$A_1^1=37℃, A_2^1=38.5℃, A_3^1=39℃$。

对于非负性，有：

$$\begin{aligned}&\mu_{x_1}(A_1^1=37℃)=0\\&\mu_{x_1}(A_2^1=38.5℃)=3/4\\&\mu_{x_1}(A_3^1=39℃)=1/4\end{aligned} \tag{2.21}$$

对于正则性，有：

$$\mu_{x_1}(A_1^1, A_2^1, A_3^1) = \mu_{x_1}(37℃, 38.5℃, 39℃) = 1 \tag{2.22}$$

对于可加性，有：

$$\begin{gathered}\mu_{x_1}\left(\bigcup_{i=1}^{\infty} A_i\right) = \mu_{x_1}(\{A_1^1, A_2^1, A_3^1\}) = 1 \\ \sum_{i=1}^{\infty} \mu_{x_1}(A_i) = \mu_{x_1}(\{A_1^1\}) + \mu_{x_1}(\{A_2^1\}) + \mu_{x_1}(\{A_3^1\}) = 1\end{gathered} \tag{2.23}$$

那么：

$$\mu_{x_1}\left(\bigcup_{i=1}^{\infty} A_i^1\right) = \sum_{i=1}^{\infty} \mu_{x_1}(A_i^1) = 1 \tag{2.24}$$

接下来考虑第二个因素即第二个前提属性 x_2：患者是否咳嗽，其也被视为考虑因素，$\mu_{x_2}(A_1^2 = \text{no}) = 0$，$\mu_{x_2}(A_1^2 = \text{yes}) = 1$。那么，$x_2$ 很显然也服从以上三条性质。

2.4.2　置信规则库空间中的交换律和结合律

以 x_1（温度）和 x_2（咳嗽）作为属性判定患者是否感冒（cold），基于专家知识和历史统计数据构建如下六条规则：

$$\begin{aligned}
&R_1: \text{if } (x_1 \text{ is } 37℃) \wedge (x_2 \text{ is no}), \text{ then } ((\text{not cold}, 1), (\text{cold}, 0)) \\
&R_2: \text{if } (x_1 \text{ is } 37℃) \wedge (x_2 \text{ is yes}), \text{ then } ((\text{not cold}, 60\%), (\text{cold}, 40\%)) \\
&R_3: \text{if } (x_1 \text{ is } 38.5℃) \wedge (x_2 \text{ is no}), \text{ then } ((\text{not cold}, 40\%), (\text{cold}, 60\%)) \\
&R_4: \text{if } (x_1 \text{ is } 38.5℃) \wedge (x_2 \text{ is yes}), \text{ then } ((\text{not cold}, 20\%), (\text{cold}, 80\%)) \\
&R_5: \text{if } (x_1 \text{ is } 39℃) \wedge (x_2 \text{ is no}), \text{ then } ((\text{not cold}, 30\%), (\text{cold}, 70\%)) \\
&R_6: \text{if } (x_1 \text{ is } 39℃) \wedge (x_2 \text{ is yes}), \text{ then } ((\text{not cold}, 0), (\text{cold}, 1))
\end{aligned} \tag{2.25}$$

相应地，图 2.3 给出了以上六条规则，其中两个属性被视为两个坐标轴维度，并且每个规则被看作置信规则库空间中的一个点。

假设患者的体温为 38℃，并且没有严重的咳嗽（(no cough,0.7)，(cough,0.3)）。那么，规则 $R_1 \sim R_4$ 将被激活，属性的匹配度为

$$\begin{aligned}
&\alpha_1^1 = 1/3, \alpha_1^2 = 1/3, \alpha_1^3 = 2/3, \alpha_1^4 = 2/3 \\
&\alpha_2^1 = 0.7, \alpha_2^2 = 0.3, \alpha_2^3 = 0.7, \alpha_2^4 = 0.3
\end{aligned} \tag{2.26}$$

接着，按照 x_1 和 x_2 的顺序进行集成，则有：

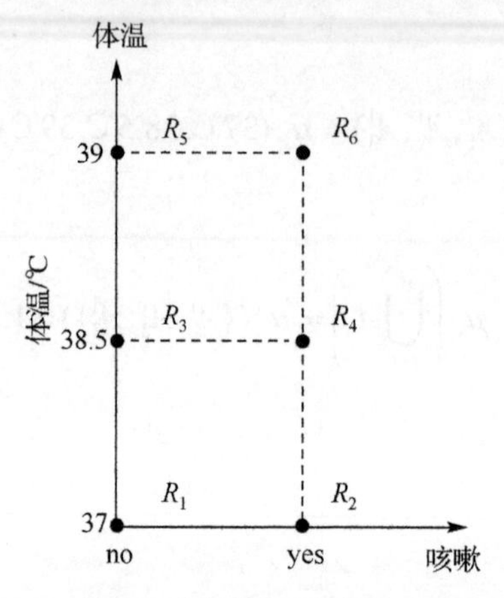

图 2.3　六条规则的图示

$$\begin{aligned}\alpha_{1\text{-}1\text{-}2}&=\alpha_1^1\alpha_2^1=0.2333\\\alpha_{2\text{-}1\text{-}2}&=\alpha_1^2\alpha_2^2=0.1000\\\alpha_{3\text{-}1\text{-}2}&=\alpha_1^3\alpha_2^3=0.4667\\\alpha_{4\text{-}1\text{-}2}&=\alpha_1^4\alpha_2^4=0.2000\end{aligned}\tag{2.27}$$

其中，“1-1-2”表示按照 x_1 和 x_2 的顺序进行集成所得到的第 1 条规则的匹配度；同样地，“2-1-2”表示按照 x_1 和 x_2 的顺序得到的第 2 条规则的匹配度。

如果按照 x_2 和 x_1 的顺序进行集成，则有：

$$\begin{aligned}\alpha_{1\text{-}2\text{-}1}&=\alpha_2^1\alpha_1^1=0.2333\\\alpha_{2\text{-}2\text{-}1}&=\alpha_2^2\alpha_1^2=0.1000\\\alpha_{3\text{-}2\text{-}1}&=\alpha_2^3\alpha_1^3=0.4667\\\alpha_{4\text{-}2\text{-}1}&=\alpha_2^4\alpha_1^4=0.2000\end{aligned}\tag{2.28}$$

显然有：

$$\alpha_{k\text{-}1\text{-}2}=\alpha_{k\text{-}2\text{-}1}\tag{2.29}$$

其中，$k=1,2,3,4$。

在式(2.29)的基础上进一步计算，则有：

$$w_{k\text{-}1\text{-}2}=w_{k\text{-}2\text{-}1}\tag{2.30}$$

其中，$k=1,2,3,4$。

在以上计算的基础上进一步考虑第三个因素 x_3：是否眩晕(dizzy)，其参考值有 $\mu_{x_3}(A_1^3=\text{no}),\mu_{x_3}(A_2^3=\text{yes})$。那么，原来的置信规则库可更新为

$$
\begin{aligned}
&R_{1'}: \text{if } (x_1 \text{ is } 37℃) \wedge (x_2 \text{ is no}) \wedge (x_3 \text{ is yes}), (\text{then } ((\text{not cold}, 1), (\text{cold}, 0)) \\
&R_{2'}: \text{if } (x_1 \text{ is } 37℃) \wedge (x_2 \text{ is yes}) \wedge (x_3 \text{ is yes}), (\text{then } ((\text{not cold}, 40\%), (\text{cold}, 60\%)) \\
&R_{3'}: \text{if } (x_1 \text{ is } 38.5℃) \wedge (x_2 \text{ is no}) \wedge (x_3 \text{ is yes}), (\text{then } ((\text{not cold}, 25\%), (\text{cold}, 75\%)) \\
&R_{4'}: \text{if } (x_1 \text{ is } 38.5℃) \wedge (x_2 \text{ is yes}) \wedge (x_3 \text{ is yes}), (\text{then } ((\text{not cold}, 10\%), (\text{cold}, 90\%))
\end{aligned} \tag{2.31}
$$

其中，式(2.31)中的规则仅考虑了 $A_2^3 = \text{yes}$ 的情况。

假设患者的体温为 37.5℃、中度咳嗽((no cough,0.5),(cough,0.5))和存在眩晕(dizzy,1)的情况。那么，新的规则1′～4′将被激活，新规则下的匹配度为

$$
\begin{aligned}
&\alpha_1^1 = 2/3, \alpha_1^2 = 1/3, \alpha_1^3 = 2/3, \alpha_1^4 = 1/3 \\
&\alpha_2^1 = 0.5, \alpha_2^2 = 0.5, \alpha_2^3 = 0.5, \alpha_2^4 = 0.5 \\
&\alpha_3^1 = 1, \alpha_3^2 = 1, \alpha_3^3 = 1, \alpha_3^4 = 1
\end{aligned} \tag{2.32}
$$

按照 x_1, x_2 和 x_3 的顺序进行集成，则有如下匹配度：

$$
\begin{aligned}
\alpha_{1\text{-}1\text{-}2\text{-}3} &= \alpha_1^1 \alpha_2^1 \alpha_3^1 = 0.3333 \\
\alpha_{2\text{-}1\text{-}2\text{-}3} &= \alpha_1^2 \alpha_2^2 \alpha_3^2 = 0.1667 \\
\alpha_{3\text{-}1\text{-}2\text{-}3} &= \alpha_1^3 \alpha_2^3 \alpha_3^3 = 0.3333 \\
\alpha_{4\text{-}1\text{-}2\text{-}3} &= \alpha_1^4 \alpha_2^4 \alpha_3^4 = 0.1667
\end{aligned} \tag{2.33}
$$

其中，“1-1-2-3”表示按照 x_1, x_2 和 x_3 的顺序进行集成所得到的第 1 条规则的匹配度；同样地，“2-1-2-3”表示按照 x_1, x_2 和 x_3 的顺序得到的第 2 条规则的匹配度。

如果 x_1 和 x_2 集成，再和 x_3 集成。那么，有：

$$
\begin{aligned}
\alpha_{1\text{-}(1\text{-}2)\text{-}3} &= (\alpha_1^1 \alpha_2^1) \alpha_3^1 = 0.3333 \\
\alpha_{2\text{-}(1\text{-}2)\text{-}3} &= (\alpha_1^2 \alpha_2^2) \alpha_3^2 = 0.1667 \\
\alpha_{3\text{-}(1\text{-}2)\text{-}3} &= (\alpha_1^3 \alpha_2^3) \alpha_3^3 = 0.3333 \\
\alpha_{4\text{-}(1\text{-}2)\text{-}3} &= (\alpha_1^4 \alpha_2^4) \alpha_3^4 = 0.1667
\end{aligned} \tag{2.34}
$$

如果 x_2 和 x_3 集成，再和 x_1 集成。那么，有：

$$
\begin{aligned}
\alpha_{1\text{-}1\text{-}(2\text{-}3)} &= \alpha_1^1 (\alpha_2^1 \alpha_3^1) = 0.3333 \\
\alpha_{2\text{-}1\text{-}(2\text{-}3)} &= \alpha_1^2 (\alpha_2^2 \alpha_3^2) = 0.1667 \\
\alpha_{3\text{-}1\text{-}(2\text{-}3)} &= \alpha_1^3 (\alpha_2^3 \alpha_3^3) = 0.3333 \\
\alpha_{4\text{-}1\text{-}(2\text{-}3)} &= \alpha_1^4 (\alpha_2^4 \alpha_3^4) = 0.1667
\end{aligned} \tag{2.35}
$$

易得

$$\alpha_{k\text{-}1\text{-}2\text{-}3} = \alpha_{k\text{-}(1\text{-}2)\text{-}3} = \alpha_{k\text{-}1\text{-}(2\text{-}3)} \ (k = 1, 2, 3, 4) \tag{2.36}$$

进而，有：

$$w_{k\text{-}1\text{-}2\text{-}3} = w_{k\text{-}(1\text{-}2)\text{-}3} = w_{k\text{-}1\text{-}(2\text{-}3)} \ (k = 1, 2, 3, 4) \tag{2.37}$$

2.4.3 不同规则之间的差异性分析

仍以三条规则为例来说明不同规则之间的差异(距离)。三条规则的结论部分如下：

$$\begin{aligned} R_1 &= ((\text{average}, 60\%), (\text{good}, 40\%)) \\ R_2 &= ((\text{average}, 40\%), (\text{good}, 60\%)) \\ R_3 &= ((\text{average}, 20\%), (\text{good}, 80\%)) \end{aligned} \tag{2.38}$$

从直觉上来看，“ R_1和R_2集成”与“ R_2和R_3集成”之间在“average”和“good”上均相差 20%，即“ R_1和R_2集成”与“ R_2和R_3集成”之间的“差异”是相同的。接下来，将从置信规则库空间的角度出发进行分析。

基于置信规则库空间中向量距离的定义来计算各向量(规则)之间夹角的余弦值。

$$\begin{aligned} \cos(R_1, R_2) &= \frac{0.6\times0.4+0.4\times0.6}{\sqrt{0.6^2+0.4^2}\times\sqrt{0.4^2+0.6^2}} = 0.9231 \\ \cos(R_2, R_3) &= \frac{0.4\times0.2+0.6\times0.8}{\sqrt{0.4^2+0.6^2}\times\sqrt{0.2^2+0.8^2}} = 0.9417 \\ \cos(R_1, R_3) &= \frac{0.6\times0.2+0.4\times0.8}{\sqrt{0.6^2+0.4^2}\times\sqrt{0.2^2+0.8^2}} = 0.7399 \end{aligned} \tag{2.39}$$

可以看到$\cos(R_1,R_2) \neq \cos(R_2,R_3)$。继续从拓扑结构的角度来进一步说明$R_1/R_2$和$R_2/R_3$之间的差异性，两个向量之间的夹角如下：

$$\begin{aligned} \theta_{R_1,R_2} &= \arccos(R_1,R_2) = \arccos(0.9231) = 22.6199^\circ \\ \theta_{R_2,R_3} &= \arccos(R_2,R_3) = \arccos(0.9417) = 19.6538^\circ \\ \theta_{R_1,R_3} &= \arccos(R_1,R_3) = \arccos(0.7399) = 42.2737^\circ \end{aligned} \tag{2.40}$$

根据上式，易得$\theta_{R_1,R_3} = \theta_{R_1,R_2} + \theta_{R_2,R_3}$，但$\theta_{R_1,R_2} \neq \theta_{R_2,R_3}$。三个向量之间角度的计算如图 2.4 所示。根据上述计算得到的距离可以解释为：R_2和R_3之间的差异小于R_1和R_2之间的差异，或R_2和R_3的一致性强于R_1和R_2的一致性。但是，无论采用以上哪一种解释，都与直觉上的理解相悖，因此可以认为置信规则库空间可以为决策者提供另一个视角，以更全面和综合地理解规则、向量，甚至知识之间的关系。

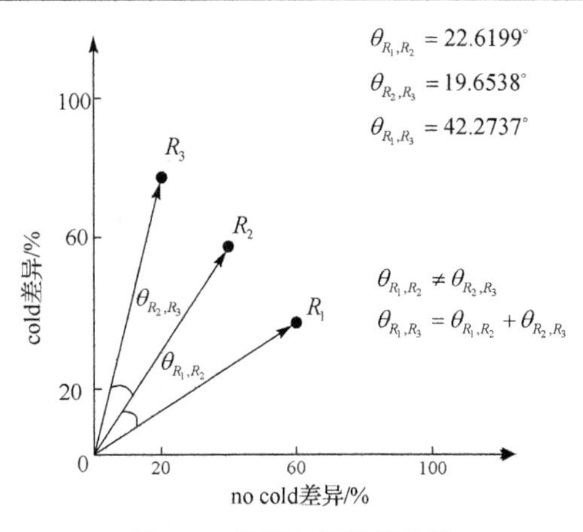

图 2.4　规则之间的差异性

2.5　结　　论

从拓扑角度出发，置信规则库空间可以定义为属性乘积测度空间。置信规则库中的规则对应于空间中的向量，其遵从加法的交换律和结合律。此外，通过研究向量的点乘来讨论置信规则之间的差异(距离)，为规则/向量之间的距离(差异)提供了更精确度量。本章从拓扑角度对置信规则库空间进行了一些初步研究，并探索和分析了置信规则库空间中向量所遵从的定律，还应继续探索更多的拓扑或几何性质，如提出置信规则库空间中规则或向量之间距离的其他可能计算方法，更好地去理解置信规则库的复杂建模和推理机制。

本章所讨论的内容首次定义了置信规则库空间的概念，本章是第 3 章全面提出并集置信规则库建模与推理步骤的理论基础，也是讨论并集与交集置信规则库之间关系、后续开展并集置信规则库优化，以及应用研究的理论基础。

参 考 文 献

[1] Rekik W, Hégarat-Mascle S L, Reynaud R, et al. Dynamic estimation of the discernment frame in belief function theory: Application to object detection [J]. Information Sciences, 2015, 306: 132-149.

[2] Liu B D. Uncertainty Theory [M]. 5th ed. Berlin: Springer , 2015.

[3] Yang J B, Xu D L. Nonlinear information aggregation via evidential reasoning in multi-attribute decision analysis under uncertainty[J]. IEEE Transactions on Systems, Man, and Cybernetics, Part A: Systems and Humans, 2002, 32: 376-393.

[4] Yang J B, Xu D L. Evidential reasoning rule for evidence combination [J]. Artificial Intelligence, 2013, 205: 1-29.

[5] Yang J B, Liu J, Wang J, et al. Belief rule-base inference methodology using the evidential reasoning approach-RIMER [J]. IEEE Transactions on Systems, Man, and Cybernetics, Part A: Systems and Humans, 2006, 36(2): 266-285.

[6] Jousselme A L, Grenier D, Bosse E. A new distance between two bodies of evidence [J]. Information Fusion, 2001, 2(2): 91-101.

[7] Liu W R. Analyzing the degree of conflict among belief functions[J]. Artificial Intelligence, 2006, 170: 909-924.

[8] Jousselme A L, Liu C S, Grenier D, et al. Measuring ambiguity in the evidence theory[J]. IEEE Transactions on Systems, Man, and Cybernetics, Part A: Systems and Humans, 2006, 36: 890-903.

[9] Jousselme A L, Maupin P. Distances in evidence theory: Comprehensive survey and generalizations[J]. International Journal of Approximate Reasoning, 2012, 53: 118-145.

并集置信规则库建模

第3章　并集置信规则库建模与推理

本章将开始系统地介绍并集假设下置信规则库构建与推理方面的内容。首先，介绍并集假设下置信规则的基本形式，通过引入基的概念，分析并集置信规则库构建的原则；然后对比交集置信规则库与并集置信规则库在规则库规模、建模原则以及推理机制方面的区别，提出并集置信规则库中置信规则的匹配度及激活权重计算方法；最后通过一个数值示例说明并集置信规则库建模、推理评估流程，分析并集置信规则库在保持建模精度与降低建模复杂度方面的优势。

本章所讨论的内容将作为全书开展并集置信规则库建模、推理、优化及应用的基础，并从建模机制和激活规则方面阐述并集置信规则库在减低建模复杂度方面存在的巨大优势。

3.1　并集置信规则库的概念

本小节首先介绍并集假设下置信规则的基本形式，而后引入置信空间基的概念，分析阐述并集置信规则库的构建原则，进而分析并集假设条件下置信规则库的规模。

3.1.1　并集置信规则库基本形式

并集置信规则库由多条并集规则组成[1,2]，其中第 k 条并集规则如式(3.1)：

$$\begin{aligned} R_k: & \text{if } (x_1 \text{ is } A_1^k) \vee (x_2 \text{ is } A_2^k) \vee \cdots \vee (x_M \text{ is } A_M^k), \\ & \text{then}\{(D_1, \beta_{1,k}), \cdots, (D_N, \beta_{N,k})\} \end{aligned} \tag{3.1}$$

其中，“$\vee$”表示规则遵循并集假设。

定义 3.1　并集假设

并集假设指的是置信规则中所有前提属性参考值按照“并”的关系组合在一起，因此当规则中最少一个前提属性激活时，并集规则(即遵循并集假设的规则)被激活。也就是说，置信规则中任意一个前提属性成立规则即成立。并集置信规则库由多条并集规则构成。

3.1.2 置信空间的基

根据第 2 章中置信规则库空间[3-5]的定义，置信空间的基定义如下。

定义 3.2 置信空间的基

令 X 表示目标空间，$\left(\prod_{m=1}^{M} A_m, \prod_{m=1}^{M} B_m, \prod_{m=1}^{M} \mu_x^{(m)}\right)$ 表示前提属性的乘积测度空间。第 m 个前提属性 $A_m(m=1,2,\cdots,M)$ 的参考值个数为 $p(m)$。此时，$K=\max\limits_{m\in\{1,2,\cdots,M\}} p(m)$ 被称为置信规则库空间的维度。此外，$\{x_1, x_2, \cdots, x_K\}$ 是部分从目标空间中选取的目标集合，并满足下列条件：

目标 $x_k(k=1,2,\cdots,K)$ 的测度为 $\mu_{x_k}(A)=(A_1^k, A_2^k, \cdots, A_M^k)$。对于前提属性集合 $A_m(m=1,2,\cdots,M)$，矩阵 $\{A_m^k\}_{k=1}^K$ 的秩为 $p(m)$。那么，$\{(A_1^k, A_2^k, \cdots, A_M^k)\}_{k=1}^K$ 可被看作置信规则库的一组基。

引理 3.1 置信规则库空间的基确保了置信规则库的完备性，即针对任何输入总有至少一条置信规则能够被激活。

证明 任何一组输入 $I^*(I_1^*, I_2^*, \cdots, I_m^*, \cdots, I_M^*)$，对于第 m 个前提属性有 $\min(A_m) \leqslant I_m^* \leqslant \max(A_m)$。根据定义 3.2，置信规则库空间的基包含全部前提属性的所有参考值。如果 $A_m^k < I_m^* < A_m^{k+1}$，那么第 k 条规则和第 k+1 条规则被激活；如果 $A_m^k = I_m^*$，则只有第 k 条规则能够被激活。简言之，如果输入信息在置信空间的基的范围内，那么总有至少一条置信规则能够被激活。证毕。

3.1.3 交集与并集置信空间的大小

相较于交集置信规则库，并集置信规则库的规模是不确定的。并集置信规则库要求至少包含一组基。因此，并集置信规则库的最小规模为其置信空间基的规模。置信空间基的规模等于所有前提属性中参考值个数的最大值，如式(3.2)：

$$\min(\text{size}_{\text{BRB,dis}}) = \max_{m=1}^{M}(p(m)) \tag{3.2}$$

特别地，当 $p(1)=p(2)=\cdots=p(M)=P$ 时，有：

$$\min(\text{size}_{\text{BRB,dis}}) = P \tag{3.3}$$

根据式(3.2)和式(3.3)，各个前提属性的所有参考值均包含于并集置信规则库中，即置信空间的基包含于并集置信规则库之中。因此，基于引理 3.1 可知，并集置信规则库是完备的，并且任何输入信息均可以激活相应规则。

此外，通过增加新的并集规则，可以增加并集置信规则库的规模，直至所有可能的前提属性参考值排列组合均已包含在置信规则库中，此时有：

$$\max(\text{size}_{\text{BRB,dis}})=\prod_{m=1}^{M}p_m \tag{3.4}$$

根据式(3.4)，并集置信规则库的最大规模与具有相同前提属性和参数值的交集置信规则库规模相同。表 3.1 比较了不同假设下具有 M 个前提属性和 $p(m)$ 个参考值的置信规则库的规模。

表 3.1　交集置信规则库和并集置信规则库规模对比

假设	前提属性个数	第 m 个前提属性的参考值个数	置信规则库规模	
			最小值	最大值
交集	M	$p(m)$	$\prod_{m=1}^{M}p(m)$	
并集			$\max_{m=1}^{M}(p(m))$	$\prod_{m=1}^{M}p(m)$

如表 3.1 所示，一旦前提属性数量和其参考值的数量确定，交集置信规则库的规模就可以确定。对于具有 M 个前提属性、第 m 个前提属性具有 $p(m)$ 个参考值的交集置信规则库，其规模为 $\prod_{m=1}^{M}p(m)$。然而，具有相同数量前提属性和参考值的并集置信规则库的规模在 $\max_{m=1}^{M}(p(m))$（置信空间基的最小值）和 $\prod_{m=1}^{M}p(m)$（相同配置交集置信规则库规模）之间。

根据表 3.1 所示，并集假设能够有效缩减置信规则库规模，因为并集置信规则库中置信规则数量仅与前提属性参考值的数量有关，与前提属性的数量无关。相较于交集置信规则库，并集置信规则库更加适用于具有较多前提属性的问题。

例 3.1　假设某并集置信规则库具有 M 个前提属性，每个前提属性具有 K 个参考值。该并集置信规则库的基可能为

$$\begin{gathered}R_1:(A_1^1,A_2^1,\cdots,A_M^1)\\R_2:(A_1^2,A_2^2,\cdots,A_M^2)\\\cdots\\R_K:(A_1^K,A_2^K,\cdots,A_M^K)\end{gathered} \tag{3.5}$$

式(3.5)中所表示的置信规则库的基是置信规则数量最少的情况，其规模为 K（有 K 条规则）。当新增加一条规则（第 K+1 条规则）时，该条规则的第一个前提属性的参考值与式(3.5)中的第 1 条规则相同，同时其余部分与式(3.5)中的第 K 条规则相同。将该条新规则添加到式(3.5)中即可得到一个新的置信规则库，如式(3.6)所示：

$$
\begin{aligned}
&R_1:(A_1^1, A_2^1, \cdots, A_M^1) \\
&R_2:(A_1^2, A_2^2, \cdots, A_M^2) \\
&\cdots \\
&R_K:(A_1^K, A_2^K, \cdots, A_M^K) \\
&R_{K+1}:(A_1^1, A_2^K, \cdots, A_M^K)
\end{aligned} \tag{3.6}
$$

对于式(3.6)中所示的新的置信空间的基，其具有 K+1 条置信规则，因此其规模为 K+1。如果能够收集更多信息，则式(3.6)可以进一步扩展，直至所有前提属性参考值的可能排列组合均被纳入置信空间的基中。届时，该置信空间的基的规模为 $K^M = \prod_{m=1}^{M} K$，与具有 M 个前提属性，每个前提属性具有 K 个参考值的交集置信规则库的规模相同。

3.2　并集置信规则库的建模方法

并集置信规则库的建模过程包括如下步骤。

步骤 1：确定置信规则库的前提属性 $x_m, m=1,\cdots,M$ 。

步骤 2：确定各个前提属性的参考值 $A_m^{p(m)}, m=1,\cdots,M$ 。

步骤 3：用前提属性的参考值构建置信规则。注意：任何置信规则均需包含至少一个前提属性，并且每个前提属性只包含一个参考值。重复步骤 3 直至无须增加新的置信规则。

步骤 3.1：对于 K 条置信规则中的第 k 条置信规则，确定 θ_k，针对 x_m 确定 A_m^k（$k\in(1,\cdots,p(m)), m\in(1,\cdots,M)$），针对 D_n 确定 $\beta_{n,k}$（$n\in(1,\cdots,N)$）。重复本步骤，直至确定全部 K 条置信规则的所有参数。

步骤 3.2：选择一组参数构建如式(3.1)所示的并集置信规则。

步骤 4：验证是否全部前提属性的全部参考值均被纳入置信规则。令 $A_{\text{all}} = \bigcup_{m=1}^{M}\bigcup_{p=1}^{p(m)} A_m^p$，$A_{\text{BRB}} = \bigcup_{k=1}^{K}\bigcup_{m=1}^{M} A_m^k$。如果 $A_{\text{all}} = A_{\text{BRB}}$，则移至步骤 5；否则确定缺失的参考值，并移至步骤 3。

步骤 5：完成并集置信规则库构建。

注 3.1　并集置信规则库的最低需求是保障其完备性，即所有前提属性的全部参考值(或置信空间的基)必须纳入并集置信规则库。而后，可以根据专家知识继续增加新的置信规则。如果所有前提属性参考值的排列组合均被纳入并集置信规则库中，则该并集规则库规模与具有相同置信结构的交集置信规则库规模相同。

3.3　并集置信规则库的推理方法

3.3.1　并集置信规则库的规则激活方法

区别于交集置信规则库中置信规则激活方法，并集置信规则库的置信规则激活机制更为复杂。本章引入一个新的激活因子κ，κ具有两种状态："1"表示置信规则被激活，"0"表示未被激活。

因此，考虑第 m 个前提属性时，一条规则的κ值可以由式(3.7)计算得到：

$$\kappa(I_m^*, A_m^j) = \begin{cases} 1, & j = k, k+1(A_m^k < I_m^* < A_m^{k+1}) \\ 0, & j \neq k, k+1(A_m^k < I_m^* < A_m^{k+1}) \end{cases} \tag{3.7}$$

当输入信息与参考值相等时，有：

$$\kappa(I_m^*, A_m^j) = \begin{cases} 1, & j = k(I_m^* = A_m^k) \\ 0, & j \neq k(I_m^* = A_m^k) \end{cases} \tag{3.8}$$

对于具有 M 个前提属性的模型而言，当第 k 条规则中至少有一个前提属性被激活，那么该条置信规则被激活，如式(3.9)：

$$\kappa(I^*, A^k) = \begin{cases} 1, & \sum_{m=1}^{M} \kappa(I_m^*, A_m^k) \geqslant 1 \\ 0, & \text{其他} \end{cases} \tag{3.9}$$

特别地，当有多条置信规则，如第 k 条和 k+1 条，均因第 m 个前提属性被激活时，有 $\kappa(I_m^*, A_m^k) = \kappa(I_m^*, A_m^{k+1}) = 1$，且两条置信规则中第 m 个前提属性的参考值相同，即 $A_m^k = A_m^{k+1}$。然而，两条置信规则可能在第 p 个前提属性方面具有不同的激活状态，如 $\kappa(I_p^*, A_p^k) = 0, \kappa_1(I_p^*, A_p^{k+1}) = 1$。

对于第 k 条置信规则而言，这种情形表示为

$$\begin{cases} \kappa(I_m^*, A_m^k) = 1 \\ A_m^k = A_m^{k+1} \\ \kappa(I_p^*, A_p^k) = 0 \end{cases} \tag{3.10}$$

对于第 k+1 条置信规则而言，这种情形表示为

$$\begin{cases} \kappa(I_m^*, A_m^{k+1}) = 1 \\ A_m^k = A_m^{k+1} \\ \kappa(I_p^*, A_p^{k+1}) = 1 \end{cases} \tag{3.11}$$

那么，κ可由式(3.12)计算得到：

$$\kappa(I^*, A^j) = \begin{cases} 0, & j = k \\ 1, & j = k+1 \end{cases} \tag{3.12}$$

并集置信规则库激活机制(以及匹配度和权重计算方法)的详细说明见本章示例分析部分。

3.3.2 并集置信规则库的匹配度计算方法

输入信息对于第 k 条置信规则中第 m 个前提属性的匹配度计算公式为

$$\varphi(I_m^*, A_m^j) = \begin{cases} \dfrac{A_m^{k+1} - I_m^*}{A_m^{k+1} - A_m^k}, & j = k(A_m^k \leqslant I_m^* \leqslant A_m^{k+1}), \kappa(I^*, A^j) = 1 \\ \dfrac{I_m^* - A_m^k}{A_m^{k+1} - A_m^k}, & j = k+1, \kappa(I^*, A^j) = 1 \\ 0, & j = 1, 2, \cdots, p(m), j \neq k, k+1, \kappa(I^*, A^j) = 0 \end{cases} \tag{3.13}$$

第 k 条置信规则中第 m 个前提属性的匹配度计算公式为

$$\alpha_{m,k} = \frac{\varphi(I_m^*, A_m^j)\varepsilon_m}{\sum \varphi(I_m^*, A_m^j)} \tag{3.14}$$

其中，ε_m 表示输入信息 I^* 中第 m 个前提属性的置信度。

第 k 条置信规则的激活权重计算公式为：

$$w_k = \frac{\theta_k \sum_{m=1}^{M} (\alpha_{m,k})^{\delta_m}}{\sum_{k=1}^{K} (\theta_k \sum_{m=1}^{M} (\alpha_{m,k})^{\delta_m})} \tag{3.15}$$

其中，θ_k 表示第 k 条置信规则的初始权重，δ_m 表示第 m 个前提属性的初始权重。规则激活之后，采用 ER 算法或 ER rule 对规则进行集成，见 1.3.3 节。

3.4 示　　例

本节通过数值示例来说明并集置信规则库建模、激活和推理的基本流程。通过在不同场景下，对交集置信规则库、并集置信规则库的模型规模和评估精度进行对比分析，较为直观地展示并集置信规则库在降低建模复杂度方面存在的优势。

3.4.1 并集置信规则库建模示例

假设某一对象具有两个前提属性 x_1 和 x_2，假设两个前提属性分别具有 3 个参考值，分别为 5,8 和 10，此时并集置信规则库的最小规模为 3，图 3.1 给出了具有不同结构的并集置信规则库。相对地，假设 x_1 仅包括两个参考值，而 x_2 包括三个参考值，此时并集置信规则库的最小规模仍为 3，图 3.2 给出了具有不同结构的并集置信规则库。

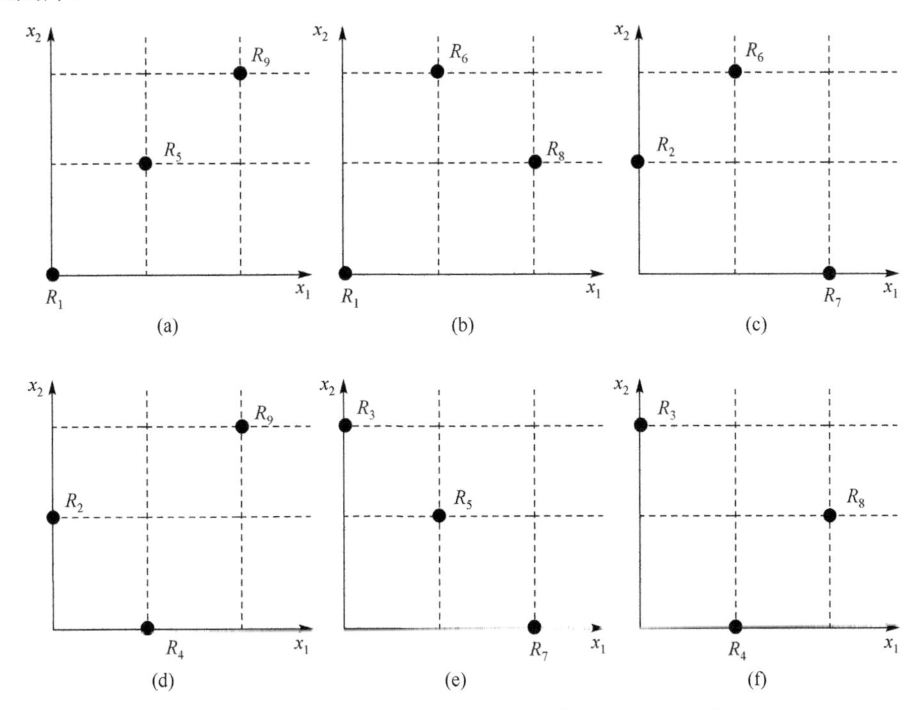

图 3.1　两个前提属性的 6 种并集置信规则库结构(每个前提属性 3 个参考值)

需要注意的是：当图 3.2 中不同前提属性的参考值个数不同时，不可避免地会有不同置信规则中同一前提属性具有相同的参考值。事实上，即使所有前提属性具有相同数量的参考值，不同置信规则中仍然可能出现同一前提属性具有相同的参考值。这种情况是被允许的，同时不违背并集置信规则库的定义：一个并集置信规则库是完备的，只要其涵盖了全部前提属性的所有参考值。然而，在实际情况中，并

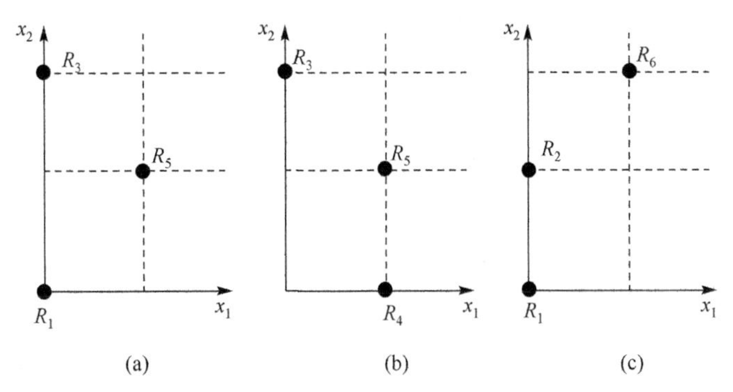

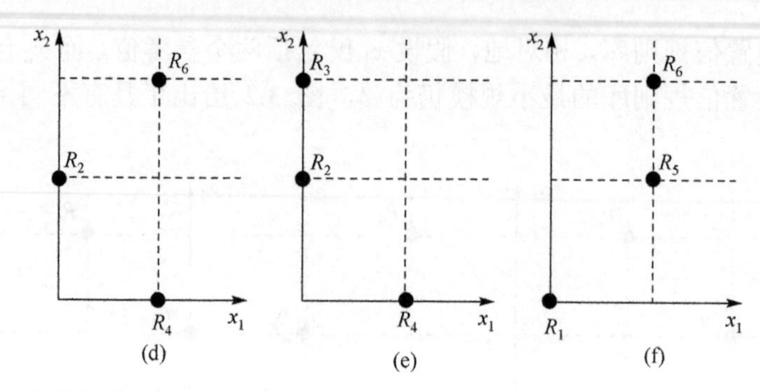

图 3.2 两个前提属性的 6 种并集置信规则库结构(前提属性分别为 2 和 3 个参考值)

集置信规则库的规模一般会首先确定，而后邀请相关领域专家构建置信规则。在这种情况下，不同专家几乎不可能对相同的前提属性构建相同的参考值。因此，图 3.1 中的情形在实际中更可能发生。

3.4.2 并集置信规则库推理示例

以 3.4.1 小节中仅包含 R_5,R_6 和 R_8 为基本条件，本小节将说明并集置信规则库的推理过程(图 3.3(a))。为了更加详细说明不同条件下的推理过程，进一步考虑更加复杂的情况。具体而言，相较于图 3.3(a)，在图 3.3(b) 中用规则 R_6' 代替规则 R_6。在图 3.3(c) 中，

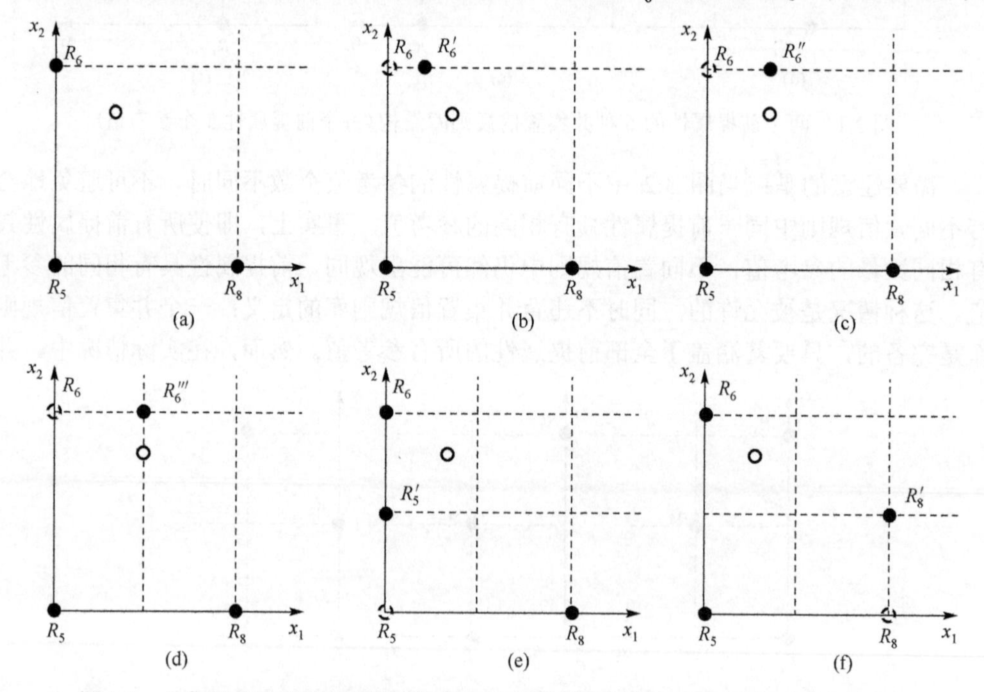

图 3.3 并集置信规则库规则激活(实心点表示置信规则，空心圆表示输入信息)

输入信息与规则 R_6'' 具有相同的参考值，但是规则 R_5 和规则 R_8 的匹配度不相同。在图 3.3(d) 中，输入信息与规则 R_6''' 具有相同的参考值；图 3.3(e) 和 (f) 中规则 R_5 和规则 R_8 分别被规则 R_5' 和规则 R_8' 替代。在图 3.3(a)～(c)、(e) 和 (f) 中输入信息为 (8.5,9.5)，在图 3.3(d) 中输入信息为 (9,9.5)。

为了进行更加完备的对比，本节中不仅考虑如图 3.3(a)～(f) 的情况，还将考虑包含四条完备规则，即 R_5、R_6、R_8 和 R_9 的情况。尤其需要注意的是规则 R_9(图 3.1 和图 3.2)，该条规则在图 3.3(a)～(f) 并不直接使用，仅在进行对比时使用。相关规则如表 3.2 所示。

$$R_9: \text{if} \quad (x_1 \text{ is } 10) \vee (x_2 \text{ is } 10), \text{ then } \{(\text{好}, 0.8), (\text{一般}, 0.2)\}$$

表 3.2　图 3.3 中涉及的置信规则

规则	if		then	
	x_1	x_2	好	一般
R_5	8	8	0.4	0.6
R_6	8	10	0.75	0.25
R_8	10	8	0.6	0.4
R_6'	8.1	10	0.75	0.25
R_6''	8.5	10	0.65	0.35
R_6'''	9	10	0.7	0.3
R_5'	8	9	0.55	0.45
R_8'	10	9	0.7	0.3
R_9	10	10	0.8	0.2

同时，以上基于并集置信规则库的结果还将与交集置信规则库的结果进行对比，这就需要构建交集的置信规则库。为了解决这一问题，可以单独构建一个交集置信规则库，但这会带来一个巨大的难题：交集置信规则库与并集置信规则库所进行分析的结果并不基于相同的置信规则库，基于此得到的结果显然将不具有可比性；另一个解决方案是将表 3.2 中的规则也视为交集规则，这样一来交集与并集置信规则库即可保持一致，也就为进行对比提供了支持。但是需要注意的是，交集与并集置信规则库并不具有完全的等价性，本书的第 5 章将继续讨论二者之间的关系。

基于表 3.2 给出的置信规则库，表 3.3 给出了如图 3.3 中不同情况前提属性 x_1 和 x_2 的匹配度。

根据表 3.3 所示，可得出以下结论：

(1) 在图 3.3(b) 中，R_5 未被激活；

(2) 在图 3.3(c) 和 (d) 中，R_5 和 R_8 被激活，因为他们的输入信息与前提属性 x_1 具有相同的距离；

(3) 在图 3.3 (e) 中，R_8 被激活，因为其前提属性 x_1 被输入信息激活；

(4) 在图 3.3 (f) 中，R_5 未被激活。

表 3.3 图 3.3 中各种情况下的前提属性匹配度

图 3.3	R_5 和 R_5'		R_6、R_6'、R_6'' 和 R_6'''		R_8 和 R_8'	
	x_1	x_2	x_1	x_2	x_1	x_2
(a)	0.75	0.25	0.75	0.75	0.25	0.25
(b)	0	0	0.79	0.75	0.21	0.25
(c)	0	0.25	1	0.75	0	0.25
(d)	0	0.25	1	0.75	0	0.25
(e)	0.75	0.5	0.75	0.5	0.25	0
(f)	0	0	0.75	0.5	0.25	0.5

3.4.3 并集置信规则库结果分析

通过均方差 (mean square error，MSE) 和平均绝对值百分比误差 (mean absolute percentage error，MAPE) 来对比分析上一节中得到的计算结果，计算公式为

$$\mathrm{MSE}=\frac{1}{N}\sqrt{\sum_{n=1}^{N}(y_{\mathrm{conj},n}-y_{\mathrm{disj},n})^2} \tag{3.16}$$

$$\mathrm{MAPE}=\frac{1}{N}\sum_{n=1}^{N}\frac{\mathrm{abs}(y_{\mathrm{conj},n}-y_{\mathrm{disj},n})}{y_{\mathrm{conj},n}} \tag{3.17}$$

其中，N 表示在结论中等级的数量，y_{conj} 和 y_{disj} 分别表示由交集置信规则库和并集置信规则库计算的输出。

表 3.4～表 3.6 分别呈现了 3.4.2 节中示例的规则权重、评估结果 (置信结构和效用值) 和 MSE/MAPE。

表 3.4 图 3.3 中不同情况下的规则权重

规则	Conj.	Disj.	图 3.3 (a)	图 3.3 (b)	图 3.3 (c)	图 3.3 (d)	图 3.3 (e)	图 3.3 (f)
R_5 和 R_5'	0.1875	0.2500	0.3333		0.1111	0.1111	0.4545	
R_6、R_6'、R_6'' 和 R_6'''	0.5625	0.3750	0.5000	0.7697	0.7778	0.7778	0.4545	0.6250
R_8 和 R_8'	0.0625	0.1250	0.1667	0.2303	0.1111	0.1111	0.0909	0.3750
R_9	0.1875	0.2500						

注：“Conj.”表示包含四条规则交集置信规则库，由规则 R_5、R_6、R_8 和 R_9 组成；“Disj.”表示具有四条完备规则的并集置信规则库，由规则 R_5、R_6、R_8 和 R_9 组成；图 3.3 (b)～(d) 中的规则 R_6 应分别为规则 R_6'、R_6'' 和 R_6'''；图 3.3 (e) 中激活的规则为规则 R_5'、R_6 和 R_8；图 3.3 (f) 中激活的规则为规则 R_6 和 R_8'。

表 3.5　图 3.3 中不同情况下的评估结果

	Conj.	Disj.	图 3.3(a)	图 3.3(b)	图 3.3(c)	图 3.3(d)	图 3.3(e)	图 3.3(f)
具有置信结构的评估结果	{(S,72.74%),(A,27.26%)}	{(S,69.38%),(A,30.62%)}	{(S,64.17%),(A,35.83%)}	{(S,74.82%),(A,25.18%)}	{(S,64.08%),(A,35.92%)}	{(S,68.78%),(A,31.22%)}	{(S,67.50%),(A,32.50%)}	{(S,76.57%),(A,23.43%)}
考虑效用值的评估结果	0.8637	0.8469	0.8209	0.8741	0.8204	0.8439	0.8375	0.8829

注：结论等级“S”和“A”的效用值分别 1 和 0.5。

表 3.6　不同情况下的 MAE 和 MAPE

项目	Disj.	图 3.3(a)	图 3.3(b)	图 3.3(c)	图 3.3(d)	图 3.3(e)	图 3.33(f)	均值
MSE	2.3759×10^{-2}	6.0599×10^{-2}	1.4708×10^{-2}	6.1235×10^{-2}	2.8001×10^{-2}	3.7052×10^{-2}	2.7082×10^{-2}	3.8113×10^{-2}
MAPE	4.6192×10^{-2}	1.1782×10^{-1}	2.8595×10^{-2}	1.1905×10^{-1}	5.4440×10^{-2}	7.2037×10^{-2}	5.2653×10^{-2}	7.4099×10^{-2}
规则数量	4	3	2	3	3	3	2	2.5

基于以上不同情况下并集置信规则库的建模与推理过程及结果，可以得出以下结论。

(1)并集置信规则库能够在保持结果一致性的情况下降低置信规则库规模。通过减少置信规则数量，表 3.5 中具有最大置信度的结论以及结论效用值与具有完备结构的交集置信规则库相近。

(2)如果置信规则数量被视为输入信息，那么通过对比表 3.6 中最后一列“均值”中的“规则数量”与“MAPE”可知，并集置信规则库平均需要输入交集置信规则库所需要的 62.5%(=2.5 条规则/4 条规则)的信息量，就可以获得平均 92.59%的准确率。在最理想的情况下(图 3.3(b))，仅需要原始输入 50%(=2 条规则/4 条规则)的信息量，就可以获得平均 97.14%的准确率。

(3)根据 3.2 节以及图 3.1 和图 3.2 可知，并集置信规则库在建模时并不需要包含所有前提属性参考值的组合形式。考虑到部分前提属性参考值的组合情况难以直接构建，或至少成本较高，因此采用并集置信规则库进行建模时可以极大地规避这种情况，进而降低建模成本。这对于收集信息成本相对昂贵的实际场景具有重要意义。

3.4.4　讨论

本章论述及示例研究实验结果得出如下结论。

(1)并集置信规则库作为另一种前提假设条件下的置信规则库，能够较好地继承证据理论以及 IF-THEN 规则的特点与优势，即可以在一定程度上发挥交集置信规则库的作用。

(2)由于构建假设不同，并集置信规则库规模的确定方式与交集置信规则库不同：交集置信规则库中置信规则数量等于全部前提属性参考值的所有可能参考值组合数量。然而，在并集置信规则库中，其规则库规模最大与同样置信结构的交集置信规则库相同，最小仅为全部前提属性参考值的数量最大值(即置信空间基的维度)。

(3) 相较于交集置信规则库，并集置信规则库所必需的置信规则库较少。在解决实际问题过程中，可以通过引入并集假设降低置信规则库规模。本章所研究的示例也证明了并集置信规则库在保持建模精度和降低复杂度方面的优势。

3.5 结　论

本章通过讨论置信规则构建的不同假设入手，阐述了并集置信规则库的基本形式；定义了置信空间基的概念，对比分析了交集假设和并集假设条件下置信规则库中规则数量的确定方法；进一步研究不同假设条件下置信规则的激活和聚合方式；在此基础上提出了并集置信规则库推理方法；最后以一个数值示例说明了并集置信规则库的构建和推理方法。实验结果证明并集置信规则库能够在保持建模精度的前提下，有效降低建模复杂度。

参考文献

[1] Chang L L, Zhou Z J, Liao H, et al. Generic disjunctive belief-rule-base modeling, inferencing, and optimization[J]. IEEE Transactions on Fuzzy Systems, 2019, 27(9): 1866-1880.

[2] Chang L L, Jiang J, Sun J B, et al. Disjunctive belief rule base spreading for threat level assessment with heterogeneous, insufficient, and missing information[J]. Information Sciences, 2019, 476: 106-131.

[3] Liu B D. Uncertainty Theory [M]. 5th ed. Berlin: Springer, 2015.

[4] Jousselme A L, Liu C S, Grenier D, et al. Measuring ambiguity in the evidence theory[J]. IEEE Transactions on Systems, Man, and Cybernetics, Part A: Systems and Humans, 2006, 36: 890-903.

[5] Jousselme A L, Maupin P. Distances in evidence theory: Comprehensive survey and generalizations[J]. International Journal of Approximate Reasoning, 2012, 53: 118-145.

第 4 章　考虑随机性、相关性与无偏多输出的并集置信规则库建模

置信规则库中表达和处理的不确定性主要指的是指标类型的不确定性，如定性/定量、连续/离散、完备/不完备、区间/单值等，并未充分考虑随机性和相关性，同时也仅考虑具有一个输出的情况。但是在部分实际问题中仍然存在对这三种情况的需求，为了满足这些需求，本章分别提出相应解决方案：采用云模型(cloud model, CM)分析各前提属性的随机性分布，在置信规则库中引入随机性建模；采用 Copula 度量多个前提属性之间的相关性，在置信规则库中引入相关性建模；充分讨论多输出问题的特点，指出面向有偏好的多输出问题，应当直接建立多个模型进行求解，面向无偏多输出问题，可以采用单一评估框架但仅针对不同输出设计不同结论部分。

4.1　考虑随机性的置信规则库建模

4.1.1　云模型的基本概念

云模型是李德毅院士在概率论和模糊数学理论两者交互的基础上提出的一种对不确定性知识进行定性和定量转换的数学模型，能够同时反映客观世界中概念的两种不确定性，即随机性和模糊性，目前已成功应用于如数据挖掘、决策分析、智能控制、图像处理等众多理论和实践领域[1-3]。

云模型的定义[1]：设 U 是一个用精确数值表示的论域(一维、二维或多维)，U 上对应着定性概念 C，对于论域中的任意一个元素 x，都存在一个有稳定倾向的随机数 $\mu(x)$，叫作 x 对概念 C 的确定度，x 在 U 上的分布称为云模型，简称为云，如式(4.1)：

$$\mu:\ U \to [0,1],\quad \forall x \in U,\quad x \to \mu(x) \tag{4.1}$$

云模型主要包括三个参数：期望 $E(x)$、熵 En 和超熵 He。期望 $E(x)$ 是数域空间最能够代表定性概念 C 的点，即这个概念量化的最典型样本点。熵 En 表示定性概念 C 的不确定性。熵一方面反映了云滴群的范围大小，即模糊度；另一方面还反映了云滴出现的随机性。超熵 He 是熵的不确定性的度量，即熵的熵。同时，在采用云模型进行建模时，还需要考虑云中的云滴数量 n：云滴越多，单个云滴的不确

定性越弱，所需建模资源也越多；云滴越少，单个云滴的不确定性越强，所需建模资源也越少。但云滴多少与云模型的随机性无关，即每一个云滴可能具有不同的不确定性，但是云模型的整体随机性是一致的。图 4.1 给出一个服从正态分布的云模型的示意图，其中，$E(x)=1$，$En=1$，$He=0.1$，$n=2000$，横轴表示云模型的不确定性的度量，纵轴表示每一个云滴的隶属度。

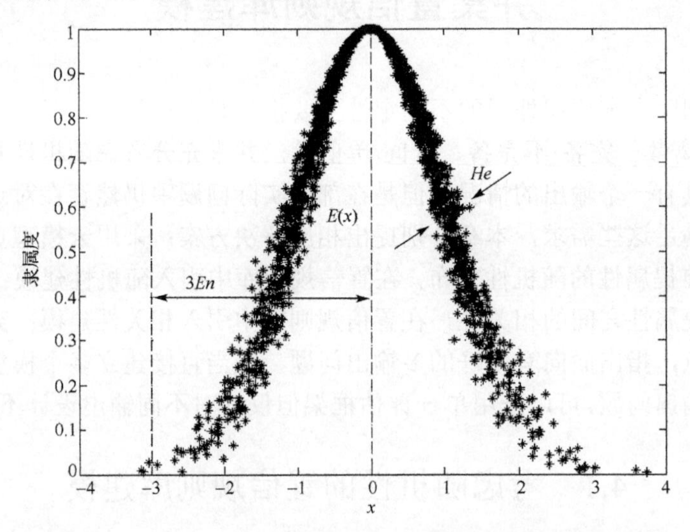

图 4.1　$E(x)=1$，$En=1$，$He=0.1$，$n=2000$ 的正态云模型图

同时，还需要注意的是，云模型虽然可以用来反映随机性，但是在给定参数条件下，一旦云模型生成，每一个云滴的隶属度也就确定，因此该模型不再具有随机性。为了更好地体现云模型的随机性，应当在同一组给定参数下多次生成云模型来对比每一个云滴的随机性(即隶属度)。

4.1.2　基于云模型的置信规则库

基于云模型的置信规则库推理步骤如图 4.2 所示。

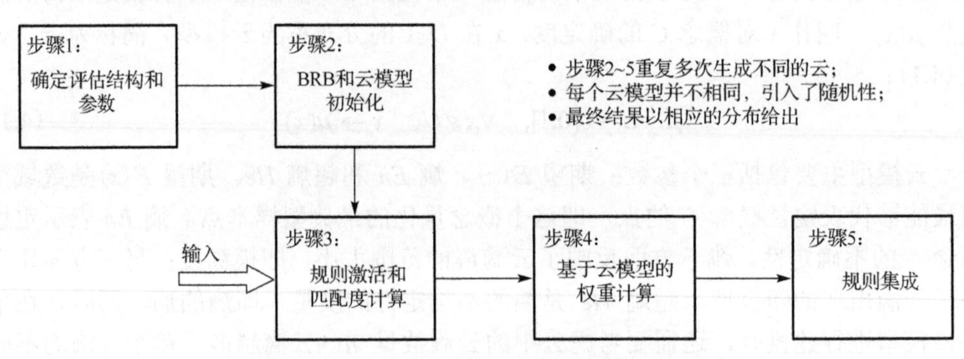

图 4.2　基于云模型的置信规则库推理流程图

步骤 1：确定评估结构和云模型的相关参数。

首先根据实际问题的输入和输出，确定评估结构，包括前提属性、前提属性参考值和结果等级的数量和置信度等；其次需要确定生成云模型的相关参数，包括 $E(x)$、En、He、云滴的数量，以及云模型生成的次数。

步骤 2：BRB 和云模型的初始化。

BRB 的初始规则权重和结果的置信度可以根据专家经验或历史数据确定。如果没有先验知识，则可以先设定初始规则权重为“1”。云模型的生成则使用步骤 1 中确定的相关参数，即 $E(x)$、En、He 和云滴的数量。注意，尽管由三个相同参数生成的云模型在相同的随机性级别上，但其中的每个云滴仍然是唯一的，因此需要多次生成云模型来更全面地了解云模型带来的随机性。

步骤 3：规则激活和匹配度计算。

考虑到真实问题中的输入一定是有限位数的值，而云模型中随机生成的云滴的坐标为无限位数，因此输入值与云滴的坐标不会完全相同。本步骤中采用两个距离输入点最近的云滴来计算输入的随机性，如图 4.3 所示。

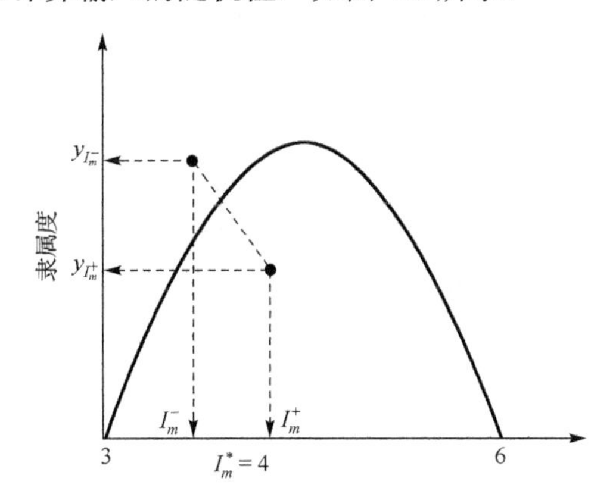

图 4.3　云模型中输入信息的规则激活过程

详细的推理过程如下。

步骤 3.1：对于任何输入的第 m 个前提属性，在云模型中确定距离输入最近的两个云滴点，假设比该前提属性较小的云滴点为 I_m^-，比该前提属性较大的云滴点为 I_m^+。

步骤 3.2：测量两个云滴点距离第 m 个前提属性的距离百分比，如式(4.2)：

$$\begin{cases} \alpha_m^+ = \dfrac{I_m^* - I_m^-}{I_m^+ - I_m^-} \\ \alpha_m^- = \dfrac{I_m^+ - I_m^*}{I_m^+ - I_m^-} \end{cases} \tag{4.2}$$

其中，$\alpha_m^+ + \alpha_m^- = 1$。

步骤 3.3：计算两个最近云滴点 I_m^- 和 I_m^+ 的随机性，根据隶属度函数，确定两个云滴点的隶属度值分别为 $y_{I_m^-}$ 和 $y_{I_m^+}$，通过式(4.3)来计算其随机性。

$$\begin{cases} r_m^+ = \dfrac{y_{I_m^+} - \hat{y}_{I_m^+}}{\hat{y}_{I_m^+}} \\ r_m^- = \dfrac{y_{I_m^-} - \hat{y}_{I_m^-}}{\hat{y}_{I_m^-}} \end{cases} \tag{4.3}$$

其中，$\hat{y}_{I_m^+}$ 和 $\hat{y}_{I_m^-}$ 表示由正态分布函数计算的值；r_m^+ 和 r_m^- 表示两个最近云滴点 I_m^+ 和 I_m^- 的随机性，r_m^+ 和 r_m^- 应同时为正或负。

步骤 3.4：通过式(4.4)计算第 m 个前提属性的随机性 r_m。

$$r_m = r_m^- \alpha_m^- + r_m^+ \alpha_m^+ \tag{4.4}$$

其中，r_m 表示第 m 个前提属性的输入的随机性，r_m 可以为负。

步骤 3.5：计算第 m 个前提属性的匹配度 $\varphi(I_m^*, A_m^j)$，匹配度的计算方法见 3.3.2 节。考虑式(4.4)中基于云模型获取的第 m 个前提属性的随机性，利用式(4.5)将随机性引入初始匹配度，对其进行修正，修正后的匹配度计算方法为

$$\alpha_{m,k} = \frac{\varphi(I_m^*, A_m^j)\varepsilon_m}{\sum \varphi(I_m^*, A_m^j)} r_m \tag{4.5}$$

其中，ε_m 表示关于第 m 个前提属性的输入的置信度，如果没有先验信息，则 ε_m=1。

步骤 3.6：计算第 k 条规则的匹配度。

$$\alpha_k = \prod_{m=1}^{M} \alpha_{m,k} \tag{4.6}$$

其中，α_k 表示第 k 个规则中 M 个前提属性的匹配度。

步骤 4：基于多维云模型的权重计算。

第 k 条规则的集成权重 w_k 是规则的激活权重与初始权重的乘积：

$$w_k = \theta_k w_{k,\text{activated}} \tag{4.7}$$

其中，$w_{k,\text{activated}}$ 通过多维云模型累积隶属度函数中该点的随机性进行计算，如式(4.8)：

$$w_{k,\text{activated}} = \int_{x_1}^{A_1^{k+1}} \int_{x_2}^{A_2^{k+1}} \cdots \int_{x_M}^{A_M^{k+1}} p(x_1, x_2, \cdots, x_M) \mathrm{d}x_M \cdots \mathrm{d}x_2 \mathrm{d}x_1 \tag{4.8}$$

其中，A_m^{k+1} 表示在第 k+1 条规则中第 m 个前提属性的参考值；第 k 条规则的激活权重是从输入 x_m 到第 m 个前提属性的参考值 A_m^{k+1} 的概率密度函数的多次积分。注意，无论其属性是否具有相关性，式(4.8)的计算方式都是通用的。若属性具有相关性，

则需要使用如基于 Copula 的方法计算属性之间的相关因素（见 4.2 节）；若属性不具有相关性，则可以通过式(4.9)计算：

$$p(x_1,x_2,\cdots,x_M)=p(x_1)p(x_2)\cdots p(x_M) \tag{4.9}$$

通过式(4.9)，可得

$$\begin{aligned} w_{k,\text{activated}} &= \int_{x_1}^{A_1^{k+1}}\int_{x_2}^{A_2^{k+1}}\cdots\int_{x_M}^{A_M^{k+1}} p(x_1,x_2,\cdots,x_M)\mathrm{d}x_M\cdots\mathrm{d}x_2\mathrm{d}x_1 \\ &= \int_{x_1}^{A_1^{k+1}}\int_{x_2}^{A_2^{k+1}}\cdots\int_{x_M}^{A_M^{k+1}} p(x_1)p(x_2)\cdots p(x_M)\mathrm{d}x_M\cdots\mathrm{d}x_2\mathrm{d}x_1 \\ &= \left(\int_{x_1}^{A_1^{k+1}} p(x_1)\mathrm{d}x_1\right)\left(\int_{x_2}^{A_2^{k+1}} p(x_2)\mathrm{d}x_2\right)\cdots\left(\int_{x_M}^{A_M^{k+1}} p(x_M)\mathrm{d}x_M\right) \end{aligned} \tag{4.10}$$

对于第 m 个维度，有$\left(\int_{x_m}^{A_m^{k+1}} p(x_m)\mathrm{d}x_m\right)=\alpha_m$，因此，式(4.10)可以转化为

$$w_{k,\text{activated}}=\alpha_1\alpha_2\cdots\alpha_M=\prod_{m=1}^{M}\alpha_m \tag{4.11}$$

其中，α_m 表示式(4.6)中计算的第 k 条规则中第 m 个前提属性的参考值和输入之间的匹配度。

步骤 5：规则集成。

激活的规则可以采用 ER 算法进行集成，当考虑规则具有可靠性时，也可以采用 ER rule 进行集成。有关 ER 算法和 ER rule 的内容均见 1.3.3 节。

4.1.3 实例分析：背景及参数介绍

本节以华中地区湖北省武汉市地铁 2 号线中 10 根管道的风险等级评估为例，验证以上提出的基于云模型的置信规则库推理方法。针对 10 根管道，本节共分析了 4 个方面的风险评估因素、11 个风险评估因子。4 个方面的风险评估因素包括空间近邻关系(c_1)、地质变量(c_2)、管道相关变量(c_3)以及技术和管理变量(c_4)。空间近邻关系因素又包括水平相对距离($c_{1\text{-}1}$)和垂直相对距离($c_{1\text{-}2}$)；地质变量因素包括压缩模量($c_{2\text{-}1}$)、土壤黏结力($c_{2\text{-}2}$)和摩擦角($c_{2\text{-}3}$)；管道相关变量包括管道深宽比($c_{3\text{-}1}$)、管道年龄与经济寿命比($c_{3\text{-}2}$)和管道材料($c_{3\text{-}3}$)；技术和管理变量包括建筑技术($c_{4\text{-}1}$)、管理质量($c_{4\text{-}2}$)和监测工程($c_{4\text{-}3}$)。表 4.1 给出了这 10 根管道的 11 个风险评估因子的值，表 4.2 中更详细地描述了这些风险评估因子以及作为前提属性在 BRB 中的参考值。

表 4.1 10 根管道的 11 个风险评估因子的值

风险评估因子	管道编号									
	1	2	3	4	5	6	7	8	9	10
1	0.63	1.53	1.28	0.42	1.49	4.11	2.61	0.60	0.63	0.85
2	1.54	1.26	3.20	0.45	1.89	3.86	2.32	1.52	2.94	0.30

续表

风险评估因子	管道编号									
	1	2	3	4	5	6	7	8	9	10
3	10	32	10	37	18	22	53	21	15	22
4	16	16	23	11	14	19	17	22	12	19
5	4	7	27	25	22	12	8	25	26	31
6	4.66	0.46	2.89	0.78	2.58	1.24	4.24	3.60	4.13	0.35
7	0.32	0.74	0.13	0.89	0.83	0.76	0.61	0.75	0.66	0.88
8	14	36	16	36	42	16	14	35	43	60
9	65	80	86	26	86	72	75	64	55	45
10	83	70	19	26	69	74	50	28	35	58
11	55	39	65	50	86	77	41	29	10	42

表 4.2　管道风险评估因素详细信息

风险评估因素	级别	编号	指标类型	详细描述	参考值
空间近邻关系	1	c_1	效益型	空间近邻关系是指隧道结构与相邻管道之间的相互关系	Ⅲ, Ⅱ, Ⅰ *
水平相对距离 (*L/D*)	2	$c_{1\text{-}1}$	效益型	隧道设计直径之间的距离 (*D*) 和隧道与管道之间的水平距离 (*L*)	[0,2,5] **
垂直相对距离 (*H/D*)	2	$c_{1\text{-}2}$	效益型	隧道设计直径之间的距离 (*D*)、隧道与管道之间的垂直距离 (*H*)	[0,2,4]
地质变量	1	c_2	效益型	隧道中土与管道相互作用的中介因子	Ⅲ, Ⅱ, Ⅰ
压缩模量/MPa	2	$c_{2\text{-}1}$	效益型	定量因素，由实际条件下测量	[0,30,60]
土壤黏结力/kPa	2	$c_{2\text{-}2}$	效益型	定量因素，由实际条件下测量	[0,12,25]
摩擦角/(°)	2	$c_{2\text{-}3}$	效益型	定量因素，由实际条件下测量	[0,15,45]
管道相关变量	1	c_3	效益型	隧道施工中，管道的状况直接影响到其承受恒载或附加变形的能力	Ⅲ, Ⅱ, Ⅰ
管道深宽比	2	$c_{3\text{-}1}$	效益型	埋管深度与管径的比值	[0,1.5,5]
管道年龄与经济寿命比	2	$c_{3\text{-}2}$	成本型	管道年龄与经济寿命的比值	[1,0.4,0]
管道材料(评分)	2	$c_{3\text{-}3}$	效益型	定性因素，由专家和技术人员评分	[0,60,100]***
技术和管理变量(评分)	1	c_4	效益型	施工管理还与许多其他因素有关，包括人员、材料、机器、方法和环境等	Ⅲ, Ⅱ, Ⅰ
建筑技术(评分)	2	$c_{4\text{-}1}$	效益型	定性因素，由专家和技术人员评分	[0,60,100]
管理质量(评分)	2	$c_{4\text{-}2}$	效益型	定性因素，由专家和技术人员评分	[0,60,100]
监测工程(评分)	2	$c_{4\text{-}3}$	效益型	定性因素，由专家和技术人员评分	[0,60,100]

注：各因子的参考值是根据表 4.1 中各因子的取值范围确定的。

*在第 1 级别的因素中，有 4 个因素，从最低风险等级到最高风险等级有 3 个风险等级，即Ⅰ、Ⅱ、Ⅲ，总体风险水平与以往研究相一致，即有 5 个风险水平，即Ⅰ、Ⅱ、Ⅲ、Ⅳ和Ⅴ。

**对于第 2 级别的因子，由表 4.1 中各因子的上下界可确定其最小和最大参考值。中等参考值被设置在各自的范围内，但中等参考值不一定必须设置在相应的上下值的中间，应该考虑专家知识和实际情况。

***对于因子给出的分数，最小值、中值和最大值分别设置为 0、60 和 100。

4.1.4　实例分析：模型构建

基于 4.1.3 节对 3 个方面的风险评估因素和其包含的 11 个风险评估因子的分析，构建 5 个相应的子 BRB，即分别面向 4 个方面的风险评估因素构建对应的 4 个子 BRB，以及面向总体风险水平构建 1 个子 BRB。

以面向空间近邻关系(c_1)的风险评估为例，其包括两个风险评估因子，即水平相对距离(L/D)($c_{1\text{-}1}$)和垂直相对距离(H/D)($c_{1\text{-}2}$)，且每个因子有三个参考值，则共建立 9 条规则，其构建的子 BRB 如表 4.3 所示。

表 4.3　空间近邻关系(c_1)子 BRB

规则编号	权重	风险评估因子		评估结果		
		水平相对距离(L/D)($c_{1\text{-}1}$)	垂直相对距离(H/D)($c_{1\text{-}2}$)	Ⅰ	Ⅱ	Ⅲ
1	1	0	0	0	0	1
2	1	0	2	0	0.5	0.5
3	1	0	4	0	0.7	0.3
4	1	2	0	0	0.6	0.4
5	1	2	2	0.2	0.7	0.1
6	1	2	4	0.4	0.6	0
7	1	5	0	0	0.9	0.1
8	1	5	2	0.6	0.4	0
9	1	5	4	1	0	0

以表 4.3 中的规则 1 为例说明规则含义：规则 1 表示，当水平相对距离(L/D)($c_{1\text{-}1}$)和垂直相对距离(H/D)($c_{1\text{-}2}$)均为“0”时，空间近邻关系(c_1)的风险评估结果为Ⅲ级，结果的置信度为 1。遵循相同的原则，表 4.3 中的规则 2～9 具有相似的含义。另外的地质变量(c_2)、管道相关变量(c_3)、技术和管理变量(c_4)和总体风险水平的子 BRB 详见附录 B 中表 B.1～表 B.4 所示。

4.1.5　实例分析：结果及分析

采用相同的 $E(x)$，En 和 He 进行 n=1000 次云模型实验之后，分别计算得到针对 10 根管道的风险评估等级计算结果(图 4.4)，置信度最小值、平均值和最大值的详细结果如附录 B 中表 B.5～表 B.7 所示。根据图 4.4 以及表 B.5～表 B.7 中的详细结果，本方法对于 2 号、3 号、4 号、6 号和 7 号管道仅提供单个风险评估等级，但是对于 1 号、5 号、8 号、9 号和 10 号管道除提供主要风险评估等级外，还提供了与主要风险评估等级的置信度最接近的风险评估等级，即次级风险评估等级。

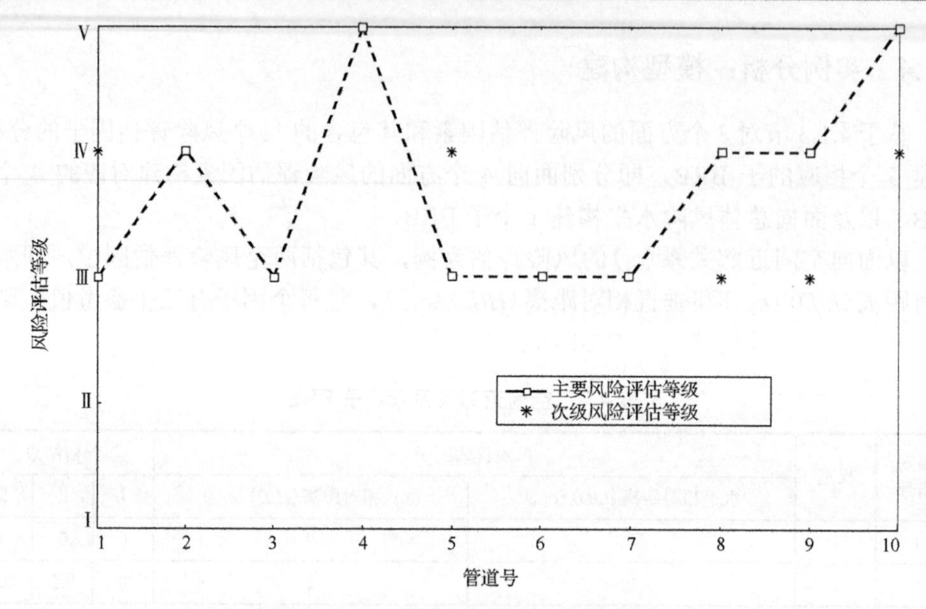

图 4.4　10 根管道的整体风险评估等级

图 4.5(a)～(d)进一步给出了 3 号、4 号、9 号和 10 号管道的风险评估等级的最大值、最小值和平均值。图 4.6(a)～(e)给出了 10 号管道的风险评估等级的置信度分布的详细信息。

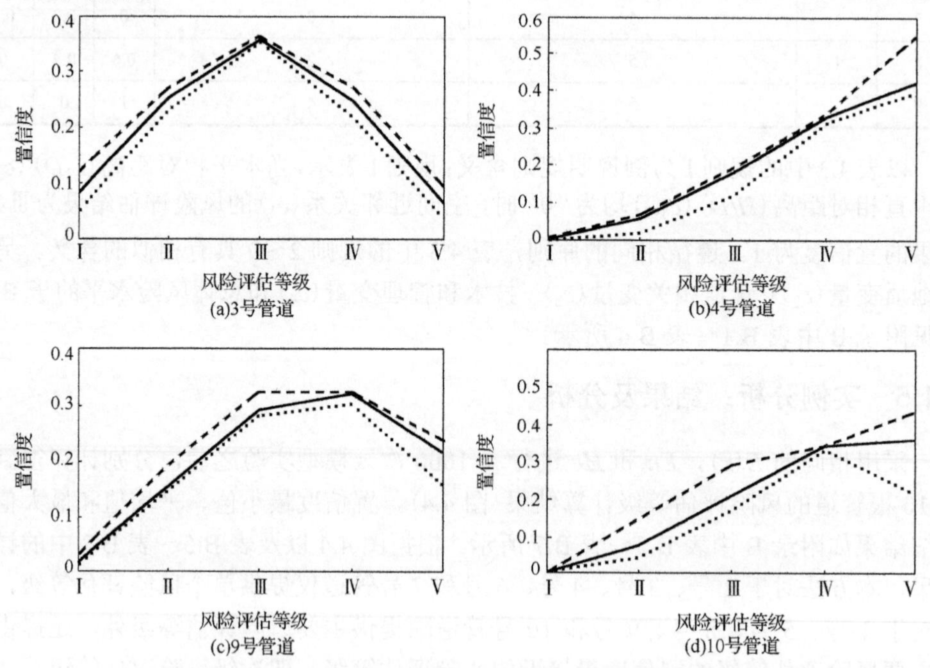

图 4.5　3 号、4 号、9 号和 10 号管道的风险评估结果的置信度分布

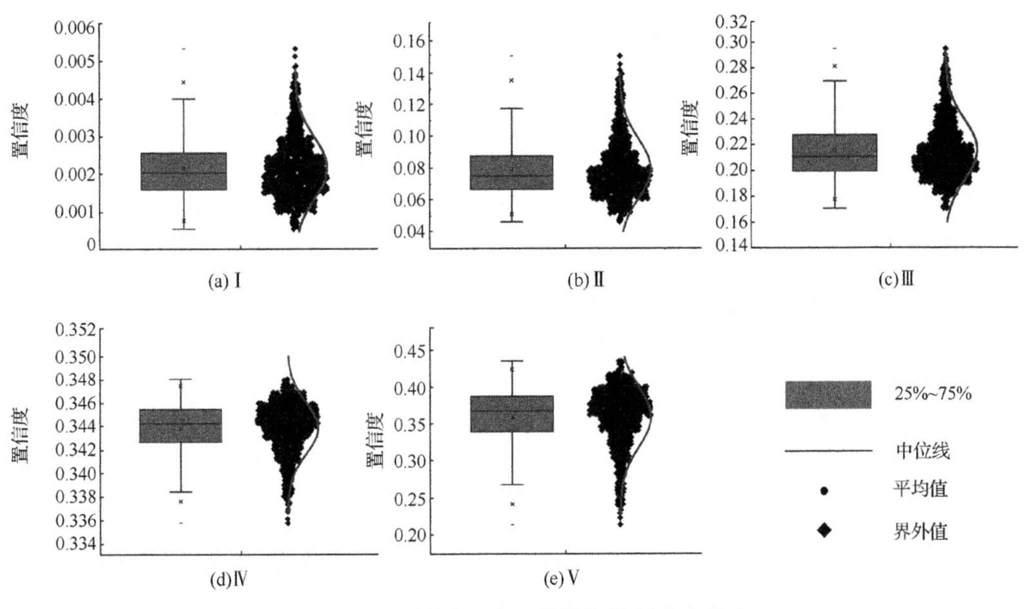

图 4.6　10 号管道风险评估等级的置信度分布

基于图 4.5 和图 4.6，可得以下结论。

(1) 3 号和 4 号管道的风险评估中，置信度最大的风险评估等级显著大于其他等级的置信度值，因此直接采用置信度最大的单个风险评估等级作为最终结果，该结果与其他方法 (表 4.4) 的结果相同。

(2) 9 号和 10 号管道的风险评估结果中，置信度最大的前两个风险等级的置信度值较为接近：其中 9 号管道风险等级Ⅲ和Ⅳ都有较高的置信度，10 号管道风险等级Ⅳ和Ⅴ都有较高的置信度。在考虑随机性之后，本方法将给出两个风险评估等级：具有最大置信度的主要风险等级和仅次于最大置信度但是十分接近的次要风险等级。

(3) 评估结果在不同风险水平上的分布存在差异。以图 4.6 中的结果为例，第Ⅰ等级 (0.006) 和第Ⅳ等级 (0.02) 的分布区间长度远小于第Ⅱ等级 (0.12)/第Ⅲ等级 (0.18)/第Ⅴ等级 (0.25)，说明第Ⅰ级和第Ⅳ级几乎不存在随机性，是相当稳定的。

(4) 风险分布趋势各不相同。对于等级Ⅰ、Ⅱ和Ⅲ，其置信度分布倾向于较小的置信度值方向，这与等级Ⅳ和Ⅴ的趋势恰恰相反。这说明所提方法得到的风险评估结果还能够揭示出风险分布的趋向。当尚不清楚其他因素时，这些信息对决策者是非常有帮助的。

表 4.4 对比了本节所采用方法 (Cloud-BRB (云 BRB)) 与其他方法 (CM (云模型)、FAHP (fuzzy analytic hierarchy process，模糊层次分析法)、SVM (support vector machine，支持向量机) 和 NN (neural network，神经网络)) 的结果。总体而言，4 号

和 10 号管道的风险较小，3 号管道风险最大，这与之前的研究结果以及实际情况相同，验证了所提方法的有效性。同时，基于所提方法的评估步骤还可以为决策者提供更加丰富的信息，例如，对于 1 号、5 号、8 号、9 号和 10 号管道，给出了双重风险评估结果，以及置信度在不同风险水平上的分布。针对不同的风险水平，决策者可以制定不同的措施和维护政策，不同方案具有不同的成本和风险，而本方法能够提供更多的信息，将有助于决策者做出更加平衡的决策。

表 4.4　不同方法对 10 根管道进行风险等级评估的结果对比

方法	管道编号									
	1	2	3	4	5	6	7	8	9	10
Cloud-BRB	(Ⅲ，Ⅳ)	Ⅳ	Ⅲ	Ⅴ	(Ⅲ，Ⅳ)	Ⅲ	Ⅲ	(Ⅲ，Ⅳ)	(Ⅲ，Ⅳ)	(Ⅳ，Ⅴ)
CM	Ⅳ	Ⅳ	Ⅱ	Ⅴ	Ⅲ	Ⅲ	Ⅲ	Ⅳ	Ⅳ	Ⅴ
FAHP	Ⅳ	Ⅳ	Ⅱ	Ⅴ	Ⅲ	Ⅲ	Ⅲ	Ⅳ	Ⅳ	Ⅴ
SVM	Ⅳ	Ⅲ	Ⅱ	Ⅴ	Ⅲ	Ⅲ	Ⅲ	Ⅳ	Ⅳ	Ⅴ
NN	Ⅳ	Ⅳ	Ⅲ	Ⅴ	Ⅲ	Ⅲ	Ⅲ	Ⅳ	Ⅳ	Ⅴ

下面进一步分析管道风险评估问题中的关键影响因素，图 4.7 为 10 号管道在 4 个风险评估因素方面的风险评估结果。

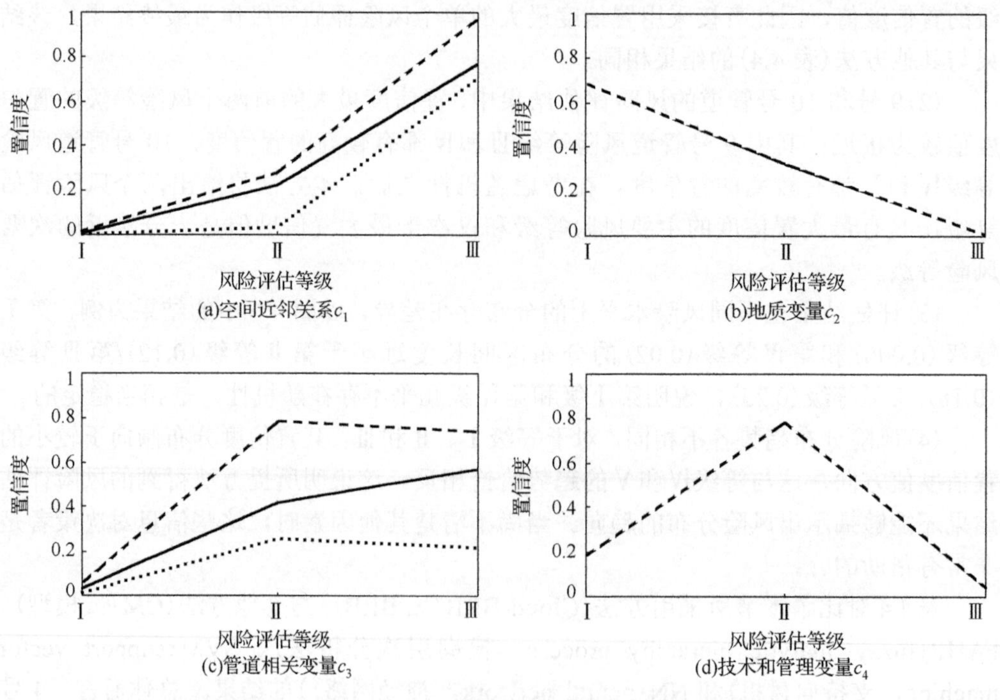

图 4.7　10 号管道 4 个风险评估因素的风险评估结果

由图 4.7 可知：

(1) 空间近邻关系 c_1(风险等级Ⅲ)、地质变量 c_2(风险等级Ⅰ)和技术和管理变量 c_4(风险水平Ⅱ)仅输出单个等级，即说明在考虑随机性的同时风险评估结果仍比较稳定。相比较而言，管道相关变量 c_3 输出了更为丰富的结果，即第Ⅱ级和第Ⅲ级。

(2) 评估结果具有更加丰富的信息。c_1 和 c_3 表现出相对较强的随机性，尤其是 c_3，相比较而言，c_2 和 c_4 几乎没有随机性。这证明了在 BRB 中引入云模型的意义和必要性，即实际情况非常复杂，而其复杂性之一就在于随机性的差异，所以需要通过引入云模型来反映实际情况中的随机性。

(3) 对于不同的管道，关键影响因素可能是不同的。针对关键影响因素的结果进行深入分析可以发现 c_1 和 c_3 与最终结果较为一致(图 4.5(d)和附录 B 中表 B.5～表 B.7)，而 c_2 和 c_4 相对不一致，尤其是 c_2。可以得出，对于 10 号管道，c_1 和 c_3 对风险评估结果的影响更大，那么提高 c_1 和 c_3 的安全水平，就更容易降低 10 号管道的整体风险。然而也可以推论，如果 c_2 和 c_4 的条件恶化(c_1 和 c_3 已经在等级Ⅲ)，那么 10 号管的整体风险水平会进一步恶化，从这个角度看，c_2 和 c_4 对管道的现状影响更大。

需要说明的是，只分析了 10 根管道，数据集相对较小，没有得出更多的具体的结论。然而所提方法也具有较强的适用性和可拓展性，例如整条地铁沿线的管道，甚至整个城市的管道，那么得到的分析结果将更加具有统计意义。此外，在分析关键影响因素时还应考虑其他相关因素的情况。例如，一个因素处于非常高的安全或风险水平，那么另一个因素对整体风险评估结果的影响就会受到很大的影响，所以不能简单地扩展一般意义上的风险评估结果。特定的管道总是处于特定的条件下，基于某一特定管道得出的任何结论很可能不适用于其他管道，除非有大量的数据，否则不能够将面向特定管道得出的结论拓展为全面的一般性结论。

4.2　考虑相关性的并集置信规则库建模

4.2.1　Copula 模型的基本概念

假设存在 N 个变量 $x_1,x_2,\cdots,x_N$，其各自边缘分布函数分别为 $F_1(x_1)$，$F_2(x_2),\cdots,F_N(x_N)$，联合分布函数为 $F(x_1,x_2,\cdots,x_N)$，即可得到满足 $F(x_1,x_2,\cdots,x_N)=C(F_1(x_1),F_2(x_2),\cdots,F_N(x_N))$ 的 Copula 模型(C)[4,5]。本节选择 3 种常用 Copula 模型，即 Clayton 模型[6]、Gumbel 模型[7]和 Frank 模型[8]。三种模型在多变量条件下的分布函数表示如下。

(1) Clayton 模型的分布函数：

$$C(x_1,x_2,\cdots,x_N;\lambda)=(x_1^{-\lambda}+x_2^{-\lambda}+\cdots+x_N^{-\lambda}-1)^{-1/\lambda} \tag{4.12}$$

其中，$\lambda(\in(0,\infty))$ 表示相关系数。当 $\lambda\to0$ 时，表示 $x_1,x_2,\cdots,x_N$ 趋向于更独立；当 $\lambda\to\infty$ 时，表示 $x_1,x_2,\cdots,x_N$ 趋向于更相关。

(2) Frank 模型的分布函数：

$$C(x_1,x_2,\cdots,x_N;\lambda)=-\frac{1}{\lambda}\ln\left[1+\frac{(\mathrm{e}^{-\lambda x_1}-1)(\mathrm{e}^{-\lambda x_2}-1)\cdots(\mathrm{e}^{-\lambda x_N}-1)}{(\mathrm{e}^{-\lambda}-1)^{N-1}}\right] \tag{4.13}$$

其中，$\lambda(\neq0)$ 表示相关系数。当 $\lambda\to0$ 时，表示 $x_1,x_2,\cdots,x_N$ 趋向于更独立；当 $\lambda>0$ 时，表示 $x_1,x_2,\cdots,x_N$ 是正相关；当 $\lambda<0$ 时，表示 $x_1,x_2,\cdots,x_N$ 是负相关。

(3) Gumbel 模型的分布函数：

$$C(x_1,x_2,\cdots,x_N;\lambda)=\exp\{-[(-\ln x_1)^\lambda+(-\ln x_2)^\lambda+\cdots+(-\ln x_N)^\lambda]^{1/\lambda}\} \tag{4.14}$$

其中，$\lambda(\in[1,+\infty])$ 表示相关系数。当 λ=1 时，表示 $x_1,x_2,\cdots,x_N$ 相关性较弱，当 $\lambda\to\infty$ 时，表示 $x_1,x_2,\cdots,x_N$ 相关性较强。

将 Copula 模型引入到 BRB 推理过程中，需要考虑以下两点。

(1) 根据实际问题的要求和模型函数的特点选择具体的 Copula 模型。

(2) 确定 Copula 模型参数。Copula 模型参数的选择一般有参数化和非参数化两种方法，本节选择参数化方法。

4.2.2 基于数据驱动的 Copula-BRB 方法

基于数据驱动的 Copula-BRB 方法主要包括推理与优化两部分。

1. Copula-BRB 推理过程

Copula-BRB 推理过程包括以下 5 个步骤。

步骤 1：计算输入与单个前提属性的匹配度。

计算第 k 条规则的第 m 个前提属性的匹配度：

$$\alpha_{m,k}=\frac{\varphi(I_m^*,A_m^j)\varepsilon_m}{\sum\varphi(I_m^*,A_m^j)} \tag{4.15}$$

其中，$\varphi(I_m^*,A_m^j)$ 表示输入的第 m 个前提属性在第 k 条规则中的匹配度；ε_m 表示第 m 个前提属性的置信度。关于 $\varphi(I_m^*,A_m^j)$ 和 ε_m 的计算见本书 3.3.2 节。

步骤 2：确定 Copula 模型及其参数。

根据实际问题的要求和模型函数的特点从 Clayton、Gumbel 和 Frank 模型中选择最恰当的模型。针对 Copula 模型参数 λ，可以先使用 Kendall 秩相关系数法计算任意两个因素之间的相关系数；再根据多个因素之间相关系数小于其中任意两个因素之间相关系数的性质，选择最小值计算相应的 λ 参考值；最后，根据参考值估计 λ。两因素之间相关系数计算如下。假设 (X_1,Y_1) 和 (X_2,Y_2) 是随机变量，相应的 Kendall

秩相关系数 τ 可根据式(4.16)进行计算：

$$\tau=P\{(X_1-X_2)(Y_1-Y_2)>0\}-P\{(X_1-X_2)(Y_1-Y_2)<0\} \tag{4.16}$$

其中，τ 可以衡量两个随机变量变化方向一致性的程度。$\tau=1$、$\tau=-1$ 和 $\tau=0$ 分别表示这两个随机变量变化方向完全一致、完全相反和不相关三种情况。

再根据式(4.17)计算 λ 参考值：

$$\lambda=\frac{2\tau'}{1-\tau'} \tag{4.17}$$

其中，τ' 是任意两个因素之间相关系数的最小值。最后，根据参考值估计 Copula 模型的实际参数 λ。

步骤 3：计算激活规则的综合匹配度。

BRB 第 k 条规则的综合匹配度是对单个前提属性的综合匹配度进行积分得到的联合概率，与 Copula 模型所求一致。根据 Copula 模型计算第 k 条规则的综合匹配度：

$$\alpha_k=C(\alpha_{1,k},\alpha_{2,k},\cdots,\alpha_{M,k};\lambda) \tag{4.18}$$

其中，$\alpha_{m,k}$ 表示第 k 条规则中第 m 个前提属性的匹配度；$C(*)$ 表示具体的 Copula 模型；λ 是根据步骤 2 得到的 Copula 模型参数。

步骤 4：计算激活权重。

第 k 条规则的激活权重 w_k：

$$w_k=\frac{\theta_k\alpha_k}{\sum_{k=1}^{K}\theta_k\alpha_k} \tag{4.19}$$

其中，θ_k 表示第 k 条规则的初始权重；α_k 表示第 k 条规则的综合匹配度。

步骤 5：使用证据推理算法对激活规则集成。

采用 1.3.3 节中的 ER 算法或 ER rule 对激活规则进行集成。

2. Copula-BRB 优化过程

Copula-BRB 优化过程包括以下 4 个步骤。

步骤 1：将数据集划分为训练集和测试集。

通过随机或顺序选择，将数据集中的大部分数据作为训练数据集，剩余数据或全体数据作为测试数据集。

步骤 2：建立优化模型。

首先确定优化模型的优化目标，本节采用数据中的真实输出与 Copula-BRB 的推理结果之间的均方差作为优化目标，如式(4.20)所示。

$$\mathrm{MSE}=\frac{1}{T}\sum_{t=1}^{T}(y_t-\hat{y}_t)^2 \tag{4.20}$$

其中，T表示训练数据集个数；y_t表示实际结果；$\hat{y}_t$表示 Copula-BRB 推理结果。

基于以上建立的优化目标，将前提属性的参考值、规则权重和评估等级的置信度作为可优化模型的决策变量，建立优化模型：

$$\min \mathrm{MSE}(A_m^k, \theta_k, \beta_{n,k}) \tag{4.21a}$$

$$\text{s.t.}\begin{cases} \mathrm{lb}_m \leqslant A_m^k \leqslant \mathrm{ub}_m; A_m^p = \mathrm{lb}_m; A_m^q = \mathrm{ub}_m & (4.21\text{b}) \\ 0 < \theta_k \leqslant 1 & (4.21\text{c}) \\ 0 \leqslant \beta_{n,k} \leqslant 1; \sum_{n=1}^{N} \beta_{n,k} \leqslant 1 & (4.21\text{d}) \end{cases}$$

其中，式(4.21b)表示第m个前提属性的参考值必须约束在上限ub_m与下限lb_m之间，并且上限与下限必须包含在K条规则中；式(4.21c)表示每条规则的规则权重应该包含在区间(0,1]；式(4.21d)表示所有评估等级的置信度应该包含在区间[0,1]，且每条规则所有评估等级的置信度之和不能大于“1”。

步骤 3：设计优化算法。

选择遗传算法(genetic algorithm，GA)作为优化引擎，包括初始化、交叉变异、适应度计算、选择、停止条件检查等多个步骤(本书第 7.2 节)。其中适应度计算步骤即 Copula-BRB 推理过程，适应度计算得到的适应度值即为步骤 2 的优化目标。

步骤 4：验证。

使用测试数据集验证优化后的 Copula-BRB。

4.2.3 实例分析：背景及参数介绍

航天发射是航天工程最为基础和十分重要的环节之一，其组织规模、复杂程度远远超过一般工程系统，也给航天发射系统运行安全动态评估带来了一系列挑战。火箭发动机的结构健康是航天发射系统运行安全评估的重要指标。对火箭发动机结构健康进行监测是保障发射系统正常作业的必要前提。而在发动机结构健康监测过程中，容易出现某个传感器失灵导致监测不准确的情况，因此，在发动机内部一般会以冗余方式部署传感器，即当其中 1 个传感器失灵时，该传感器的数值能通过其他传感器数值推测得到。本实例选择火箭发动机内部 5 个传感器(图 4.8)，分别用于监测发动机内部高压压缩机的进口压力(标记为P_{t25})、高压压缩机出口温度(标记为T_{t3})、高压涡轮出口温度(标记为T_{t45})、高压转子的速度(标记为N_h)和低压转子的速度(标记为N_l)。假设监测高压涡轮出口温度T_{t45}的传感器失灵，选择P_{t25}、T_{t3}、N_h和N_l作为前提属性，T_{t45}作为输出结果，在收集 1000 组数据的条件下(图 4.9(a)和(c))，使用 4.2.2 节提出的数据驱动下 Copula-BRB 方法对该实例进行建模研究。4 个前提属性和输出结果T_{t45}的数值范围如图 4.9(b)和(d)所示，可以发现，T_{t3}和

N_l 的数据分布相较 P_{t25} 和 N_h 更集中一些，5 个传感器的数据分布都较为对称，也无异常值出现。

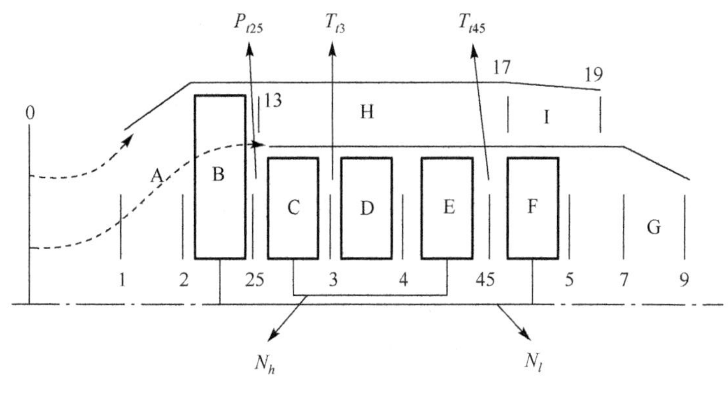

图 4.8　传感器部署

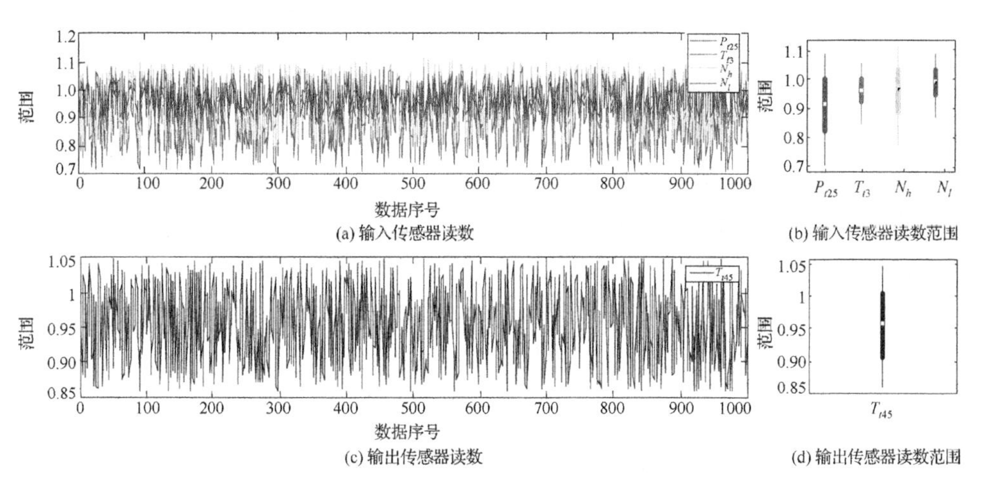

图 4.9　传感器数据(见彩图)

选择输出结果 T_{t45} 的 5 等分数值作为置信规则库中结论部分的 5 个评估等级的效用值：

$$\{D_1,D_2,D_3,D_4,D_5\} = \{0.8577,0.9054,0.9531,1.0008,1.0486\}$$

使用 Copula-BRB 方法进行实例研究的相关参数设置如下：①在 1000 组数据中随机选择 800 组作为训练数据集，以数据集全体作为测试数据集；②确定具体 Copula 模型及参数 λ，详细步骤见 4.2.1 节；③构造一个由 4 条置信规则组成的并集 BRB 模型，选择 1000 组数据中各前提属性的最小值与最大值分别作为第一条规则和最后一条(第 4 条)规则的前提属性参考值，并将步骤 3 得到的 Copula 模型引入 BRB 推理过程中；④建立优化模型，遗传算法参数设置为随机初始 20 个种群，500 次迭代，以 Copula-BRB 推理结果与实际结果的 MSE（均方差）为优化目标；⑤使用测试数据集验证优化后的 Copula-BRB，并多次试验。

另外，本节还将对 Copula-BRB、BRB（不考虑相关性）和支持向量机（SVM）在相同情况下得到的输出结果进行比较分析。

在使用 Copula-BRB 方法建模之前，要先确定具体 Copula 模型及参数 λ。

（1）四个前提属性之间相关系数应小于其中任意两两之间相关系数的最小值，即

$$\lambda_{P_{t25},T_{t3},N_h,N_l} < \min(\lambda_{P_{t25},T_{t3}},\lambda_{P_{t25},N_h},\lambda_{P_{t25},N_l},\lambda_{T_{t3},N_h},\lambda_{T_{t3},N_l},\lambda_{N_h,N_l}) \tag{4.22}$$

根据式（4.22）与全体数据集计算 4 个前提属性中两两之间的 Kendall 秩相关系数 τ，如表 4.5 所示。

表 4.5 前提属性间 Kendall 秩相关系数

属性	Kendall 秩相关系数			
	P_{t25}	T_{t3}	N_h	N_l
P_{t25}	1.00	0.81	0.87	0.81
T_{t3}	0.81	1.00	0.80	0.76
N_h	0.87	0.80	1.00	0.80
N_l	0.81	0.76	0.80	1.00

根据第 4.2.2 节中 Copula-BRB 推理过程中步骤 2，选取最小值 $\tau_{\min}$=0.76，计算得到 $\lambda_{\min}$=6.3，根据式（4.22），可以得到 $\lambda_{P_{t25},T_{t3},N_h,N_l} \ll 6.3$。

（2）对式（4.22）进行求导，可得

$$\frac{\mathrm{d}\lambda}{\mathrm{d}\tau}=\frac{2}{(1-\tau)^2} \tag{4.23}$$

根据式（4.23），在其定义域内 $\frac{\mathrm{d}\lambda}{\mathrm{d}\tau}>0$ 恒成立，即其为单调函数，因此，当估计的 Copula 模型参数 λ 越来越大于 4 个前提属性间实际 λ 时，会导致模型出现更大误差。因此可知模型的误差应当随着四个前提属性之间的相关参数增大而增加。结合（1）中得到的 4 个前提属性之前的相关性参数将远小于 6.3，验证 λ=2,5,8,10 时 Clayton、Frank 和 Gumbel 模型的结果以确定最佳模型和模型参数，如表 4.6 所示。

表 4.6 不同参数下 3 种 Copula 模型的 MSE

Copula 模型	λ=2	λ=5	λ=8	λ=10
Clayton	2.9664×10^{-5}	4.6742×10^{-5}	5.3114×10^{-5}	5.4478×10^{-5}
Frank	4.1650×10^{-5}	3.3336×10^{-5}	3.3148×10^{-5}	3.6383×10^{-5}
Gumbel	2.6116×10^{-5}	2.6232×10^{-5}	2.6954×10^{-5}	2.7688×10^{-5}

根据表 4.6，可以得到以下两点结论。

(1) 随着 λ 值的增大，Clayton 和 Gumbel 模型产生的 MSE 也增大，而 Frank 模型产生的 MSE 却逐渐减小(只有当 λ=10 时略有增加)。根据上述结论，λ 的增大会导致模型误差(MSE)变得更大，Clayton 和 Gumbel 模型符合这个结论，而 Frank 模型不符合，因此，Frank 模型不适用于该实例。

(2) 不同 λ 下 Gumbel 模型比 Clayton 模型得到的 MSE 都更小。因此，本节选择 Gumbel 模型。

4.2.4　实例分析：结果及分析

表 4.7 给出了优化后的包括 4 条规则的 Copula-BRB (Gumbel，λ=2)。图 4.10 给出了 Copula-BRB 模型的输出值与误差值，可以看到，Copula-BRB 模型的输出值与实际值基本一致，且二者间的误差一直保持在较小范围内。实验结果验证了 Copula-BRB 对该实例进行建模的有效性。

表 4.7　面向发动机结构健康监测的 Copula-BRB 模型

规则	权重	前提属性				输出 T_{t45}				
		P_{t25}	T_{t3}	N_h	N_l	0.8577	0.9054	0.9531	1.0008	1.0486
1	0.8093	0.7063	0.8474	0.7757	0.8708	0.9825	0.0001	0.0004	0.0006	0.0164
2	0.6459	1.0188	1.0132	1.0714	1.0394	0.1177	0.0200	0.0236	0.0456	0.7930
3	0.0493	1.0224	0.8869	1.0760	0.9341	0.0913	0.2742	0.0258	0.3291	0.2796
4	0.8138	1.0815	1.0548	1.1093	1.0835	0.0047	0.0017	0.0019	0.0270	0.9647

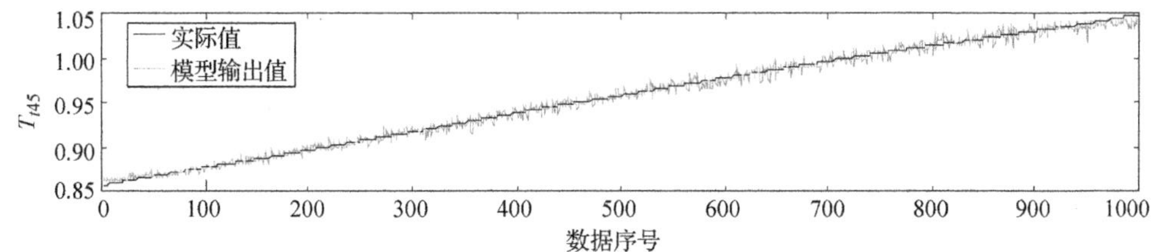

(a) Copula-BRB模型的输出值

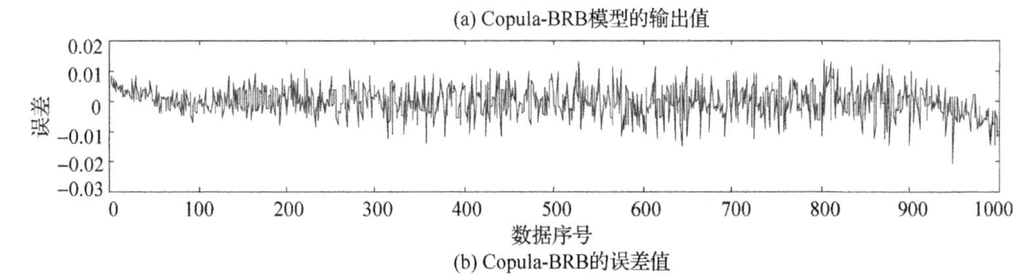

(b) Copula-BRB的误差值

图 4.10　Copula-BRB 输出结果

本节在相同参数设置情况下使用 Copula-BRB (Gumbel，λ=2)、BRB(不考虑相关性)和 SVM 进行对比分析。Copula-BRB 模型输出结果与传感器真实测量结果之间产生的 MSE 为 2.6116×10^{-5}，BRB 产生的 MSE 为 2.9444×10^{-5}，SVM 产生的 MSE 为 4.9457×10^{-5}。可以发现，Copula-BRB 模型产生的 MSE 与 BRB 产生的 MSE 之间差别相对较小，Copula-BRB 模型比 BRB 低 11.30%，相较 SVM，Copula-BRB 的优势非常明显，Copula-BRB 比 SVM 低 47.19%。实验结果证明了 Copula-BRB 在推理发动机传感器数据上具有较高的精度。

接下来，进一步深入对比 3 种方法所有的输出值与每个数据的误差，如图 4.11(a)和(b)所示。再从数据集全体中选取有代表性的 2 个区间，即数据第 1～100(初始区间)，901～1000(末端区间)，将 3 种方法在 2 个区间内得到的输出结果与每个数据的 MSE 做比较，如图 4.11(c)～(f)所示。

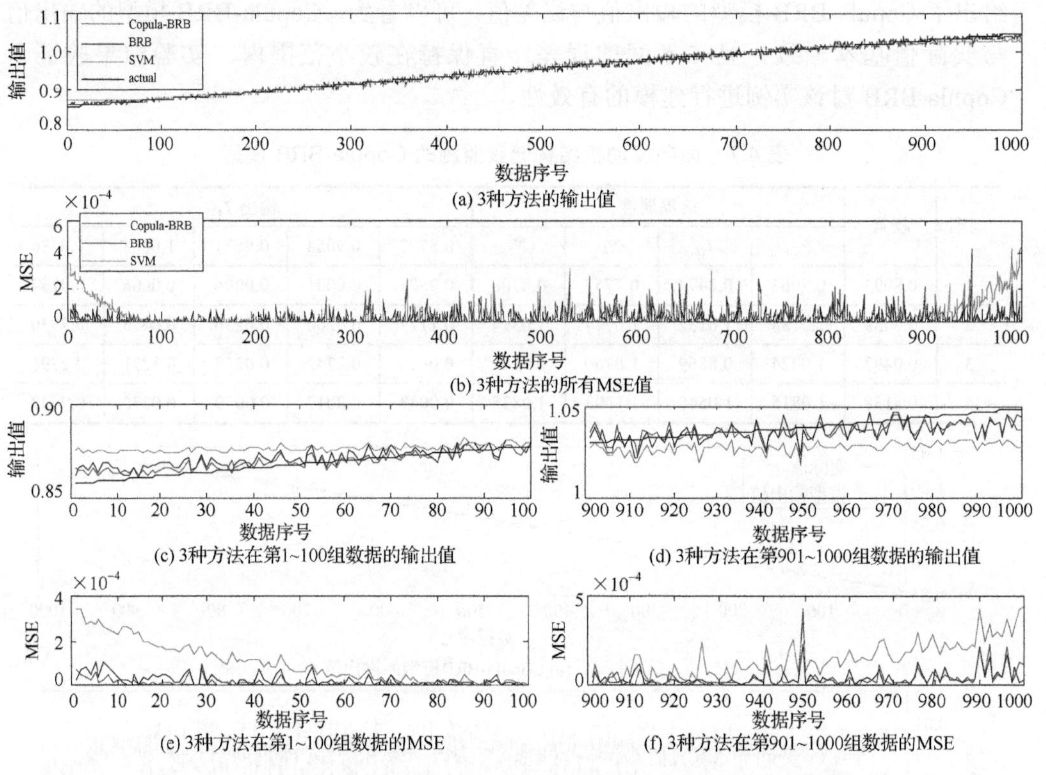

图 4.11　Copula-BRB、BRB 和 SVM 方法的实例建模结果(见彩图)

根据图 4.11，可以得出以下两点结论。

(1)图 4.11(a)和(b)表示 3 种方法所有的输出值与每个数据的误差，可以发现，在初始区间与末端区间内，3 种方法产生的差别最明显。其余区间内 3 种方法得到的结果差别相对来说较小。

(2)图 4.11(c)～(f)表示 3 种方法在初始区间与末端区间内得到的所有输出值与每个数据的误差。在初始区间内，Copula-BRB 与 BRB 产生的误差之间差别相对较小，且都远小于 SVM 产生的误差。随着数据序号的增加，3 种方法产生的误差都呈现出减小的趋势，三者之间的差别也逐渐减小。在末端区间内，Copula-BRB 与 BRB 产生的误差之间差别也相对较小；随着数据序号的增加，SVM 产生的误差呈现出增大的趋势，Copula-BRB 与 BRB 产生的误差出现了较大的波动，SVM 与 Copula-BRB、BRB 之间的差别逐渐增大。

为了更进一步深入分析，本节将 T_{t45} 的数值范围以 0.04 划分为 5 个区间(数值 0.04 的选择是为了能相对均分数据集)，如图 4.12(a)所示。图 4.12(b)给出了 3 种方法在各个区间内产生的误差，从中可以看出，Copula-BRB 和 BRB 在第 1～第 5 区间内产生的误差明显低于 SVM。在第 2、第 3 和第 4 区间内，SVM 与 Copula-BRB、BRB 之间的差别相对较小，且 Copula-BRB 产生的误差最低。在这 5 个区间中，Copula-BRB 仅在第 5 区间内产生的误差比 BRB 的高 6.75%，在其余区间内产生的误差都明显低于 BRB，尤其在第 1 区间内，Copula-BRB 比 BRB 的误差低 31.94%，如图 4.12(c)所示。Copula-BRB 在 5 个区间内产生的误差都明显低于 SVM，尤其在第 1 和第 5 个区间内，Copula-BRB 比 SVM 的误差分别低 81.01%和 54.61%，如图 4.12(d)所示。

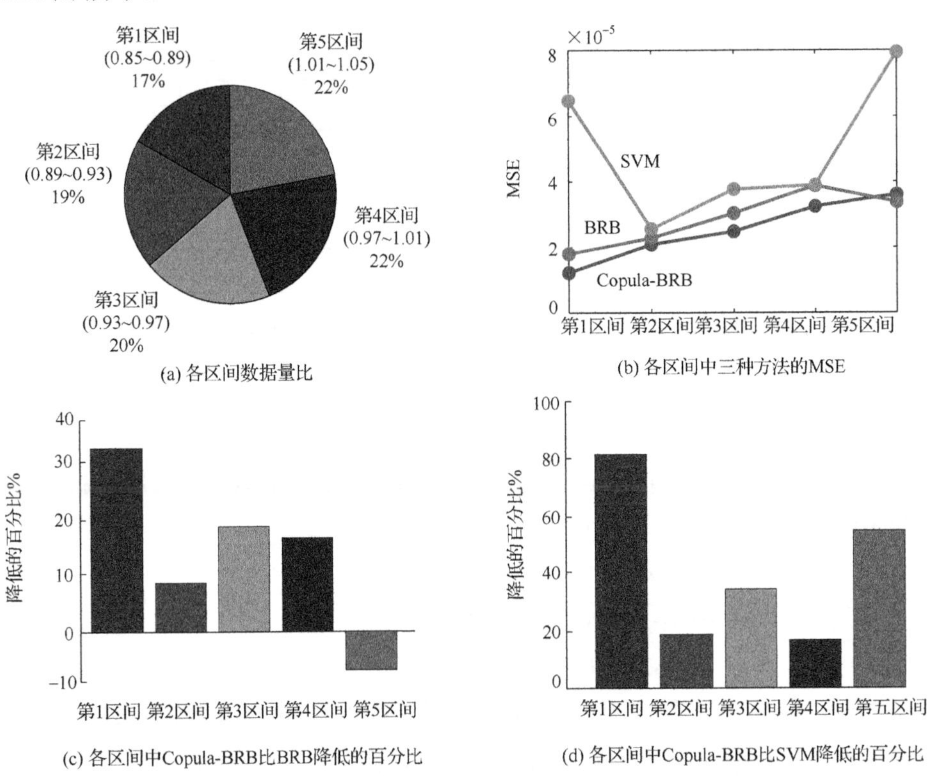

图 4.12 各输出区间内的 Copula-BRB、BRB 和 SVM 结果比较(见彩图)

4.3 考虑无偏多输出的并集置信规则库建模

传统 BRB 在结论部分仅有一个输出(虽然可以设置多个等级，但评估结果中仅有一个对象)，但是在实际问题中还存在大量的多输入多输出(multiple inputs multiple outputs，MIMO)问题[9]。本节重点研究一类无偏多输入多输出(non-preferential multiple inputs multiple outputs，NP-MIMO)问题：多个输入之间是平等与无偏的、多个输出之间也是平等与无偏的。换言之，本节针对的 NP-MIMO 问题中，每一个输入都与所有输出相关，每一个输出也与所有输入相关，在后续章节中 MIMO 即指 NP-MIMO，针对多输入多输出问题提出的 BRB 方法称为 MIMO-BRB。

4.3.1 MIMO-BRB 推理过程

MIMO-BRB 推理过程共包括四个步骤，如图 4.13 所示。

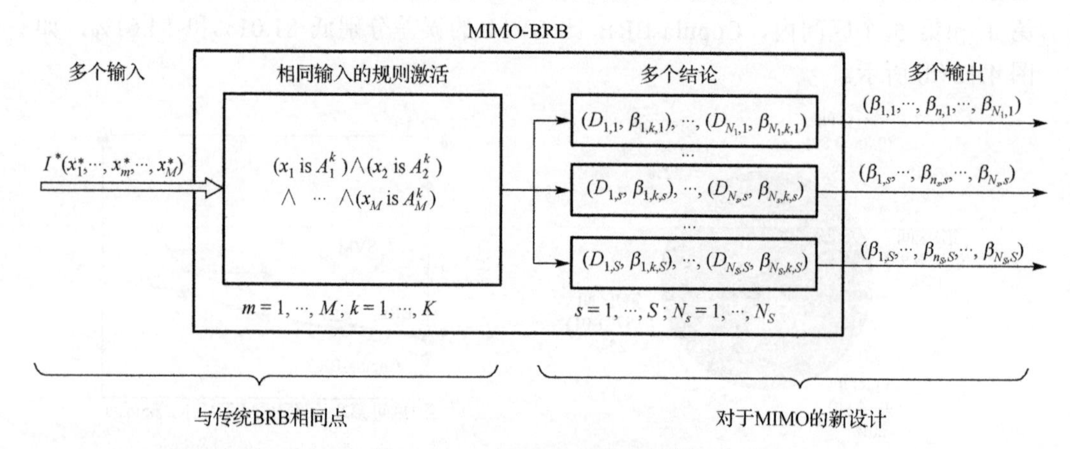

图 4.13 MIMO-BRB 推理框架

步骤 1：确定评估框架及关键参数。

首先需要确定输入和输出的个数、参考值与等级个数和规则初始权重等。MIMO-BRB 中的第 k 条规则如式(4.24)：

$$
\begin{aligned}
R_k: \text{if} \quad & (x_1 \text{ is } A_1^k) \wedge (x_2 \text{ is } A_2^k) \wedge \cdots \wedge (x_M \text{ is } A_M^k), \\
\text{then} \quad & \{(D_{1,1}, \beta_{1,k,1}), \cdots, (D_{N_1,1}, \beta_{N_1,k,1}); \\
& (D_{1,2}, \beta_{1,k,2}), \cdots, (D_{N_2,2}, \beta_{N_2,k,2}); \\
& \cdots; (D_{1,S}, \beta_{1,k,S}), \cdots, (D_{N_S,S}, \beta_{N_S,k,S})\}, \text{ with rule weight } \theta_k
\end{aligned} \tag{4.24}
$$

其中，$D_{n,s}$ 表示第 s 个评估结果中的第 n 个等级；$\beta_{n,k,s}$ 表示第 k 条规则中第 s 个评估结果中的第 n 个等级的置信度；N_s 表示第 s 个输出中的等级个数；$n=1,\cdots,N_s$，

$s=1,\cdots,S$。需要注意的是，虽然并不要求 S 个输出中的等级数量相等，但在一般情况下，为了方便起见，仍假设 S 个输出中的等级数量相等，即 $N_1=\cdots=N_s=\cdots=N_S$。

步骤 2：规则激活、匹配度计算及规则权重计算。

见本书第 3.3.2 节。

步骤 3：规则集成。

见本书第 1.3.3 节。

步骤 4：综合 S 个输出的结果。

一般采用均方根误差(root mean square error，RMSE)或平均绝对误差(mean absolute error，MAE)作为最终 S 个结果的综合结果。以 RMSE 为例，针对单个结果的 RMSE 计算公式如下：

$$\mathrm{RMSE}_s=\sqrt{\frac{1}{M}\sum_{m=1}^{M}(\mathrm{EO}_{s,m}-\mathrm{AO}_{s,m})^2} \tag{4.25}$$

其中，$\mathrm{EO}_{s,m}$ 和 $\mathrm{AO}_{s,m}$ 分别表示第 m 组数据中第 s 个输出结果和真实结果。

由于有多个输出结果，在“无偏”的假设性，多个输出之间也是平等的，因此可以将 S 个输出结果进行综合。对于 S 个输出结果，其综合结果为

$$E=\frac{1}{S}\sum_{s=1}^{S}\mathrm{RMSE}_s \tag{4.26}$$

其中，RMSE_s 表示第 s 个结果的 RMSE 结果。

4.3.2　MIMO-BRB 优化过程

面向初始 MIMO-BRB 的优化过程如图 4.14 所示。

优化模型	
优化目标：	min E
优化变量：	A, θ, β
约束:	A 的约束 θ 的约束 β 的约束 其他可能的约束

(a)

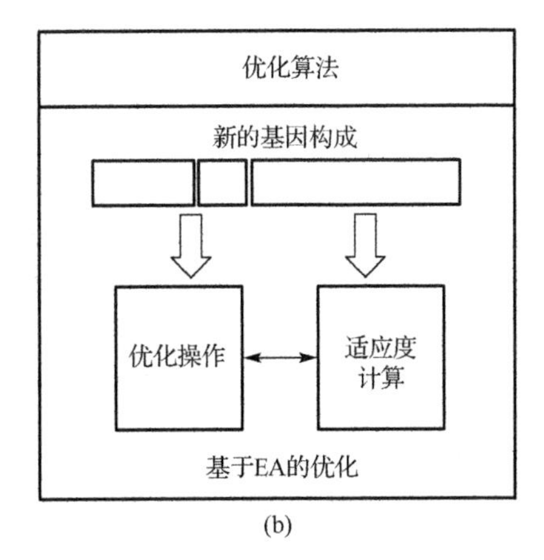

(b)

图 4.14　MIMO-BRB 优化框架

优化模型如式(4.27)：

$$\min E(A_m^k, \theta_k, \beta_{n_s,k,s}) \tag{4.27a}$$

$$\text{s.t.}\begin{cases} \text{lb}_m \leqslant A_m^k \leqslant \text{ub}_m; A_m^1 = \text{lb}_m; A_m^K = \text{ub}_m & (4.27\text{b}) \\ 0 < \theta_k \leqslant 1 & (4.27\text{c}) \\ 0 \leqslant \beta_{n_s,k,s} \leqslant 1 & (4.27\text{d}) \\ \sum_{n_s=1}^{N_s} \beta_{n_s,k,s} = 1 & (4.27\text{e}) \end{cases}$$

其中，$k=1,\cdots,K;m=1,\cdots,M;s=1,\cdots,S;n_s=1,\cdots,N_s$。式(4.27b)表示第 m 个前提属性的参考值应介于其上下限之间，特别地，在第一条规则中可以取 M 个前提属性的下限，在第 K 条规则中可以取 M 个前提属性的上限；式(4.27c)表示规则权重应介于(0,1]之间；式(4.27d)表示规则中置信度值应介于[0,1]之间；式(4.27e)表示规则中置信度值之和应为 1(在不考虑存在未知信息的情况下)。

在建立优化模型之后，下一步需要设计优化算法。从本质上说，优化算法与第 7 章中提出的基于演化算法的优化算法基本相同，仅需要对基因排列顺序进行重新设计，如图 4.15 所示。

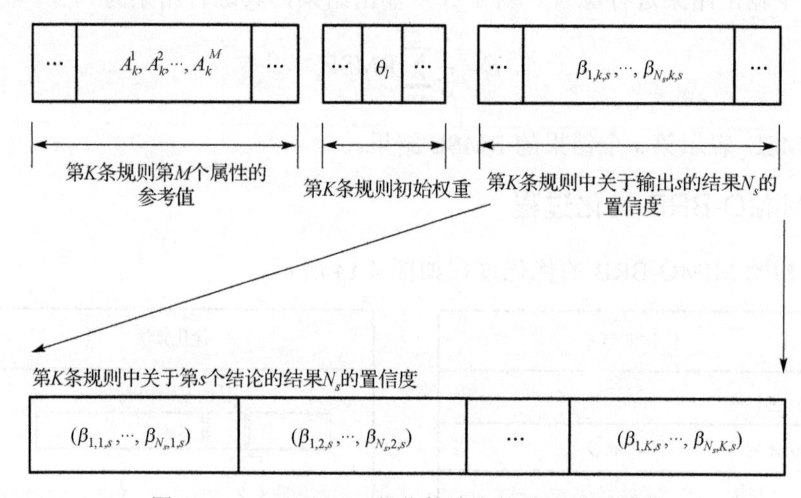

图 4.15　MIMO-BRB 优化算法中的基因排列顺序

4.3.3　实例分析：背景及参数介绍

下面针对某城市地铁隧道施工过程中基于其地质参数来确定其操作参数的实例进行分析。在本实例中，共有 6 个地质参数和 5 个操作参数，见表 4.8。合计采集得到 294 组数据，采用其中前 236 组数据作为训练数据，后 58 组数据作为测试数据。

表 4.8 地质参数和操作参数详细信息

<table>
<tr><th>类型(输入/输出)</th><th>名称</th><th>范围</th><th>单位</th></tr>
<tr><td rowspan="6">地质参数(输入)</td><td>埋深(C)</td><td>[9.10,26.35]</td><td>m</td></tr>
<tr><td>地下水位以下的隧道深度(W)</td><td>[0,20.30]</td><td>m</td></tr>
<tr><td>改进标准渗透测试(MSPT)</td><td>[0,38.72]</td><td>—</td></tr>
<tr><td>改进动态渗透测试(MDPT)</td><td>[0,12.44]</td><td>—</td></tr>
<tr><td>修正单轴抗压强度(MUCS)</td><td>[0,36.30]</td><td>MPa</td></tr>
<tr><td>圆度(Gc)</td><td>[1,4]</td><td>—</td></tr>
<tr><td rowspan="5">操作参数(输出)</td><td>扭力(T_o)</td><td>[0.29,4.70]</td><td>MN·m</td></tr>
<tr><td>渗透率(P_r)</td><td>[2.41,45.07]</td><td>mm/rev</td></tr>
<tr><td>推力(T_h)</td><td>[7.00,24.20]</td><td>MN</td></tr>
<tr><td>面压(F_p)</td><td>[0,2.50]</td><td>bar</td></tr>
<tr><td>灌浆体积(G_f)</td><td>[4.00,13.10]</td><td>m^3</td></tr>
</table>

注：lbar=10^5Pa。

表 4.8 分别给出了地质参数(输入参数)的参考值和操作参数(输出参数)的等级划分。具体而言，针对地质参数，当假设有 4 条规则时，每个地质参数需要划分为 4 个参考值，其中必须包含每个地质参数的下限(可包含在第 1 条规则中)和上限(可包含在第 4 条规则中)，剩余两个参数可选取介于上下限之间均匀分布的参考值(表 4.9)。针对操作参数，当假设有 5 个等级时，每个操作参数需要划分为 5 个等级，其中必须包含每个操作参数的最小值(低，L)和最大值(高，H)，剩余三个等级可选取介于其最小值和最大值之间均匀分布的参考值，简称为中低(ML)、中(M)、中高(MH)，见表 4.10。

表 4.9 输入参数设置

属性	规则 1(下限)	规则 2	规则 3	规则 4(上限)
C	9.1	15	21	26.35
W	0	7	14	20.3
MSPT	0	13	26	38.8
MDPT	0	4	8	12.5
MUCS	0	12	24	36.4
Gc	1	2	3	4

表 4.10 输出参数设置

输出	L	ML	M	MH	H
F_p	0.25	1	2	3	4.7
G_f	1	10	20	35	50
P_r	7	11	15	20	25
T_h	0	0.6	1.2	1.8	2.5
T_o	4	6.5	9	11.5	13.1

4.3.4 实例分析：结果分析

基于表 4.9 和表 4.10 中给出的地质参数和操作参数的取值设置，建立如表 4.11 所示的初始置信规则库，其中每条规则的初始权重设为 1，每条规则中结论部分(操作参数)每个等级的置信度值由专家设定。

表 4.11　初始 MIMO-BRB

规则序号	规则权重	地质参数					
		C	W	MSPT	MDPT	MUCS	Gc
1	1.0000	9.1000	0.0000	0.0000	0.0000	0.0000	1.0000
2	1.0000	15.0000	7.0000	13.0000	4.0000	12.0000	2.0000
3	1.0000	21.0000	14.0000	26.0000	8.0000	24.0000	3.0000
4	1.0000	26.3500	20.3000	38.8000	12.5000	36.4000	4.0000
			L	ML	M	MH	H
1	F_p(输出 1)		1	0	0	0	0
2			0	1	0	0	0
3			0	0	0	1	0
4			0	0	0	0	1
1	G_f(输出 2)		1	0	0	0	0
2			0	1	0	0	0
3			0	0	0	1	0
4			0	0	0	0	1
1	P_r(输出 3)		1	0	0	0	0
2			0	1	0	0	0
3			0	0	0	1	0
4			0	0	0	0	1
1	T_h(输出 4)		1	0	0	0	0
2			0	1	0	0	0
3			0	0	0	1	0
4			0	0	0	0	1
1	T_o(输出 5)		1	0	0	0	0
2			0	1	0	0	0
3			0	0	0	1	0
4			0	0	0	0	1

表 4.12 和表 4.13 分别给出了以 MAE 和 RMSE 作为优化目标得到的 MIMO-BRB。

表 4.12　以 MAE 为目标的 MIMO-BRB

规则序号	规则权重	地质参数					
		C	W	MSPT	MDPT	MUCS	Gc
1	0.9967	9.1000	0.0000	0.0000	0.0000	0.0000	1.0000
2	0.3779	21.7849	3.9288	3.6014	1.8271	20.0870	2.2614
3	0.6932	22.9114	20.2673	0.8177	0.1595	4.6795	2.1849
4	0.0105	26.3500	20.3000	38.8000	12.5000	36.4000	4.0000
			L	ML	M	MH	H
1	F_p(输出 1)		0.1921	0.1820	0.3703	0.1572	0.0984
2			0.2920	0.0162	0.1548	0.3323	0.2046
3			0.0319	0.2292	0.1078	0.1882	0.4428
4			0.0210	0.0314	0.4658	0.3907	0.0911
1	G_f(输出 2)		0.0102	0.1355	0.0688	0.4220	0.3635
2			0.7395	0.2514	0.0047	0.0025	0.0019
3			0.0026	0.1482	0.3342	0.2212	0.2938
4			0.2706	0.2479	0.1647	0.2736	0.0433
1	P_r(输出 3)		0.3396	0.2005	0.0154	0.0998	0.3448
2			0.3957	0.1675	0.0165	0.1037	0.3166
3			0.6130	0.2734	0.0679	0.0319	0.0138
4			0.3788	0.1993	0.2934	0.1280	0.0004
1	T_h(输出 4)		0.2574	0.1187	0.0550	0.1930	0.3759
2			0.2091	0.3701	0.0941	0.0824	0.2444
3			0.3556	0.3084	0.0093	0.1566	0.1701
4			0.1753	0.3099	0.1819	0.0946	0.2383
1	T_o(输出 5)		0.3480	0.4931	0.1142	0.0136	0.0310
2			0.3641	0.5027	0.0534	0.0751	0.0047
3			0.3354	0.5819	0.0107	0.0282	0.0438
4			0.3473	0.1782	0.3069	0.1634	0.0042

表 4.13　以 RMSE 为目标的 MIMO-BRB

规则序号	初始权重	地质参数					
		C	W	MSPT	MDPT	MUCS	Gc
1	0.8942	9.1000	0.0000	0.0000	0.0000	0.0000	1.0000
2	0.2342	21.7622	0.7364	3.1966	0.1702	19.8434	2.9303
3	0.2494	19.2554	9.2210	23.8731	12.4881	36.3510	3.5564
4	0.4247	26.3500	20.3000	38.8000	12.5000	36.4000	4.0000

续表

		L	ML	M	MH	H
1	F_p(输出 1)	0.1437	0.1734	0.1474	0.2960	0.2395
2		0.0821	0.0483	0.2742	0.0991	0.4963
3		0.6875	0.1460	0.0851	0.0630	0.0185
4		0.1112	0.3020	0.4378	0.0026	0.1465
1	G_f(输出 2)	0.0126	0.1281	0.3290	0.2170	0.3133
2		0.7176	0.1447	0.1156	0.0083	0.0138
3		0.8136	0.0046	0.0235	0.0539	0.1045
4		0.0293	0.0503	0.0446	0.3774	0.4984
1	P_r(输出 3)	0.4962	0.1300	0.1118	0.1154	0.1466
2		0.5853	0.3879	0.0049	0.0117	0.0103
3		0.0054	0.0005	0.0207	0.0072	0.9662
4		0.5184	0.2762	0.1567	0.0091	0.0395
1	T_h(输出 4)	0.2386	0.0959	0.0900	0.5371	0.0384
2		0.2603	0.5272	0.1642	0.0092	0.0391
3		0.0874	0.2790	0.0714	0.2100	0.3522
4		0.1794	0.3384	0.0043	0.4758	0.0021
1	T_o(输出 5)	0.5951	0.1109	0.1781	0.1074	0.0084
2		0.3503	0.3611	0.0553	0.0306	0.2028
3		0.6524	0.2253	0.0730	0.0361	0.0131
4		0.2912	0.0723	0.5322	0.0906	0.0136

表 4.14 给出了初始 MIMO-BRB 与分别以 MAE 和 RMSE 作为优化目标的 MIMO-BRB 的结果。基于表 4.14，可以得到以下两个结论：①初始 MIMO-BRB 的误差较大，不仅 5 个操作参数的输出都大于优化后的结果，其平均结果(avg.)也大致是优化后误差的两倍，这验证了对初始模型进行优化的必要性；②以 MAE 和 RMSE 作为优化目标得到的结果十分接近，因此，采用二者任何一个作为优化目标都是可以接受的。

表 4.14　以 MAE 和 RMSE 为优化目标的 MIMO-BRB 的结果

	优化目标	对比准则	T_h	T_o	F_p	P_r	G_f	avg.
初始模型	—	MAE	4.0421	0.8433	0.4933	9.0961	2.5275	3.4005
		RMSE	4.8981	1.0495	0.5925	11.7459	2.8893	4.2351
优化模型	MAE	MAE	2.7322	0.5268	0.3383	5.0067	0.4600	1.8128
		RMSE	3.4786	0.6350	0.6365	6.2677	0.6823	2.3400
	RMSE	MAE	2.7028	0.5998	0.3582	5.0460	0.4922	1.8398
		RMSE	3.4082	0.7211	0.4509	6.1440	0.6456	2.2740

4.3.5　实例分析：对比分析

在实验设定完全一致的情况下，采用随机森林(random forest，RF)和 BP 神经网络(back propagation neural network，BPNN)进行对比分析。其中 RF 得到的结果来源于文献[10]；对于 BPNN，采用 MATLAB 中的 nntool 作为工具，参数设置如下：隐含层为 1，神经元 10 个，循环次数 5000，优化目标为 1×10^{-8}，中间传输神经元为 15，中间传输神经函数为 tansig，输出神经传输函数为 logsig，BP 网络传输函数为 trainscg。实验进行 30 次，全部都在 1000 次内完成。表 4.15 中分别给出了以 MAE 和 RMSE 为优化目标建立的优化模型所得到的 MAE 与 RMSE。基于表 4.15 给出的相关结果可知，RF 得到的结果与 MIMO-BRB 的结果十分接近，尤其是以 MAE 作为优化目标时其结果最好。相对而言，BPNN 得到的结果略差。

表 4.15　以 MAE 和 RMSE 为优化目标的 MIMO-BRB 的结果

	对比准则	T_h	T_o	F_p	P_r	G_f	avg.
RF	MAE	2.2	0.5	0.2	5.9	0.3	1.82
	RMSE	3.0	0.6	0.3	7.8	0.6	2.46
BPNN	MAE	2.6923	0.8127	0.4622	4.9438	1.0295	1.9981
	RMSE	3.1676	0.9636	0.5545	6.1152	1.1941	2.3990
MIMO-BRB (MAE)	MAE	2.7322	0.5268	0.3383	5.0067	0.4600	1.81
	RMSE	3.4786	0.6350	0.6365	6.2677	0.6823	2.34
MIMO-BRB (RMSE)	MAE	2.7028	0.5998	0.3582	5.0460	0.4922	1.84
	RMSE	3.4082	0.7211	0.4509	6.1440	0.6456	2.27

为了进一步验证 MIMO-BRB 的有效性，进一步测试多个 BRB(每一个 BRB 仅包含一个输出)的分析结果，图 4.16 给出了采用多个 BRB 与(以 MAE 作为优化目标)MIMO-BRB 的结果对比。基于图 4.16 可知，采用多个 BRB 取得的结果略优于 MIMO-BRB。但是，MIMO-BRB 中的参数个数(124 个参数)显著少于多个 BRB 的参数个数(220 个参数)。因此在综合考虑模型精度和模型参数个数之后，图 4.17 进

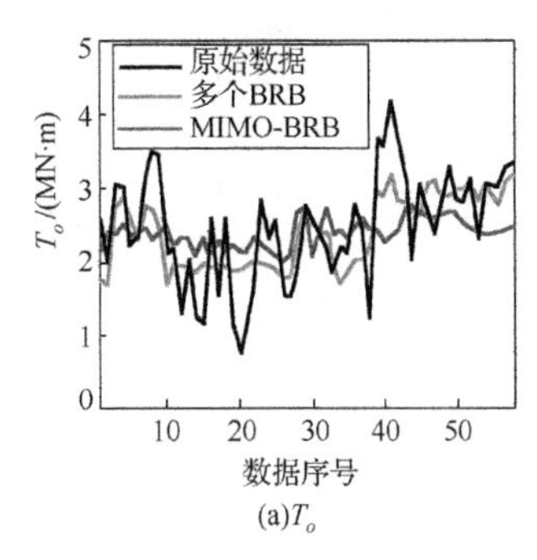

(a)T_o

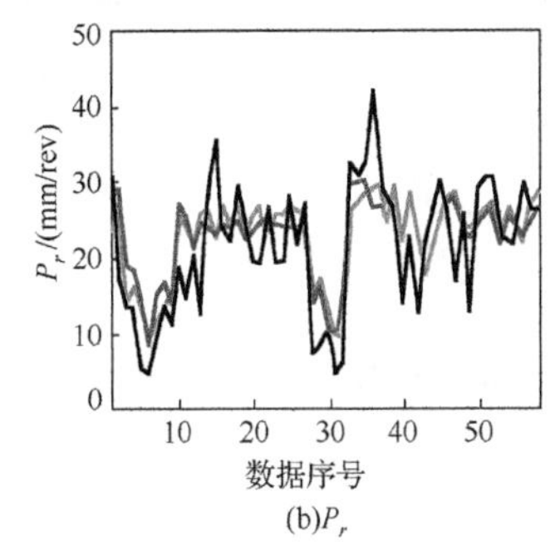

(b)P_r

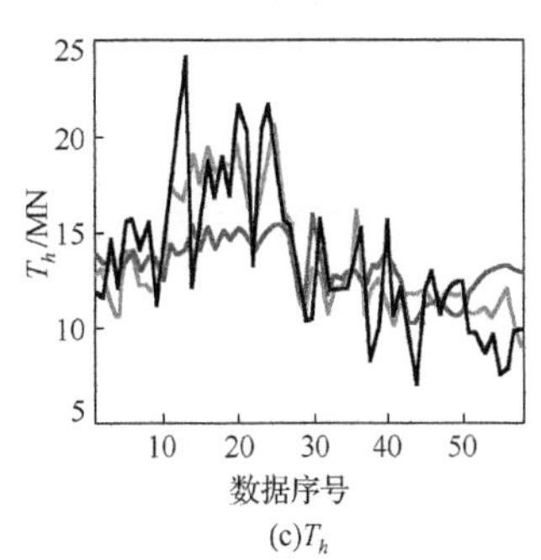

(c)T_h

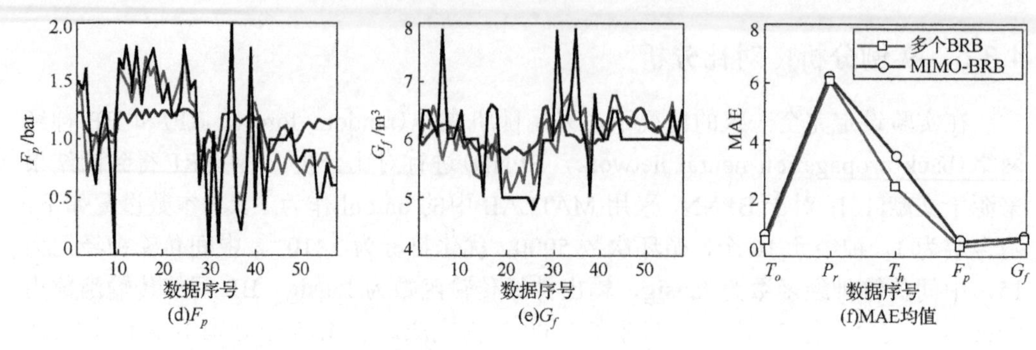

(d)F_p (e)G_f (f)MAE均值

图 4.16 MIMO-BRB 与多个 BRB 结果对比(见彩图)

一步给出了综合赤池信息量准则(Akaike information criterion，AIC)和贝叶斯信息准则(Bayesian information criterion，BIC)的结果。基于图 4.17 可知，在综合 AIC 和 BIC 的情况下，MIMO-BRB 具有显著的优势。

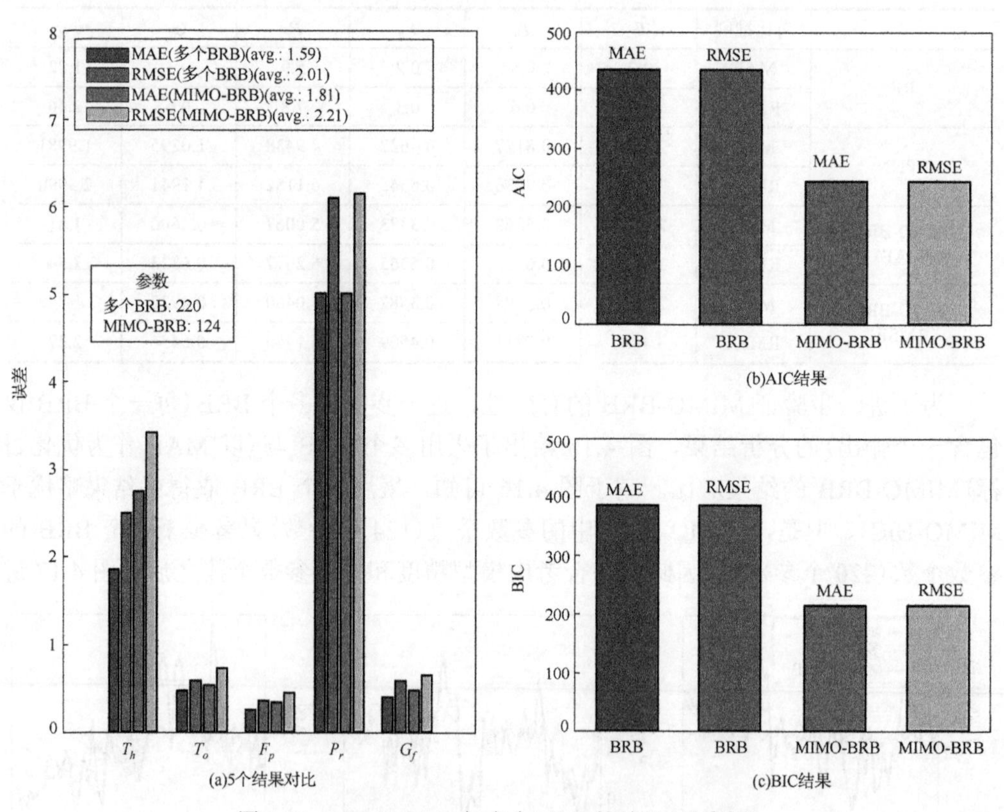

(a)5个结果对比 (b)AIC结果 (c)BIC结果

图 4.17 MIMO-BRB 与多个 BRB 的结果(见彩图)

4.4　结　　论

本章分别在三种情况下对并集置信规则库进行了探索：考虑前提属性之间的随机性、相关性，以及无偏条件下多个输出的情况。

(1)本节首先采用云模型对 BRB 中前提属性中的随机性进行建模，提出了基于云模型的规则激活、匹配度计算方法和权重计算方法。并且从多维云模型的角度与 BRB 中的多个前提属性建立关联。以隧道引发管道风险评估的实例开展了验证分析，实例分析结果与其他方法结果一致。同时，由于能够较好地建模随机性，该模型能够提供更多信息，可以支持决策者制定更加充分和平衡的决策。

(2)已有 BRB 研究中一般假设 BRB 中前提属性相互独立，但是这与很多实际情况并不完全一致。为了更好地分析和讨论 BRB 中前提属性之间的相关性，4.2 节中采用 Copula 模型对 BRB 中多个前提属性之间的相关性进行定量度量，提出了 Copula-BRB 方法，并采用实例进行了分析验证。结果表明，与不考虑前提属性之间相关性、BRB 方法和 SVM 方法相比，Copula-BRB 方法得到的结果精度更高。

(3)针对无偏多输入多输出(NP-MIMO)问题，提出了 MIMO-BRB 的推理和优化方法，给出了相应的框架和步骤，设计了面向 MIMO 问题的置信框架和优化算法结构。通过实例，对比 RF、BPNN，以及多个 BRB 进行了研究，结果表明，采用 MIMO-BRB 得到的结果优于 RF 和 BPNN，稍劣于多个 BRB。当综合考虑模型复杂度，即模型参数个数时，MIMO-BRB 所取得的 AIC 和 BIC 值小于多个 BRB，因此 MIMO-BRB 更加具有优势。

参 考 文 献

[1] 李德毅, 刘常昱. 论正态云模型的普适性[J]. 中国工程科学, 2004, 6(8): 28-34.

[2] 张光卫, 李德毅, 李鹏, 等. 基于云模型的协同过滤推荐算法[J]. 软件学报, 2007, 10: 2403-2411.

[3] 杨朝晖, 李德毅. 二维云模型及其在预测中的应用[J]. 计算机学报, 1998, 11: 961-969.

[4] Demarta S, Mcneil A J. The *t* copula and related copulas[J]. International Statistical Review, 2005, 73(1): 111-129.

[5] Genest C, Favre A C. Everything you always wanted to know about copula modeling but were afraid to ask[J]. Journal of Hydrologic Engineering, 2007, 12(4): 347-368.

[6] Liu X, Pan F, Cai W, et al. Correlation and risk measurement modeling: A Markov-switching mixed Clayton copula approach[J]. Reliability Engineering and System Safety, 2020, 197: 106808.

[7] Zhang L, Singh V P. Gumbel-Hougaard copula for trivariate rainfall frequency analysis[J]. Journal of Hydrologic Engineering, 2007, 12(4): 409-419.

[8] de Baets B, de Meyer H. Cutting levels of the winning probability relation of random variables pairwisely coupled by a same Frank copula[J]. International Journal of Approximate Reasoning, 2019, 112: 22-36.

[9] Weingarten H, Steinberg Y, Shamai S S. The capacity region of the Gaussian multiple-input multiple-output broadcast channel[J]. IEEE Transactions on Information Theory, 2006, 52(9): 3936-3964.

[10] Zhang P, Chen R P, Wu H N. Real-time analysis and regulation of EPB shield steering using random forest [J]. Automation in Construction, 2019, 106: 102860.

第5章　基于有限交集规则的并集置信规则库建模方法

构建交集假设下的置信规则库要求遍历所有前提属性的所有参考值，当前提属性或参考值过多时，会面临组合爆炸问题。同时虽然交集规则在逻辑上易理解，但考虑到部分极端条件下的交集规则构建成本较高，因此构建完备的交集置信规则库较为困难。构建并集假设下的置信规则库仅需要覆盖所有前提属性的参考值，这样一来就可以避免组合爆炸问题[1-4]，但并集置信规则库中的规则很难直接从历史数据或专家经验中获得。基于此，本章首先提出一种基于有限规则(不足以构建完备的交集置信规则库)的并集置信规则库建模方法，该方法的核心是定量计算每条并集规则和与其相关的一条或多条交集规则之间的关联关系；然后提出了基于等概率(equal probability)和自组织映射(self-organizing map，SOM)两种定量分析手段，并采用两个示例对所提出方法进行验证。结果表明，虽然仅采用有限交集规则构建并集置信规则库，但是结果与其他方法(包括交集置信规则库)具有较高的一致性，验证了所提方法的有效性。

5.1　交集与并集置信规则库的关系

根据 2.1 节中对 BRB 空间的定义，交集规则是 BRB 空间中的一个交叉点，而并集规则表示所有具有相同前提属性参考值的点。换言之，一条并集规则与至少有一个相同参考值的交集规则相关联，见定义 5.1。

定义 5.1　一条交集置信规则与一条并集置信规则相关联的判断准则为至少一个前提属性有至少一个相同的参考值，即 $(A_1^k = A_1^{k'}) \vee \cdots \vee (A_M^k = A_M^{k'}) = \text{true}$ 。

在不同假设条件下，置信规则可以有多种形式，如式(5.1)：

$$\begin{cases} R_k: \text{if} \quad (x_1 \text{ is } A_1^k) \wedge (x_2 \text{ is } A_2^k) \wedge \cdots \wedge (x_M \text{ is } A_M^k), \\ \quad \text{then} \ \{(D_1, \beta_{1,k}), \cdots, (D_N, \beta_{N,k})\} \\ R_{k'}: \text{if} \quad (x_1 \text{ is } A_1^{k'}) \vee (x_2 \text{ is } A_2^{k'}) \vee \cdots \vee (x_M \text{ is } A_M^{k'}), \\ \quad \text{then} \ \{(D_1, \beta_{1,k'}), \cdots, (D_N, \beta_{N,k'})\} \\ R_{k''}: \text{if} \quad (x_i \text{ is } A_i^{k''}), \\ \quad \text{then} \ \{(D_1, \beta_{1,k''}), \cdots, (D_N, \beta_{N,k''})\} \end{cases} \tag{5.1}$$

其中，R_k 表示有多个前提属性的交集规则，$R_{k'}$ 表示有多个前提属性的并集规则，$R_{k''}$ 表示只有一个前提属性的并集规则。对于 $R_{k'}$，考虑第 m 个前提属性就有 $p(m)$ 条关联交集规则，$m=1,\cdots,M$。对于 M 个前提属性，整体相关联交集规则是每个前提属性的关联交集规则之和。此外，对于第 k 条交集规则，R_k 将被计数 M 次。因此，任何并集规则都与 $\sum_{m=1}^{M} p(m)-(M-1)$ 条交集规则相关联。

对于具有多个前提属性的并集规则 $R_{k'}$，其关联交集规则数组合方式繁多，算法复杂。本章采取以下算法避免计算重复或遗漏(该算法针对交集规则完整的情况)。

当第一个前提属性参考值相同，其余前提属性参考值可取任意值时，关联交集规则数为

$$\prod_{m=2}^{M} p(m) \tag{5.2}$$

当第一个前提属性参考值不同，第二个相同，其余任意取值时，关联交集规则数为

$$(p(1)-1)\prod_{m=3}^{M} p(m) \tag{5.3}$$

当第一和第二个前提属性参考值不同，第三个相同，其余任意取值时，关联交集规则数为

$$(p(1)-1)(p(2)-1)\prod_{m=4}^{M} p(m) \tag{5.4}$$

以此类推，当前 M–1 个前提属性参考值相同，最后一个前提属性参考值不同时，关联交集规则数为

$$\prod_{m=1}^{M-1}(p(m)-1) \tag{5.5}$$

基于以上计算过程，对所有情况下的关联交集规则数求和，得到与多个前提属性的并集规则关联的交集规则数 S 为

$$S=\prod_{m=2}^{M} p(m)+\sum_{m=2}^{M-1}\left(\prod_{i=1}^{m-1}(p(i)-1)\prod_{i=m+1}^{M} p(i)\right)+\prod_{i=1}^{M-1}(p(i)-1) \tag{5.6}$$

当交集规则不完整时，并集规则的关联交集规则数应该介于 1 和 S 之间。

特别地，当并集规则前提属性个数为 2，即 M=2 时，并集规则与 $\sum_{m=1}^{M} p(m)-(M-1)$ 个交集规则相关联。

对于只有一个前提属性的并集规则 $R_{k''}$，考虑第 i 个前提属性(利用变量 i 避免与 m 重复)就有 $p(i)$ 个交集规则相关联，$i=1,\cdots,M$，$i\neq m$。对于其余 $M-1$ 个前提属性，总的相关交集规则是每个前提属性相关联交集规则的乘积。因此，任何具有单个前提属性的并集规则都与 $\prod_{i=1,i\neq m}^{M} p(i)$ 个交集规则相关联。

图 5.1 给出了 3 个在不同假设下的置信规则库，图 5.1(a)为交集 BRB，图 5.1(b)

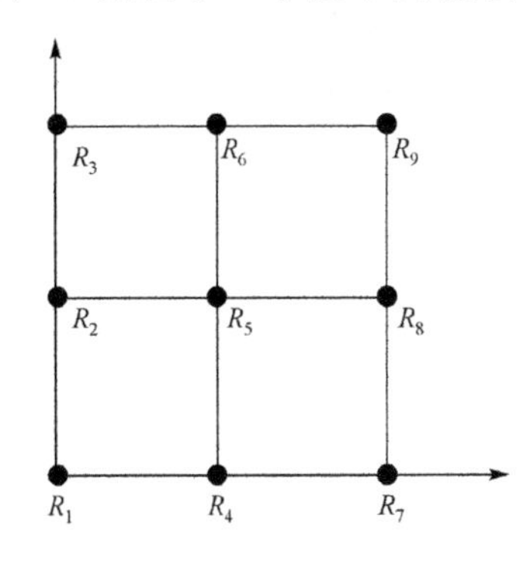

R_1 : if (x_1 is A_1^1)$\wedge$(x_2 is A_2^1), then $\{(D_1, \beta_{1,1}), \cdots, (D_N, \beta_{N,1})\}$
R_2 : if (x_1 is A_1^1)$\wedge$(x_2 is A_2^2), then $\{(D_1, \beta_{1,2}), \cdots, (D_N, \beta_{N,2})\}$
R_3 : if (x_1 is A_1^1)$\wedge$(x_2 is A_2^3), then $\{(D_1, \beta_{1,3}), \cdots, (D_N, \beta_{N,3})\}$
R_4 : if (x_1 is A_1^2)$\wedge$(x_2 is A_2^1), then $\{(D_1, \beta_{1,4}), \cdots, (D_N, \beta_{N,4})\}$
R_5 : if (x_1 is A_1^2)$\wedge$(x_2 is A_2^2), then $\{(D_1, \beta_{1,5}), \cdots, (D_N, \beta_{N,5})\}$
R_6 : if (x_1 is A_1^2)$\wedge$(x_2 is A_2^3), then $\{(D_1, \beta_{1,6}), \cdots, (D_N, \beta_{N,6})\}$
R_7 : if (x_1 is A_1^3)$\wedge$(x_2 is A_2^1), then $\{(D_1, \beta_{1,7}), \cdots, (D_N, \beta_{N,7})\}$
R_8 : if (x_1 is A_1^3)$\wedge$(x_2 is A_2^2), then $\{(D_1, \beta_{1,8}), \cdots, (D_N, \beta_{N,8})\}$
R_9 : if (x_1 is A_1^3)$\wedge$(x_2 is A_2^3), then $\{(D_1, \beta_{1,9}), \cdots, (D_N, \beta_{N,9})\}$

(a)交集BRB

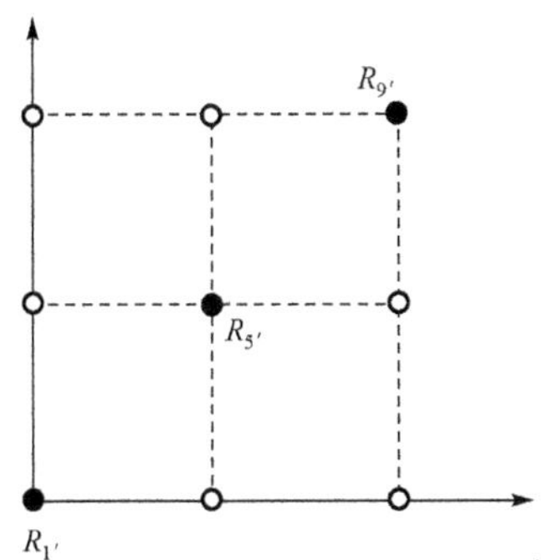

$R_{1'}$: if (x_1 is A_1^1)$\vee$(x_2 is A_2^1), then $\{(D_1, \beta_{1,1'}), \cdots, (D_N, \beta_{N,1'})\}$
$R_{5'}$: if (x_1 is A_1^2)$\vee$(x_2 is A_2^2), then $\{(D_1, \beta_{1,5'}), \cdots, (D_N, \beta_{N,5'})\}$
$R_{9'}$: if (x_1 is A_1^3)$\vee$(x_2 is A_2^3), then $\{(D_1, \beta_{1,9'}), \cdots, (D_N, \beta_{N,9'})\}$

(b)有两个前提属性的并集BRB

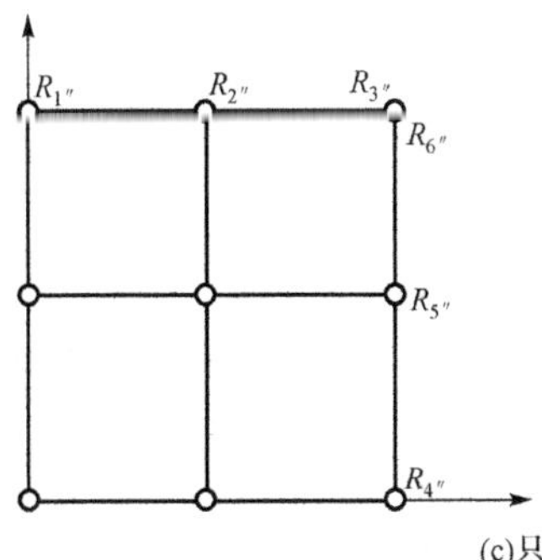

$R_{1''}$: if (x_1 is A_1^1), then $\{(D_1, \beta_{1,1''}), \cdots, (D_N, \beta_{N,1''})\}$
$R_{2''}$: if (x_1 is A_1^2), then $\{(D_1, \beta_{1,2''}), \cdots, (D_N, \beta_{N,2''})\}$
$R_{3''}$: if (x_1 is A_1^3), then $\{(D_1, \beta_{1,3''}), \cdots, (D_N, \beta_{N,3''})\}$
$R_{4''}$: if (x_1 is A_1^4), then $\{(D_1, \beta_{1,4''}), \cdots, (D_N, \beta_{N,4''})\}$
$R_{5''}$: if (x_1 is A_1^5), then $\{(D_1, \beta_{1,5''}), \cdots, (D_N, \beta_{N,5''})\}$
$R_{6''}$: if (x_1 is A_1^6), then $\{(D_1, \beta_{1,6''}), \ldots, (D_N, \beta_{N,6''})\}$

(c)只有一个前提属性的并集BRB

图 5.1　不同假设下的置信规则库

为有两个前提属性的并集 BRB，图 5.1(c)为只有一个前提属性的并集 BRB。图 5.1 中，横坐标为前提属性 x_1，纵坐标为前提属性 x_2，且两属性各有三个参考值。实心圆表示实际规则，空心圆表示投影规则，图 5.1(c)中加粗的线也表示实际规则。3 个置信规则库的规则数分别为 9 条、3 条和 6 条，显然，在并集假设下的规则数量明显少于交集假设下的规则数量。

图 5.2 给出了并集规则与交集规则之间的关联关系。图 5.2(a)表示一个具有多个前提属性的并集规则与多个前提属性参考值相同的交集规则相关联。图 5.2(b)表示仅包含单个前提属性的并集规则也与多个前提属性参考值相同的交集规则相关联。

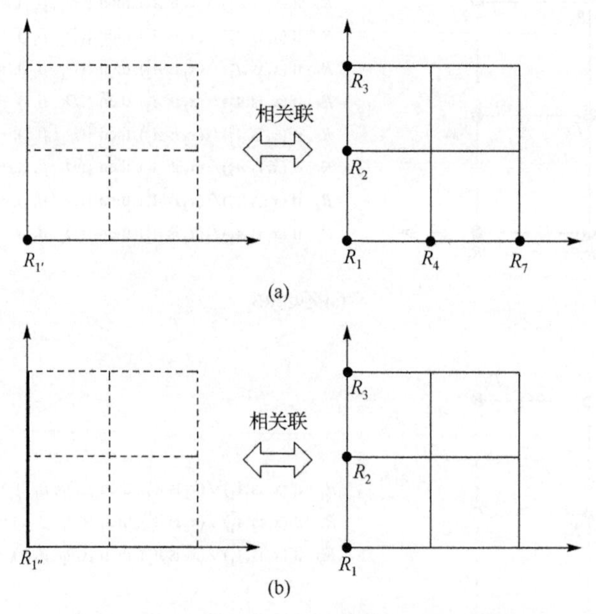

图 5.2　并集规则与交集规则的关联关系

基于图 5.2 给出的并集规则与交集规则之间的关系，表 5.1 给出了图 5.1(a)中交集规则与图 5.1(b)和(c)中具有不同数量前提属性的并集规则之间的关联关系。

表 5.1　图 5.1(b)和(c)中并集规则与图 5.1(a)中交集规则的关联关系

并集规则		图 5.1 中的交集规则		
		x_1 相关交集规则	x_2 相关交集规则	总相关交集规则
图 5.1(b)	$R_{1'}$	R_1、R_2 和 R_3	R_1、R_4 和 R_7	R_1、R_2、R_3、R_4 和 R_7
	$R_{5'}$	R_4、R_5 和 R_6	R_2、R_5 和 R_8	R_1、R_4、R_5、R_6 和 R_8
	$R_{9'}$	R_7、R_8 和 R_9	R_3、R_6 和 R_9	R_3、R_6、R_7、R_8 和 R_9
图 5.1(c)	$R_{1''}$	—	R_1、R_2 和 R_3	R_1、R_2 和 R_3
	$R_{2''}$	—	R_4、R_5 和 R_6	R_4、R_5 和 R_6

续表

并集规则		图 5.1 中的交集规则		
		x_1 相关交集规则	x_2 相关交集规则	总相关交集规则
图 5.1(c)	$R_{3''}$	—	R_7、R_8 和 R_9	R_7、R_8 和 R_9
	$R_{4''}$	R_1、R_4 和 R_7	—	R_1、R_4 和 R_7
	$R_{5''}$	R_2、R_5 和 R_8	—	R_2、R_5 和 R_8
	$R_{6''}$	R_3、R_6 和 R_9	—	R_3、R_6 和 R_9

根据图 5.1 和图 5.2，以及表 5.1 可知一条并集规则具有多个或单个前提属性在本质上是相同的。由关联关系可以得到与各并集规则相关联的交集规则，通过集成各关联交集规则即可生成新的并集规则，其核心问题是如何确定各关联交集规则权重，以及如何集成各关联交集规则。第 5.2 节将详细介绍两种计算权重的方法，以及并集置信规则库的建模步骤。

5.2　基于有限交集规则的并集置信规则库建模方法

本节提出基于部分交集规则来生成完备并集规则的并集 BRB 建模方法。新的并集 BRB 是由相同置信结构下的交集 BRB 构造而成的，具体而言，每一条并集规则都根据其相关的交集规则来生成，在本节中会介绍关联交集规则权重的计算方法，以及并集置信规则库的建模步骤。本节采用集成交集规则的权重计算方法有两种：基于等概率和基于自组织映射。

5.2.1　算法步骤

构建并集置信规则库的具体步骤如下所示。

步骤 1：建立初始交集 BRB。

邀请专家或使用历史数据来构建特定案例背景下的交集 BRB，若信息不完备或极端条件下规则构建成本高，则可以构建不完整交集 BRB。为了进行验证，本步骤首先构造一个完整的交集 BRB 来提供基准测试结果。

步骤 2：确认并集 BRB 的置信结构。

并集 BRB 与交集规则具有相同的置信结构，即具有相同的前提属性、相同的属性参考值以及相同的结论等级。二者不同之处在于，各结论的置信度需要根据关联交集规则重新确定。

步骤 3：生成与并集规则相关联的交集规则的权重。

首先确认与各并集规则相关联的交集规则，而后根据 5.2.2 小节中的基于等概率方法或 5.2.3 小节中的基于自组织映射方法求出各交集规则的权重。

步骤 4：采用 ER 算法生成并集规则。

由步骤 3 已得到关联交集规则权重，根据 ER 算法（本书第 1.3.3 节）集成相关联的交集规则，计算可得并集规则各结论的置信度。

步骤 5：计算并集规则权重。

步骤 5.1：确定与并集规则相关联的交集规则数。对第 k'条并集规则，有 $R_{k'}$条交集规则与之关联。$k'=[1,\cdots,K']$，$R_{k'}=[1,\cdots,K]$。

步骤 5.2：对 $R_{k'}$条交集规则的原始权重进行求和（θ_r 为交集规则的原始权重），即

$$\theta_{k'}=\sum_{r=1}^{R_{k'}}\theta_r \tag{5.7}$$

步骤 5.3：对权重归一化，得到相对权重，第 k' 条并集规则的相对权重为

$$\theta_{k'}=\theta_{k'}\bigg/\sum_{k'=1}^{K'}\theta_{k'} \tag{5.8}$$

其中，$\sum_{k'=1}^{K'}\theta_{k'}$ 表示所有并集规则的关联交集规则权重的总和，$\theta_{k'}$ 表示第 k' 条并集规则的关联交集规则权重之和。因此，上式中的结果 $\theta_{k'}$ 为新的并集置信规则库中第 k' 条并集规则的权重。

步骤 6：验证。

通过以上步骤得到完整的并集 BRB，可利用由交集 BRB 和并集 BRB 分别得到的结果的误差来验证方法的有效性。式(5.9)和式(5.10)分别给出了平均绝对误差(MAE)和平均绝对值百分比误差(MAPE)的计算公式：

$$\mathrm{MAE}=\frac{1}{N}\sum_{n=1}^{N}\mathrm{abs}(y_{\mathrm{conj},n}-y_{\mathrm{disj},n}) \tag{5.9}$$

$$\mathrm{MAPE}=\frac{1}{N}\sum_{n=1}^{N}\frac{\mathrm{abs}(y_{\mathrm{conj},n}-y_{\mathrm{disj},n})}{y_{\mathrm{conj},n}} \tag{5.10}$$

其中，$y_{\mathrm{conj},n}$ 是交集规则对第 n 个输入数据产生的结果，$y_{\mathrm{disj},n}$ 是并集规则对第 n 个输入数据产生的结果，N 为输入数据的数量。

5.2.2　基于等概率的并集置信规则库建模方法

等概率方法的思想认为，交集规则与并集规则参考值相同的属性个数与交集规则所占的权重和与并集规则的关联性是正相关的[5]。而参考值相同的属性个数越多，其对应交集规则的权重越大，即与并集规则的关联越大。

首先，假设一个置信规则库有 M 个前提属性，第 m 个前提属性有 $p(m)$ 个参考值。

对于有多个前提属性的并集规则，应先计算总分配权重。求各关联交集规则与

并集规则有相同参考值的属性个数的和，即在不避免重复的情况下计算关联交集规则数：依次计算出一个前提属性参考值相同而其余属性参考值可取任意值时的交集规则数 $\prod_{i=1,i\neq m}^{M} p(i)$，对其求和即得到有重复的关联交集规则数为 $\sum_{m=1}^{M}\left(\prod_{i=1,i\neq m}^{M} p(i)\right)$。而一个交集规则与并集规则有相同参考值的前提属性个数与它的权重正相关，得到权重计算式(5.11)：

$$w_{k'}=\frac{\sum_{i=1}^{M}\Phi(i)}{\sum_{n=1}^{M}\left(\prod_{i=1,i\neq n}^{M} p(i)\right)},\quad \Phi(i)=\begin{cases}1, A_i^{k'}=A_i^k\\0, A_i^{k'}\neq A_i^k\end{cases} \tag{5.11}$$

其中，分母为有重复的关联交集规则数；分子为某交集规则计算时的重复次数，也是交集规则与并集规则有相同参考值的前提属性个数，当第 i 个前提属性与并集规则有相同参考值时 $\Phi(i)$ 为 1，否则为 0。

当并集规则中属性个数为 2，即 M=2 时，与并集规则相关联的各交集规则的权重为

$$w_{k'}=\begin{cases}1\Big/\sum_{m=1}^{M}p(m), & (A_1^k=A_1^{k'})\vee\cdots\vee(A_m^k=A_m^{k'})\vee\cdots\vee(A_M^k=A_M^{k'})\\ M\Big/\sum_{m=1}^{M}p(m), & (A_1^k=A_1^{k'})\wedge\cdots\wedge(A_m^k=A_m^{k'})\wedge\cdots\wedge(A_M^k=A_M^{k'})\end{cases} \tag{5.12}$$

例如，对图 5.1(b)中的 $R_{1'}$，与其关联的交集规则有 5 条，即图 5.1(a)中 R_1、R_2、R_3、R_4 和 R_7。利用等概率公式进行计算，得到其权重分别为 2/6、1/6、1/6、1/6 和 1/6。

特别地，对于只有第 m 个前提属性的并集规则，与之相关联的 $\prod_{i=1,i\neq m}^{M} p(i)$ 条交集规则都只有一个前提属性与其有相同参考值，因此交集规则权重是一样的：

$$w_{k'}=\frac{1}{\prod_{i=1,i\neq m}^{M} p(i)} \tag{5.13}$$

例如，对图 5.1(c)中的 $R_{1''}$，与之相关联的交集规则数为 3 条，则每个规则的权重都为 $\frac{1}{3}$。

5.2.3　基于自组织映射的并集置信规则库建模方法

自组织映射(SOM)最初是用来将高维度空间的输入映射到低维度空间，可认为

是主成分分析(principle component analysis，PCA)的非线性版本[6-8]。在 5.1 节中给出了关联的判断准则，由此能够得到所有并集规则的关联交集规则。SOM 方法在本章中的应用原理如图 5.3 所示，用交集规则与并集规则的距离来衡量关联性，距离越短则关联越强，交集规则所占的权重越大。而距离是通过各个前提属性值的差来计算的。具体算法如下所示。

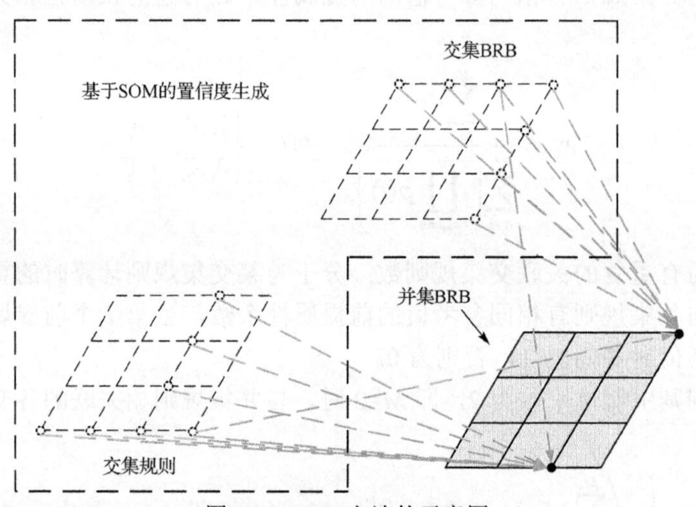

图 5.3　SOM 方法的示意图

计算第 k' 条并集规则与相关联的第 k 条交集规则的距离：

$$w_{D,k'} = \sqrt{\sum_{m=1}^{M}(A_m^k - A_m^{k'})^2} \tag{5.14}$$

其中，$A_m^{k'}$ 和 A_m^k 分别表示并集规则库中第 k' 条规则和相关联的第 k 条规则中的第 m 个前提属性的参考值。

由式(5.14)计算出各条交集规则到并集规则的距离，可以得到最大的距离 $\max(w_{D,k'})$。若最大距离对应的交集规则与并集规则关联权重最小，则可用最大距离与某个距离的差来衡量对应某个交集规则的权重，差越大权重越大。第 k' 条相关联交集规则的权重为

$$w_{k'} = \frac{\max(w_{D,k'}) - w_{D,k'}}{\sum\limits_{k'=1}^{\sum_{m=1}^{M} p(m)-(M-1)} (\max(w_{D,k'}) - w_{D,k'})} \tag{5.15}$$

其中，$w_{D,k'}$ 计算公式见式(5.14)。

交集规则的权重也体现其与对应并集规则的关联程度，权重越大关联越紧密。距离最远的规则的权重为 0，所有规则权重的和为 1。值得注意的是，SOM 只适用于具有多属性的并集规则生成，不适用于构建只有一个前提属性的并集规则。

5.3 数值示例

5.3.1 问题介绍与输入

假设有两个前提属性，即 x_1 和 x_2，每个前提属性都有 3 个参考值，即 5、8 和 10。表 5.2 给出了具有两个前提属性的交集 BRB，图 5.4 给出了并集 BRB 中并集规则的 6 种组合方式。

表 5.2　具有两个前提属性的交集 BRB

规则编号	输入		输出	
	x_1	x_2	好	中
1	5	5	0.50	0.50
2	8	5	0.55	0.45
3	10	5	0.70	0.30
4	5	8	0.55	0.45
5	8	8	0.70	0.30
6	10	8	0.85	0.15
7	5	10	0.80	0.20
8	8	10	0.90	0.10
9	10	10	0.95	0.05

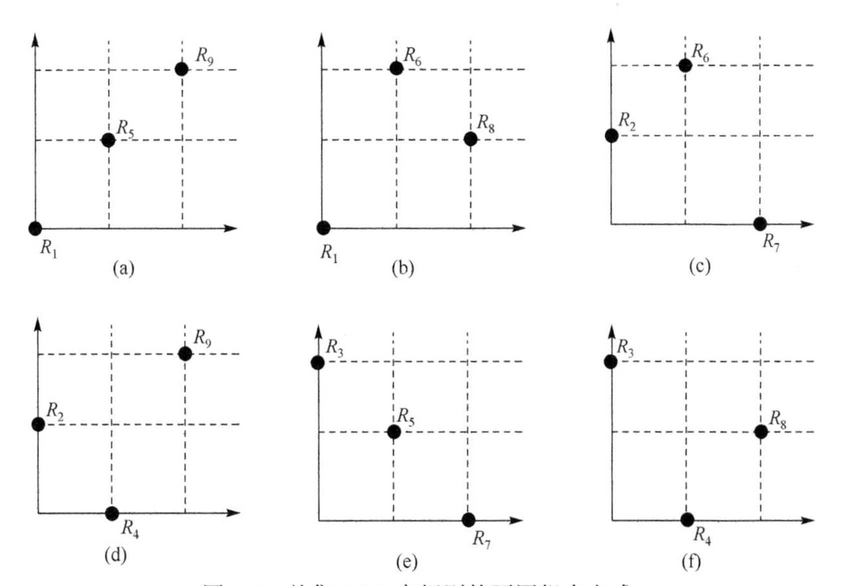

图 5.4　并集 BRB 中规则的不同组合方式

5.3.2 计算结果

根据第5.2节中的并集BRB生成过程，首先生成只有一个前提属性的并集BRB。以表5.3中的第一条规则为例，它与规则1、4和7相关。假设规则1、4和7权重相等，为1/3，用ER算法对其集成，得到第一条规则：

$$\text{if } (x_1 \text{ is } 5), \text{ then } \{好 = 64.27\%, 中 = 35.73\%\}$$

以此类推，得到其余并集规则，如表5.3所示。

表5.3 具有一个前提属性的并集BRB

规则编号	输入		输出(等概率)	
	x_1	x_2	好	中
1	5		0.6427	0.3573
2	8		0.7574	0.2426
3	10		0.8731	0.1269
4		5	0.6021	0.3979
5		8	0.7385	0.2615
6		10	0.9156	0.0844

按照上述过程，先根据等概率或SOM方法确定交集规则权重，再集成各交集规则，得到基于等概率或SOM方法生成的并集BRB，如表5.4所示。

表5.4 具有多属性的并集BRB

规则编号	输入		输出(等概率)		输出(SOM)	
	x_1	x_2	好	中	好	中
1	5	5	0.6193	0.3807	0.5263	0.4764
2	8	5	0.6789	0.3211	0.6242	0.3758
3	10	5	0.7488	0.2512	0.7176	0.2824
4	5	8	0.6882	0.3118	0.6533	0.3467
5	8	8	0.7486	0.2514	0.7905	0.2095
6	10	8	0.8143	0.1857	0.8591	0.1409
7	5	10	0.7961	0.2039	0.7869	0.2131
8	8	10	0.8482	0.1518	0.8909	0.1091
9	10	10	0.9005	0.0995	0.9385	0.0615

5.3.3 结果对比与讨论

表5.5给出了不同规则组合得到的6种并集BRB的MAE和MAPE结果。

表5.5 具有多属性的并集BRB

规则编号	规则	图5.4	MAE/10^{-3}		MAPE/10^{-3}	
			等概率	SOM	等概率	SOM
1	1-5-9	(a)	73.6725	153.9086	117.4791	247.9063

续表

规则编号	规则	图 5.4	MAE/10^{-3}		MAPE/10^{-3}	
			等概率	SOM	等概率	SOM
2	2-4-9	(d)	77.5460	125.1851	122.6304	197.4034
3	1-6-8	(b)	97.6927	166.0029	154.3118	267.4116
4	3-5-7	(e)	115.5569	136.9188	183.2134	219.0351
5	2-6-7	(c)	115.2020	150.4778	182.1889	242.2386
6	3-4-8	(f)	100.8259	122.8086	159.1906	192.8282

表 5.6 进一步总结了 MAE 和 MAPE 的最小值、平均值以及方差。

表 5.6　结果比较

项目	MAE/10^{-3}			MAPE/10^{-3}		
	最小值	均值	方差/10^{-3}	最小值	均值	方差/10^{-3}
仅包含单一属性的并集 BRB	77.1562			124.1320		
基于等概率得到的并集 BRB	73.6725	96.7493	322.6085	117.4791	153.1690	797.7518
基于 SOM 得到的并集 BRB	122.8086	142.5503	292.9752	192.8282	227.8039	881.1232

由表 5.6 中 MAE 和 MAPE 的最小值、平均值以及方差可以看出，总体上各项指标保持在比较稳定的水平。在两种计算方法中，等概率法得到的结果比 SOM 得到的结果稍优。此外，由表 5.5 可知，如果慎重选择并集 BRB 组合，则可以实现在减少输入信息的情况下得到与完整交集 BRB 非常一致的结果。

5.4　新产品研发问题示例分析

5.4.1　问题背景

新产品开发需要对消费者的需求和对新产品的偏好进行建模，在建模过程中，需要考虑若干个因素，因此许多研究人员使用多属性决策分析模型来解决新产品开发问题，本章采用 BRB 来解决这个问题。在已有研究中[9]，考虑了六个因素：包装尺寸(A_1)、外观(A_2)、便利性(A_3)、香味(A_4)、味道(A_5)和颜色(A_6)。若每个前提属性有 5 个参考值，则会有 $5^6=15625$ 条交集规则。在文献[9]中使用主成分分析(PCA)将它们集成到两个主要因素中，即包装(由 A_1～A_3 组成)和质量(由 A_4～A_6 组成)，由构建的质量和包装推断消费者的偏好。为了避免用 6 个因子直接作为一个交集 BRB 属性带来的规则组合爆炸问题，用 3 个子 BRB 构造一个两层模型，解决了规则组合爆炸问题，如图 5.5 所示。即使只考虑上层模型，如果质量和包装被假定为 5 个参考值(即 H_1～H_5)，也需要总共 25

条规则来构建一个完整的交集 BRB。接着本章采用该案例验证所提出方法的有效性。

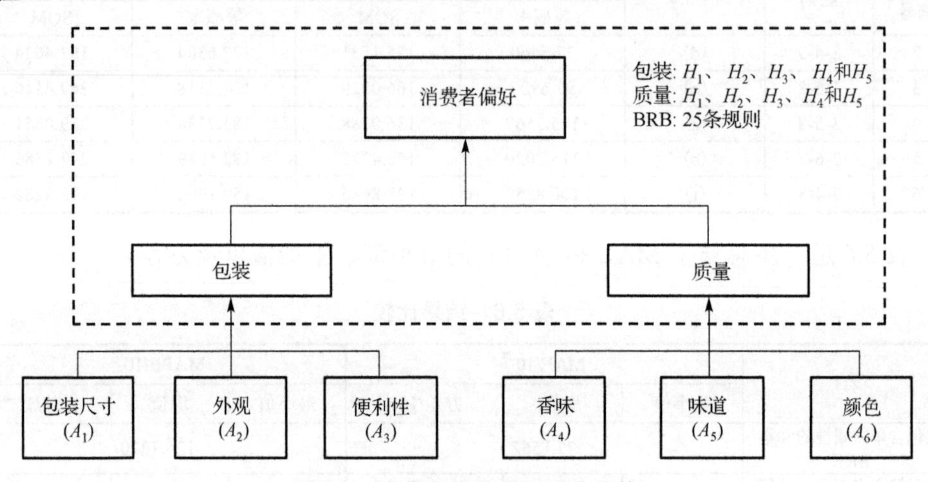

图 5.5 消费者偏好预测评估结构

5.4.2 基于等概率方法构建并集置信规则库

按照 5.2 节提出的并集置信规则库建模方法，采用如下 5 个步骤开展示例分析。

步骤 1：建立交集置信规则。

为了保持一致性，文献[9]中的原始交集 BRB 被用作初始的交集 BRB，如表 5.7 所示。对于表 5.7 中的交集 BRB 中的每条规则，有两个前提属性，即包装和质量，每个前提属性都有 5 个参考值，因此原始交集置信规则库中共包含 25 条规则。注意，表 5.7 中的 25 条交集规则是具有初始权重的。

表 5.7 原始交集置信规则库

规则编号	规则权重	属性		输出(置信度)				
		包装	质量	D_1	D_2	D_3	D_4	D_5
1	0.01	–2.910	–2.587	0.00	0.00	0.00	0.28	0.72
2	1.00	–2.910	–0.700	0.08	0.33	0.05	0.11	0.43
3	1.00	–2.910	0.177	0.08	0.11	0.80	0.02	0.00
4	1.00	–2.910	0.817	0.00	0.00	0.00	0.14	0.86
5	0.90	–2.910	1.913	0.00	0.00	0.04	0.77	0.20
6	0.16	–0.621	–2.587	0.46	0.15	0.00	0.00	0.39
7	1.00	–0.621	–0.700	0.00	0.00	0.21	0.00	0.79
8	0.88	–0.621	0.177	0.00	0.00	0.22	0.34	0.44
9	1.00	–0.621	0.817	0.05	0.02	0.02	0.27	0.65

续表

规则编号	规则权重	属性		输出(置信度)				
		包装	质量	D_1	D_2	D_3	D_4	D_5
10	0.91	−0.621	1.913	0.00	0.00	0.05	0.62	0.32
11	0.00	0.063	−2.587	0.00	0.00	0.00	0.37	0.63
12	0.66	0.063	−0.700	0.01	0.02	0.00	0.26	0.72
13	0.52	0.063	0.177	0.15	0.06	0.11	0.12	0.56
14	0.93	0.063	0.817	0.00	0.00	0.01	0.81	0.18
15	0.99	0.063	1.913	0.06	0.03	0.00	0.46	0.45
16	0.23	0.510	−2.587	0.04	0.00	0.00	0.44	0.52
17	1.00	0.510	−0.700	0.06	0.00	0.02	0.84	0.09
18	0.98	0.510	0.177	0.00	0.07	0.01	0.26	0.66
19	0.96	0.510	0.817	0.05	0.03	0.00	0.13	0.80
20	1.00	0.510	1.913	0.08	0.03	0.00	0.06	0.83
21	0.84	2.696	−2.587	0.68	0.30	0.00	0.01	0.01
22	0.82	2.696	−0.700	0.17	0.08	0.00	0.20	0.56
23	0.74	2.696	0.177	0.44	0.16	0.00	0.11	0.29
24	0.87	2.696	0.817	0.27	0.07	0.00	0.12	0.54
25	0.99	2.696	1.913	0.04	0.01	0.00	0.01	0.93

步骤2：确认并集BRB的置信结构。

为保持一致性，并集BRB的置信结构必须与交集BRB保持一致。包装和质量是规则里的两个前提属性，且各包含5个参考值。对于包装，参考值分别为−2.910、−0.621、0.063、0.510和2.696；对质量，参考值分别为：−2.587、−0.700、0.177、0.817和1.913。

步骤3：生成关联交集规则的权重。

步骤3.1：为了避免混淆，将上述25条规则分为两部分，前半部分由规则1、3、5、…、21、23、25组成，后半部分由规则2、4、6、…、20、22、24组成。构建并集BRB时只用到其中半部分。本步骤中将完整的数据集划分为前半部分和后半部分是为了说明构件完整的并集BRB并不需要完全的交集规则(或交集BRB)。

步骤3.2：确定相关联的交集规则。例如，对于包装的参考值为−2.910，质量的参考值为−2.587的并集规则，根据5.2.1小节中提出的方法，与之关联的交集规则有表5.7中的规则1、3、5、11和21。

步骤3.3：计算关联交集规则权重。由式(5.13)可得，交集规则1、3、5、11和21的权重为2/6、1/6、1/6、1/6和1/6，考虑到表5.7中的原始权重，其集成权重分别为0.0072、0.3623、0.3261、0.0000和0.3043。

步骤 4：用 ER 算法计算结论的置信度。

根据 1.3.1 小节中的 ER 算法，得到该规则的结论置信度分别为

$$\{0.2306,0.1307,0.3123,0.2569,0.0695\}$$

其余规则按同样步骤计算。

步骤 5：计算并集规则权重。

步骤 5.1：确定与并集规则相关联的交集规则数。对每条并集规则，都有 5 条交集规则与之关联。

步骤 5.2：分别求与 5 条并集规则关联的交集规则的原始权重。

$$\{2.27,3,2.25,2.96,4.46\}$$

步骤 5.3：归一化权重为并集规则权重，分别为

$$\{0.1783,0.1946,0.1459,0.1920,0.2892\}$$

按步骤推进，交集规则的两部分(前半部分和后半部分)和等概率方法得到的并集规则，见表 5.8 和表 5.9。

表 5.8　前半部分交集规则和等概率方法得到的并集规则

规则	权重		输入		输出				
	初始	优化后	包装	质量	D_1	D_2	D_3	D_4	D_5
1	1	0.1783	−2.910	−2.587	0.2306	0.1307	0.3123	0.2569	0.0695
2	1	0.1946	−0.621	−0.700	0.0194	0.0035	0.1185	0.2071	0.6515
3	1	0.1459	0.063	0.177	0.1769	0.0661	0.0381	0.2306	0.4883
4	1	0.1920	0.510	0.817	0.0451	0.0184	0.0071	0.2989	0.6305
5	1	0.2892	2.696	1.913	0.1655	0.0638	0.0053	0.2034	0.5619

表 5.9　后半部分交集规则和等概率方法得到的并集规则

规则	权重		输入		输出				
	初始	优化后	包装	质量	D_1	D_2	D_3	D_4	D_5
1	1	0.1266	−2.910	−2.587	0.0504	0.1301	0.0187	0.1264	0.6744
2	1	0.2346	−0.621	−0.700	0.0572	0.0870	0.0576	0.2886	0.5096
3	1	0.1827	0.063	0.177	0.0015	0.0200	0.0513	0.4286	0.4986
4	1	0.2654	0.510	0.817	0.0522	0.0259	0.0031	0.2516	0.6672
5	1	0.1907	2.696	1.913	0.1092	0.0364	0.0105	0.2243	0.6196

5.4.3　基于自组织映射方法构建并集置信规则库

除了计算各交集规则的权重方法不同，使用自组织映射方法构建并集 BRB 的过程与等概率方法一致。因此本小节只说明不一样的部分。

步骤 3：生成关联交集规则的权重(以前半部分的交集规则构建并集 BRB 为例)。

步骤 3.1：对于包装的参考值为–2.910，质量的参考值为–2.587 的并集规则，与之关联的交集规则有表 5.7 中的规则 1、3、5、11 和 21。

步骤 3.2：由式(5.14)可得，交集规则 1、3、5、11 和 21 与并集规则 1 的距离分别为 0,2.764,4.518,2.973 以及 5.606。

步骤 3.3：最大的距离为 5.606，由式(5.15)求出各个交集规则的权重为

$$\{0.4607,0.2335,0.0894,0.2164,0\}$$

步骤 4：采用 ER 算法计算结论的置信度。

用式(5.7)和式(5.8)得到该规则的结论置信度，分别为

$$\{0.0389,0.0948,0.7030,0.1078,0.0255\}$$

按步骤推进，交集规则的两部分和自组织映射方法得到的并集规则，见表 5.10 和表 5.11。需要注意的是，表 5.10 和表 5.11 中的规则权重与表 5.8 和表 5.9 中的规则权重是一致的，这是由于本节与 5.4.2 节中的规则权重计算步骤是一致的。

表 5.10　前半部分交集规则和自组织映射方法得到的并集规则

规则	权重		输入		输出				
	初始	优化后	包装	质量	D_1	D_2	D_3	D_4	D_5
1	1	0.1783	–2.910	–2.587	0.0689	0.0948	0.7030	0.1078	0.0255
2	1	0.1946	–0.621	–0.700	0.0036	0.0000	0.1958	0.0501	0.7505
3	1	0.1459	0.063	0.177	0.1148	0.0463	0.0621	0.2247	0.5521
4	1	0.1920	0.510	0.817	0.0441	0.0257	0.0011	0.1288	0.8003
5	1	0.2892	2.696	1.913	0.1489	0.0536	0.0000	0.1113	0.6862

表 5.11　后半部分交集规则和自组织映射方法得到的并集规则

规则	权重		输入		输出				
	初始	优化后	包装	质量	D_1	D_2	D_3	D_4	D_5
1	1	0.1266	–2.910	–2.587	0.0869	0.3220	0.0476	0.1051	0.4384
2	1	0.2346	–0.621	–0.700	0.0248	0.0527	0.0902	0.2854	0.5469
3	1	0.1827	0.063	0.177	0.0000	0.0377	0.0367	0.4073	0.5184
4	1	0.2654	0.510	0.817	0.0403	0.0315	0.0054	0.3521	0.5707
5	1	0.1907	2.696	1.913	0.1830	0.0510	0.0000	0.0973	0.6688

5.4.4　结果对比与讨论

表 5.12 给出了本节方法得到的结果，其中“等–1”表示用等概率和第一部分的交集规则(“第一部分交集规则”指的是规则 1、3、5、…、25)；“SOM-2”表示用自组织映射和第二部分的交集规则(“第二部分交集规则”指的是规则 2、4、6、…、24)。表 5.12 中还给出了采用交集 BRB 所得到的结果。对比等概率和 SOM

方法的结果，等概率方法表现出更好的性能，而 SOM 方法则更为稳定，抽样对结果的影响较小。表 5.13 给出了交集 BRB、多元线性回归(multiple linear regression，MLR)和人工神经网络(artificial neural network，ANN)的综合比较[9]。

表 5.12 10 个测试案例得到的结果

案例	真实结果	交集 BRB	并集(不考虑权重)				并集(考虑权重)			
			概率-1	概率-2	SOM-1	SOM-2	概率-1	概率-2	SOM-1	SOM-2
1	7.9	8.39	9.11	9.19	9.32	9.30	9.16	9.14	9.34	9.28
2	8.8	8.24	9.44	9.22	9.58	9.29	9.28	9.16	9.44	9.28
3	8.5	8.82	8.37	9.36	8.77	9.36	7.62	7.63	7.63	7.63
4	8.6	8.56	9.44	9.21	9.58	9.28	8.90	9.15	9.14	9.06
5	8	7.45	8.74	9.30	8.93	8.99	8.23	9.09	8.36	8.91
6	8.3	8.16	8.92	9.20	9.18	9.12	8.87	9.26	9.12	9.11
7	7.1	7.99	9.20	9.22	9.36	9.17	8.83	9.19	9.08	9.04
8	9.5	8.89	9.29	9.35	9.48	9.25	8.76	9.22	9.02	9.00
9	8.9	8.67	9.31	9.37	9.50	9.31	8.85	9.28	9.12	9.12
10	9.5	8.51	9.25	9.35	9.45	9.26	9.25	9.36	9.45	9.29
MAPE		0.0573	0.0896	0.1037	0.1030	0.1024	0.0803	0.0998	0.0925	0.0969

表 5.13 结果比较

项目	交集 BRB	并集 BRB	MLR	ANN
精度(1-MAE)	0.9427	0.9197	0.8776	0.9323
MAE/%	5.73	8.03	12.24	6.77
方差	0.007012	0.005283	0.003074	0.006729
输入信息/%	100	52	100	100

基于表 5.13，当只有 52%的原始信息的建模精度与最优结果(交集 BRB)相当接近，略低于 ANN，并且优于 MLR。另一个指标是 10 个测试案例输出的方差，并集 BRB 与交集 BRB 和 ANN 相比，具有较优的结果，相对较小的均方差验证了它的高稳定性，这是由于每一个并集规则都是若干个原始交集规则的集成，这些规则的趋向更全面。

分析该案例可得到以下结论。

(1)使用有限的交集规则(不足以构造一个完整的交集 BRB)可以构造完整的并集 BRB。

(2)所构建的并集 BRB 可以产生与交集 BRB 接近的结果。

(3)考虑到一些构建成本高的规则几乎不被使用，但对于一个完整的交集 BRB 来说是必不可少的，这一新的方法从工程应用的角度来看是有更强的实际意义的。

(4) 对交集BRB和并集BRB的传统训练和学习方法(见本书第三部分)也适用于新的并集 BRB 建模方法，可以进一步提高建模精度。

5.5 结　论

本章提出了基于有限交集规则的并集置信规则库建模方法，有效结合了交集 BRB 与并集 BRB 的优点。该方法的核心是基于等概率和自组织映射两种方法量化并集规则与交集规则的关联性，首先初始化交集规则；然后定量计算两类规则的关联性；最后依据相关性构建出完整的并集 BRB。本章所提出的方法可以有效地降低置信规则库的复杂度，避免了组合爆炸问题。利用消费者偏好预测的案例对方法进行了验证，实验结果表明：从有限的交集规则中派生出来的并集 BRB 仍然是完整的，同时，本章提出的方法具有较强的鲁棒性，无论采用等概率或 SOM 方法或其他采样技术，都可以得出具有一致性和稳定性的结果，这也得到了其他方法的验证。

参 考 文 献

[1] Chang L L, Zhou Y, Jiang J, et al. Structure learning for belief rule base expert system: A comparative study[J]. Knowledge-Based Systems, 2013, 39: 159-172.

[2] Chang L L, Zhou Z J, Chen Y W, et al. Belief rule base structure and parameter joint optimization under disjunctive assumption for nonlinear complex system modeling[J]. IEEE Transactions on Systems, Man and Cybernetics: Systems, 2018, 48(9): 1542-1554.

[3] Chang L L, Zhou Z J, Liao H C, et al. Generic disjunctive belief rule base modeling, inferencing, and optimization[J]. IEEE Transactions on Fuzzy Systems, 2019, 27(9): 1866-1880.

[4] Chang L L, Zhou Z J, You Y, et al. Belief rule based expert system for classification problems with new rule activation and weight calculation procedures[J]. Information Sciences, 2016, 336: 75-91.

[5] Moore R J. The probability-distributed principle and runoff production at point and basin scales[J]. Hydrological Sciences Journal, 1985, 30(2): 273-297.

[6] Kohonen T. Self-Organizing Maps[M]. 3rd ed. Berlin: Springer, 2006.

[7] Kohonen T, Kaski S, Lagus K, et al. Self organization of a massive document collection[J]. IEEE Transactions on Neural Networks and Learning Systems, 2000, 11(3): 574-585.

[8] Garcia-Laencina P J, Sancho-Gomez J, Figueiras-Vidal A R. Pattern classification with missing data: A review[J]. Neural Computing and Applications, 2010, 19: 263-282.

[9] Yang Y, Fu C, Chen Y W, et al. A belief rule based expert system for predicting consumer preference in new product development[J]. Knowledge-Based Systems, 2016, 94: 105-113.

第6章　基于自组织映射的并集置信规则库传播方法

前面章节介绍了并集置信规则库的定义、构建、推理等方法，在此基础上，本章将着重讨论置信规则库的传播机制。首先，分析并集假设下置信规则的传播机制，指出基于并集假设下的置信规则库处理不完备信息需要解决的关键问题是子置信规则库的集成问题；然后针对信息相对完善的局部置信规则库结构(称为不完全结构)构建子置信规则库模型，进而提出基于自组织映射的子置信规则库集成方法，通过计算子置信规则库相对权重，生成具有完全结构的完全置信规则库中置信规则；最后，以来袭目标威胁识别为例验证了所提出的基于自组织映射的并集置信规则库传播方法的有效性。

特别需要强调的是，本章主要针对数据(主要是模型的训练数据)存在缺失的情况；相对而言，第5章中主要针对的是模型的训练数据较少(不足以构建完备的交集置信规则库)，但并不存在缺失数据的情况。

6.1　基本概念

本章研究基于自组织映射的置信规则库传播方法，提出不完备信息条件下并集置信规则库的建模与推理方法，主要分为两个步骤：①基于相对完备的局部信息构建子置信规则库；②将子置信规则库综合集成得到完全置信规则库。这就首先要求定义两个核心概念：置信规则库完全结构和置信规则库不完全结构。假设要全面建模某个实际问题涉及M个前提属性，则置信规则库完全结构和置信规则库不完全结构定义如下。

定义6.1　置信规则库完全结构

如果置信规则库中包含$m=M$个前提属性，那么将该置信规则库结构称为完全结构。

定义6.2　置信规则库不完全结构

如果置信规则库中包含$m<M$个前提属性，那么将该置信规则库结构称为不完全结构。

需要注意的是，置信规则库完全结构与前面几章中讨论的完备结构存在本质区别。置信规则库完全结构是指该结构下的置信规则库涵盖全部相关的前提属性，对所包含的置信规则数量并无要求，即无论置信规则库是不是完备的，该置信规则库都是具有完全结构的(并不缺前提属性)；而置信规则库的完备性是指所构建的置信规则库涵盖了前提属性参考值的全部可能组合情况，即无论置信规则库的结构是不是完全的，该置信规则库都是完备的。

例 6.1　假设某评估框架中有 3 个前提属性(x_1、x_2 和 x_3)，每个前提属性都具有 3 个参考值。如果要构建完整的置信规则库 BRB_1，则应当包含所有 3 个前提属性，此时应包括 3^3=27 条规则，此时 BRB_1 既具备完全结构(包括 3 个前提属性)又是完备的(包括 27 条规则)。此时构建 BRB_2，其中仅包括 x_1 和 x_2，但包括完整的 3^2=9 条规则，此时 BRB_2 虽不具备完全结构(仅包括两个前提属性)，但是完备的(包括 9 条规则)。继续构建 BRB_3，包括 x_1、x_2 和 x_3，包括少于 27 条的规则，则 BRB_3 是具备完全结构的(包括 3 个前提属性)，但不是完备的(规则少于 27 条)。继续构建 BRB_4，其中仅包括 x_1 和 x_2，包括少于 9 条规则，此时 BRB_4 既不具备完全结构(仅包括两个前提属性)，也不是完备的(包括少于 9 条规则)。

根据第 3 章论述，在并集假设下的置信规则库中，可以通过将置信规则向前提属性投影的方式，获得相应交集假设下的置信规则所表达的信息。并集假设下的置信规则的这一特性，为基于置信规则库处理和表达不完备信息提供了可能。这也为本章提出置信规则库传播方法提供了启示。

置信规则库中的置信规则传播的主要思想是首先使用历史记录构造多个子置信规则库(不完全结构)；然后将多个子置信规则库集成到一个统一的完全置信规则库中(完全结构)，如图 6.1 的上半部分所示。图 6.1 的下半部分将其分成两部分来进一步说明该过程。首先，将一个子置信规则库中的不完全规则(由左下方小平行四边形中的空心圆表示)映射到完全结构的置信规则库中的多个规则(由中下部虚线平行四边形中的虚线空心圆表示)；然后将多个完全结构的规则整合到完全置信规则库的规则中(由右下大平行四边形中的实心圆圈表示)。

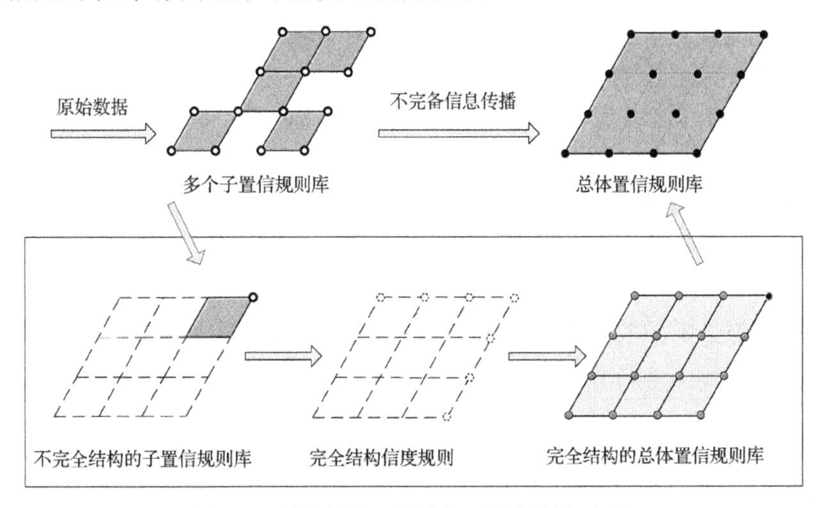

图 6.1　并集假设下置信规则库传播概念图

因为并集假设下的置信规则可以向各个前提属性方向投影，所以尽管某一个或一部分子置信规则库的投影无法涵盖全部前提属性，但是全部子置信规则库的投影能够获得全部前提属性信息，即获得具有完全结构的置信规则。需要注意的是，上述过程的前提是所能获得的不完备信息是部分缺失的，不存在某个前提属性的相关信息全部缺失的情况。在实际问题中，如果某个前提属性的相关信息全部缺失(无法获取或数据遗失)，那么在不影响推理评估的前提下可以忽略该前提属性。如果忽略信息缺失的前提属性无法开展评估或严重影响评估结果，那么需要重新收集信息或开展模拟实验。

实现图 6.1 所示的并集假设下置信规则的传播过程需要解决两个核心问题：①子置信规则库的权重计算问题；②基于子置信规则库中的多个不完全规则集成得到完全置信规则库中完全结构置信规则的问题。下面 6.2 节和 6.3 节分别给出这两个核心问题的求解步骤。

6.2　子置信规则库权重计算

在基于局部完备信息构建子置信规则库后，使用以下步骤计算各子置信规则库的权重。本流程的输入是优化后的子置信规则库，输出为子置信规则库的相对权重。

步骤 1：确定某个子置信规则库，记为 BRB_s，$s=1,2,\cdots,S$，S 表示所构建分子置信规则库的数量。

步骤 2：确定第 s 个子置信规则库 BRB_s 中置信规则的最大权重，记为 $w_{s,\max}$。

$$w_{s,\max} = \max_{k=1}^{K_s}(w_{s,k}^{\text{opt}}) \tag{6.1}$$

其中，$w_{s,k}^{\text{opt}}$ 表示优化后的第 s 个子置信规则库中第 k 条置信规则的权重，K_s 表示第 s 个子置信规则库置信规则数量。

步骤 3：将第 s 个子置信规则库 BRB_s 中置信规则权重归一化。

将第 s 个子置信规则库 BRB_s 的每条置信规则的权重除以置信规则最大权重(该子置信规则库的最大规则权重等于 1)来规范权重。

$$w_{s,k} = \frac{w_{s,k}}{w_{s,\max}} \tag{6.2}$$

步骤 4：确定第 s 个子置信规则库 BRB_s 的相对权重 w_s。

令每个子置信规则库的相对权重等于其所包含的置信规则的最大权重，即

$$w_s = w_{s,\max} = \max_{k=1}^{K_s}(w_{s,k}^{\text{opt}}) \tag{6.3}$$

步骤 5：如果 $s=S$，则停止，并且获得全部子置信规则库的相对权重矩阵$[w_s]$，$s=1,2,\cdots,S$；否则，$s=s+1$ 并转到步骤 2。

6.3　基于自组织映射的置信度计算

仍然采用第 5 章中使用的自组织映射方法：自组织映射最初用于将高维空间中的输入映射到较低维空间，目前较多见于神经网络模型中的竞争性学习机制中[1-4]。此外，自组织映射被证明是一种较为有效的缺失数据填补方法，并且自组织映射在填补缺失信息或修正错误信息时需要信息较少[5-9]。本节主要应用其将多维信息映射到统一维度上的思想，将多个子置信规则库综合集成，得到具有完全结构的完全置信规则库，如图 6.2 所示。

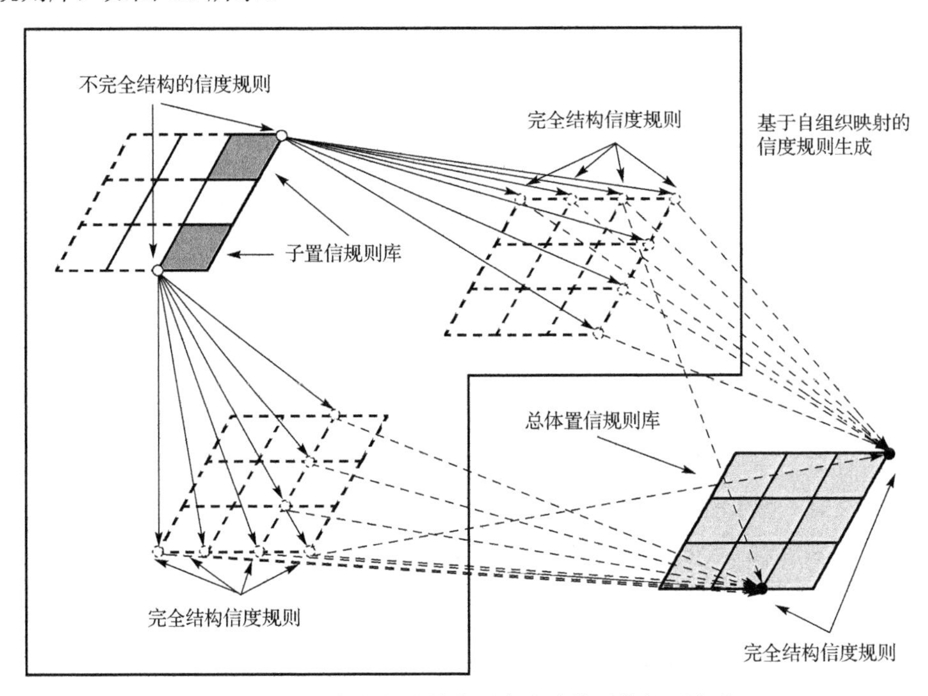

图 6.2　基于自组织映射的不完全结构置信规则集成

基于自组织映射的不完全结构置信规则集成核心内容是将多个子置信规则库中的不完全结构规则映射到完全置信规则库中的完全结构规则，如图 6.2 虚线框内的实线所示。具体而言，可以通过量化每个前提属性的参考值之间的子相似度，将子置信规则库中的每个不完全结构规则映射到完全结构规则，进而整合多个子相似度得出综合相似度，用以表示不完全结构规则与相应完全结构规则之间的相关性。显然，如果一个不完全结构规则和一个完全结构规则不存在任何共有前提属性，那么它们之间的相关性为 0。此外，一个不完全结构规则将与多个完全结构规则相关联，并进一步整合到完全置信规则库的规则中。基于自组织映射的置信规则生成步骤如下所示。

步骤 1：确定具有 M 个前提属性的完全置信规则库中规则的数量 K 以及具有 M_s 个前提属性的子置信规则库中规则的数量 K_s，$1 \leqslant M_s \leqslant M$。

步骤 2：对于全部 K 条规则中的第 k 条规则，确定全部 S 个子置信规则库中的与其相关规则。

步骤 2.1：对于第 s 个子置信规则库，确定第 i 个前提属性的相关规则。

步骤 2.2：对于第 s 个子置信规则库，计算该子置信规则库中第 k_s 条规则的第 i 个前提属性的参考值与完全置信规则库中第 k 条规则的第 i 个前提属性的参考值之间的匹配度，匹配度的计算方法见本书 3.3.2 节。

步骤 2.3：对于第 s 个子置信规则库，将子置信规则库中与第 i 个前提属性的相关规则的参考值与完全置信规则库中第 k 条规则的第 i 个前提属性的参考值之间的匹配度进行整合，即

$$\alpha_{k,s} = \sum_{i=1}^{M} \varphi_{k_s,s}(I_i^k, A_i^k) \tag{6.4}$$

步骤 2.4：对于第 s 个子置信规则库，通过归一化的综合匹配度计算子置信规则库中相关规则的激活权重，即

$$w_{k,s} = \frac{\theta_{k,s}\alpha_{k,s}}{\sum_{k=1}^{K}\theta_{k,s}\alpha_{k,s}} \tag{6.5}$$

其中，$\theta_{k,s}$ 表示在第 s 个子置信规则库中第 k_s 条规则对完全置信规则库中第 k 条规则的初始权重。

步骤 2.5：运用 ER 算法进行聚合。

在激活若干置信规则后，使用 ER 算法(见本书 1.3.3 小节)将激活的规则 $K_s^{\text{act}}(K_s^{\text{act}} \leqslant K_s)$ 进行集成。

步骤 3：如果 $s=S$，则获得第 s 个子置信规则库中置信规则的综合匹配度，并转到步骤 4；否则，$s=s+1$ 并转到步骤 2。

步骤 4：如果 $k=K$，完全置信规则库输出；否则，$k=k+1$ 并转到步骤 2。

6.4 置信传播方法

根据 6.2 节论述，将子置信规则库构建、优化过程同子置信规则库权重计算和集成过程相结合，构成不完备信息条件下的并集置信规则库建模与推理方法，如图 6.3 所示。不完备信息条件下的并集置信规则库建模与推理包含 6 个步骤，具体如下。

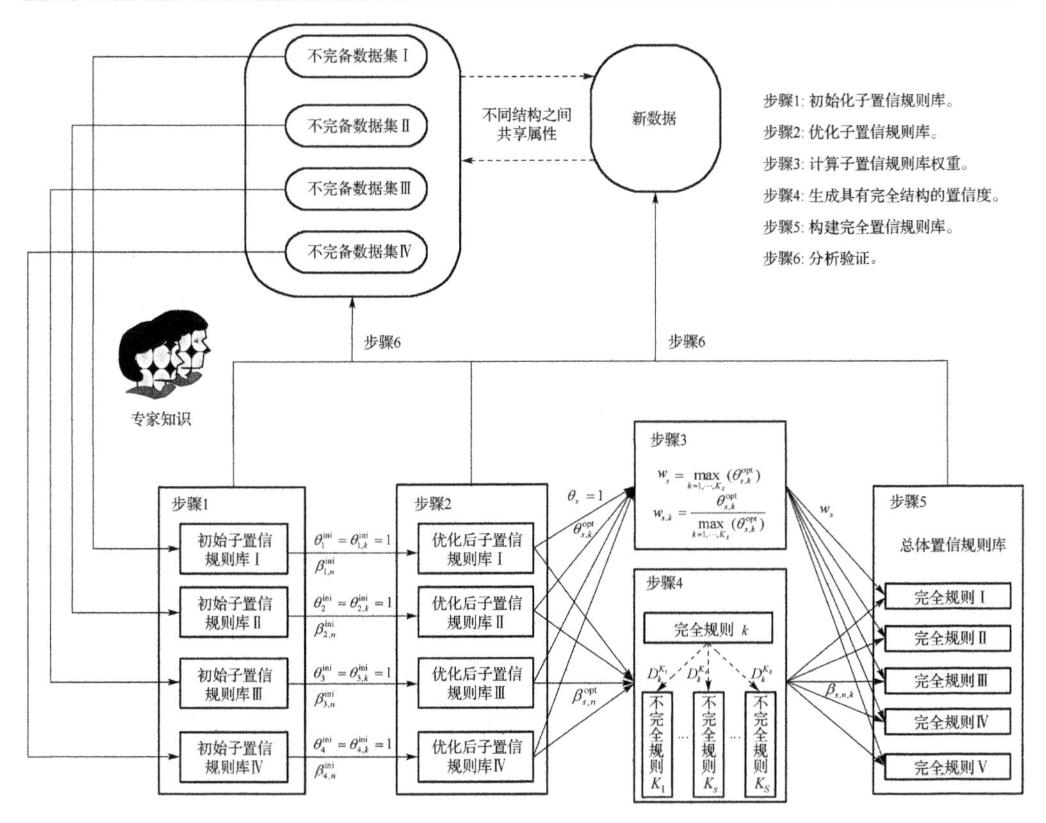

图 6.3　不完备信息条件下的置信传播方法

步骤 1：初始化子置信规则库。

针对信息相对完备的局部，构建多个子置信规则库。初始子置信规则库通常是依据专家知识和经验构建的。设共有 S 个子置信规则库，每个子置信规则库由 K_s 条置信规则组成。各子置信规则库的初始权重为 1，即 $\theta_s^{\text{ini}}=1$，s=1,2,…,S；每个子置信规则库中置信规则的初始权重也设为 1，即 $\theta_{s,k_s}^{\text{ini}}=1$，$s$=1,2,…,$S$，$k_s=1,2,\cdots,K_S$。

步骤 2：优化子置信规则库。

在置信规则库建模与推理过程中，置信规则库参数学习过程可以用来优化各子置信规则库参数设置，详细内容请参见第 7 章。需要注意的是，在不完备信息条件下的并集置信规则库建模与推理中，子置信规则库的优化过程仅涉及置信规则库参数学习过程，即全部 S 个优化的子置信规则库中置信规则数量不变。优化后子置信规则库中规则权重记为 $\theta_{s,k}^{\text{opt}}(\theta_{s,k}^{\text{opt}}\in(0,1])$，置信规则结论等级置信度记为 $\beta_{s,n}^{\text{opt}}(\beta_{s,n}^{\text{opt}}\in[0,1])$，且有 $\sum_{n=1}^{N}\beta_{s,n}^{\text{opt}}\leqslant 1$。

步骤 3：计算子置信规则库的权重。

根据 6.2 节步骤，得到 S 个子置信规则库权重矩阵$[w_s]$，s=1,2,…,S。

步骤 4：生成具有完全结构的置信度。

基于自组织映射的过程生成完全置信规则库中具有完全结构的规则结论等级置信度，如 6.3 节，得到 $S \times N \times K$ 的置信度矩阵 $[\beta_{s,n,k}]$ (s=1,2,⋯,S; n=1,2,⋯,N; k=1,2,⋯,K)。其中，S 为子置信规则库个数，N 为置信规则中结论等级个数，K 为完全置信规则库中置信规则个数。

步骤 5：构建完全置信规则库。

利用步骤 3 中子置信规则库的权重 $[w_s]$ 和步骤 4 所得的置信度矩阵 $[\beta_{s,n,k}]$ 计算得到完全置信规则库中具有完全结构的置信规则。需要注意的是，此处计算完全置信规则库中具有完全结构的置信规则的过程可以根据多种方法进行计算，本章为了保持一致性，仍然采用 ER 算法(见本书 1.3.3 节)。

步骤 6：分析验证。

利用测试数据集验证步骤 5 所得的完全置信规则库。由于完全置信规则库不是从训练数据集直接构建的，故训练数据集也可用于验证。因此，验证数据集可以同时包含训练数据集和测试数据集，这对于信息不足的问题具有特别重要的实际意义。同时需要注意的是，由于完全置信规则库中的 K 条置信规则结论等级置信度是单独计算的，因此 ER 算法中式(1.10c)中的 μ 对于完全置信规则库中每条规则都是不同的。整个生成过程中，仅有置信规则库中结论的等级数量 N 是一致的。即对于初始子置信规则库，优化的子置信规则库和完全置信规则库，结论中的等级数是相同的。这也是并集假设下置信规则库传播方法的基础。

6.5 示例分析

本章提出了基于自组织映射的并集置信规则库传播方法，该方法支持根据局部信息构建不完全结构的子置信规则库，进而聚合形成完全结构的完全置信规则库。因此，该方法可以有效解决一部分信息不完备的复杂系统建模与推理评估问题。本节以来袭目标威胁评估为例，尤其是针对所提出方法能够处理不完备信息的特点开展应用研究，验证所提出方法的有效性。

6.5.1 问题背景

具有高价值的战略设施对国家安全和社会稳定至关重要，当有可疑来袭目标时，针对目标威胁等级的评估和判断将直接作为后续战术动作的依据。但是，由于真实袭击威胁发生次数较少，并且由于技术、观念等历史原因，来袭目标数据记录不完备。于是，面向不完备信息的来袭目标威胁等级评估成为需要解决的关键技术问题。

本节讨论的示例分析问题背景如下。

假设在 t 时间 20°～220° 空域范围内检测到多个可疑物体，对于来袭可疑物体，共有7个因素需要考虑，见表6.1。在7个因素中，电磁干扰度和来袭目标的意图由专家评定，其余5个均可以由相应传感器捕获。且7个因素中，只有来袭目标的意图是定性变量，其余6个因素是定量的。为了表示方便，以上7个因素在下面以Dis、Vh、Ap、An、EID、RCS和I表示。基于上述7个因素，该来袭目标威胁等级分为高(High，H)、中(Medium，M)、低(Low，L)三个。

表6.1　安全等级评估影响因素

序号	名称	单位	简写	含义
1	距离	km	Dis	可疑物体与战略设施之间的距离
2	水平速度	m/s	Vh	可疑物体水平方向的速度。水平速度以及距离和高度可以帮助计算碰撞时间
3	角度	°	Ap	从战略设施到空中可疑物体的角度
4	导航角度	°	An	可疑物体的导航方向。北方向为0°，顺时针方向一周为360°
5	电磁干扰度	—	EID	由专家根据可疑物体的多重信息综合确定的电磁干扰程度
6	雷达横截面积	m^2	RCS	雷达屏幕上所能捕获的可疑物体的大小
7	来袭目标的意图	—	I	描述嫌疑对象可能的意图的另一个主观因素，包括攻击(A)、掩护(Cover，C)和监视(S)

将已知14组带有不同确实信息的历史记录作为训练集数据，如表6.2所示。其中，对于数据1～3，属性RCS和I缺失。对于数据4～6，EID和I缺失。对于数据7～10，属性Vh缺失。对于数据11～14，属性EID缺失。表6.2中最后一列表示专家评估的威胁级别(标记数据)。因此，共需建立4个子置信规则库。

表6.2　带有不完备信息的威胁评估案例训练集数据

数据集	序号	属性							威胁等级
		Dis	Vh	Ap	An	EID	RCS	I	
Ⅰ	1	810	281	250	202	6			中
	2	2300	210	300	310	4			中
	3	6340	101	245	201	6.5			低
Ⅱ	4	830	282	255	200		4.7		中
	5	4020	120	280	52		1.7		高
	6	2250	150	300	155		3.3		中
Ⅲ	7	4000		300	250	3.4	2.1	A	中
	8	5120		210	65	3.6	3.7	A	中
	9	6330		250	140	8	6.6	A	低
	10	4800		220	18	9.6	5.7	S	高
Ⅳ	11	2325	215	320	324		3.2	S	中
	12	6480	295	292	245		6.9	S	低
	13	2450	210	230	210		1.2	C	高
	14	2900	290	272	350		5.2	S	中

随着越来越多的监视设备的部署，对于新发现的来袭目标已经可以记录其完整的属性信息。现采集 12 组没有缺失信息的新纪录，作为示例的测试数据集，如表 6.3 所示。

表 6.3 威胁评估案例测试集数据

序号	属性							威胁等级
	Dis	Vh	Ap	An	EID	RCS	*I*	
1	2007.25	219.75	183.33	60.39	7	3.5	A	中
2	2852.25	217.84	279.59	12.57	9.2	5.7	C	中
3	3604.3	232.02	137.71	9.73	4.6	1.9	C	高
4	2043.23	225.66	198.93	308.14	5.2	4.3	S	中
5	6342.34	255.95	296.12	269.65	6.2	5.5	A	中
6	2035.44	177.33	271.52	228.91	5.5	2.7	C	中
7	6367.61	102.42	308.93	143.86	2.6	5.5	S	低
8	5883.73	206.56	296.48	230.39	9.4	6.2	C	低
9	4731.12	238.67	178.19	99.19	6	1.7	C	中
10	4949.44	212.79	302.98	200.23	5.4	4.1	C	中
11	856.46	234.56	199.08	229.88	4.8	3.6	A	中
12	77.63	153.63	129.42	84.72	3.2	2.6	C	高

6.5.2 初始子置信规则库

根据不同的情况，对表 6.2 中具有不同数据结构的数据集Ⅰ～Ⅳ分别建立子置信规则库Ⅰ～Ⅳ。如表 6.4～表 6.7 所示。子置信规则库Ⅰ～Ⅳ都假定有 3 条规则，其中第一条和最后一条规则具有所有属性的最低和最高参考值。相关结论等级置信度由专家根据自身经验给定。

表 6.4 初始子置信规则库 I

序号	权重	属性					威胁等级		
		Dis	Vh	Ap	An	EID	低	中	高
1	1	50	100	5	5	1	0.65	0.25	0.10
2	1	5500	250	10	200	2	0.45	0.35	0.20
3	1	6500	300	350	350	10	0.05	0.25	0.70

以子置信规则库Ⅰ为例，其中第 2 条规则给出的理由如下：①如果来袭目标的距离很远，或者②如果位置角度为低，或者③如果导航角度较低，则来袭目标构成的威胁具有接近的置信度(0.45 和 0.35)为低和中。所有规则的初始权重均假定为 1。表 6.4 给出了初始置信规则库Ⅰ。

$R_{1\text{-}2}$: if　(Dis is 5500) ∨ (Vh is 250) ∨ (Ap is 10) ∨ (An is 200) ∨ (EID is 2)

　then {(Low, 0.45), (Medium, 0.35), (High, 0.2)}　with $\theta_{1,2}=1$

对于子置信规则库Ⅱ，第 2 条规则给出的理由如下：①如果来袭目标的距离较远，或者②如果位置角度为中，或者③如果导航角度为高，那么由来袭目标构成的威胁相对高的置信度(0.50)为中，而次要置信度(0.35)为低。所有规则的初始权重假定为 1。表 6.5 给出了初始子置信规则库Ⅱ。

$R_{2\text{-}2}$: if　(Dis is 5400) ∨ (Vh is 250) ∨ (Ap is 150) ∨ (An is 300) ∨ (RCS is 5)

　then {(Low, 0.35), (Medium, 0.50), (High, 0.15)}　with $\theta_{2,2}=1$

表 6.5　初始子置信规则库Ⅱ

序号	权重	前提属性					威胁等级		
		Dis	Vh	Ap	An	RCS	低	中	高
1	1	50	100	5	5	1	0.45	0.25	0.30
2	1	5400	250	150	300	5	0.35	0.50	0.15
3	1	6500	300	350	350	7	0.15	0.25	0.60

对于子置信规则库Ⅲ，第 2 条规则给出的理由如下：①如果来袭目标的距离相对接近，或②如果位置角度为高，或者③如果电磁干扰程度较低，或者④如果来袭目标的意图被认为是掩护，那么来袭目标构成的威胁相对中等的置信度为 0.65。初始权重设为 1。表 6.6 给出了初始置信规则库Ⅲ。

$R_{3\text{-}2}$: if　(Dis is 2200) ∨ (Ap is 300) ∨ (An is 120) ∨ (EID is 2) ∨ (RCS is 2) ∨ (I is cover)

　then {(Low, 0.30), (Medium, 0.65), (High, 0.05)}　with $\theta_{3,2}=1$

表 6.6　初始子置信规则库Ⅲ

序号	权重	属性						威胁等级		
		Dis	Ap	An	EID	RCS	I	低	中	高
1	1	50	5	5	1	1	S	0.65	0.30	0.05
2	1	2200	300	120	2	2	C	0.30	0.65	0.05
3	1	6500	350	350	10	7	A	0.15	0.20	0.65

对于子置信规则库Ⅳ，第 2 条规则给出的理由如下：①如果来袭目标的距离很远，或者②如果位置角度为低，或者③如果雷达反射面积较小，或者④认为来袭目标的意图为掩护，那么来袭目标构成的威胁为低和中的置信度比较接近，分别为(0.35 和 0.45)。所有规则的初始权重假定为 1。表 6.7 显示了初始置信规则库Ⅳ。

$R_{4\text{-}2}$: if (Dis is 6000) ∨ (Vh is 290) ∨ (Ap is 70) ∨ (An is 235) ∨ (RCS is 2) ∨ (I is cover)

then {(Low,0.30),(Medium,0.45),(High,0.20)} with $\theta_{4,2}=1$

表 6.7 初始子置信规则库Ⅳ

序号	权重	属性						威胁等级		
		Dis	Vh	Ap	An	RCS	I	低	中	高
1	1	50	100	5	5	1	S	0.55	0.35	0.10
2	1	6000	290	70	235	2	C	0.35	0.45	0.20
3	1	6500	300	350	350	7	A	0.20	0.40	0.40

6.5.3 优化子置信规则库与权重计算

对表 6.4～表 6.7 中的初始子置信规则库进行优化，优化后的子置信规则库分别在表 6.8～表 6.11 中给出。注意：优化后的子置信规则库与初始子置信规则库具有相同的置信规则库结构。

此外，根据 6.2 节中的权重计算流程，优化的子置信规则库Ⅰ～Ⅳ的权重分别计算为 0.7526、0.6647、0.5033 和 0.5550。

表 6.8 优化后的子置信规则库Ⅰ

序号	权重	属性					威胁等级		
		Dis	Vh	Ap	An	EID	低	中	高
1	0.5272	50.0000	100.0000	5.0000	5.0000	1.0000	0.1377	0.4760	0.3863
2	1.0000	5645.5071	231.4673	6.6219	197.2002	2.1193	0.4399	0.3689	0.1913
3	0.6316	6500.0000	300.0000	350.0000	350.0000	10.0000	0.0079	0.2643	0.7278

表 6.9 优化后的子置信规则库Ⅱ

序号	权重	属性					威胁等级		
		Dis	Vh	Ap	An	RCS	低	中	高
1	0.4740	50.0000	100.0000	5.0000	5.0000	1.0000	0.4384	0.2479	0.3137
2	1.0000	5409.6254	251.0524	161.2956	276.5731	5.4399	0.3681	0.4781	0.1539
3	0.3566	6500.0000	300.0000	350.0000	350.0000	7.0000	0.1394	0.2406	0.6200

表 6.10 优化后的子置信规则库Ⅲ

序号	权重	属性						威胁等级		
		Dis	Ap	An	EID	RCS	I	低	中	高
1	1.0000	50.0000	5.0000	5.0000	1.0000	1.0000	S	0.6360	0.2878	0.0762
2	0.4840	2246.5889	293.5409	121.9345	2.0475	2.1563	((C,0.7206), (A,0.2795))	0.3252	0.6578	0.0170
3	0.5028	6500.0000	350.0000	350.0000	10.0000	7.0000	A	0.2522	0.0785	0.6694

表 6.11　优化后的子置信规则库Ⅳ

序号	权重	属性						威胁等级		
		Dis	Vh	Ap	An	RCS	*I*	低	中	高
1	0.7983	50.0000	100.0000	5.0000	5.0000	1.0000	S	0.5489	0.3339	0.1173
2	0.0036	6136.6903	290.5026	67.9651	235.0243	2.0382	((S,0.1879),(C,0.8121))	0.3422	0.4534	0.2044
3	1.0000	6500.0000	300.0000	350.0000	350.0000	7.0000	A	0.2200	0.3886	0.3914

6.5.4　置信传播与综合置信规则库

在优化子置信规则库和计算子置信规则库权重基础上，进一步将所有子置信规则库集成到完全置信规则库中。本研究中的完全置信规则库设有 5 条置信规则，每条置信规则中的前提属性参考值均服从均匀分布，如表 6.12 所示。

表 6.12　完全置信规则库的置信结构

序号	权重	属性						
		Dis	Vh	Ap	An	EID	RCS	*I*
1	1	50	100	5	5	1	1	S
2	1	1500	150	50	50	3	2	((S,50%),(C,50%))
3	1	3000	200	100	100	5	4	C
4	1	4500	250	200	200	7	6	((C,50%),(A,50%))
5	1	6500	300	350	350	10	7	A

引入基于自组织映射的置信规则生成方法，计算完全置信规则库中每条置信规则的结论等级置信度。以完全置信规则库中的规则 2 为例。将规则 2 的前提属性参考值(即 1500/150/50/50/3/2/{(S,50%),(C,50%)})代入优化后的子置信规则库Ⅰ(表 6.8)中，可得到子置信规则库Ⅰ对于完全置信规则库中的规则 2 的贡献是：{(低,0.3632)，(中,0.4012)，(高,0.2356)}。类似地，表 6.13 列出了子置信规则库Ⅱ～Ⅳ对规则 2 的贡献。

表 6.13　完全置信规则库中第 2 条规则的置信度集成过程

完全置信规则库中规则	子置信规则库	威胁等级		
		低	中	高
规则 2	Ⅰ	0.3632	0.4012	0.2356
	Ⅱ	0.4246	0.3319	0.2435
	Ⅲ	0.5408	0.4046	0.0546
	Ⅳ	0.5488	0.3340	0.1172

根据 6.3 节给出的流程，将表 6.13 中的置信度聚合，得到完全置信规则库第 2

条置信规则的结论部分为{(低,0.5193),(中,0.3622),(高,0.1185)}。因此，置信规则 2 如下：

$$
\begin{aligned}
R_2: \text{if} \quad & (\text{Dis is } 1500) \vee (\text{Vh is } 150) \vee (\text{Ap is } 50) \vee (\text{An is } 50) \vee \\
& (\text{EID is } 3) \vee (\text{RCS is } 2) \vee (I \text{ is } ((\text{S},50\%),(\text{C},50\%))) \\
\text{then} \quad & \{(\text{Low},0.5193),(\text{Medium},0.3622),(\text{High},0.1185)\} \quad \text{with } \theta_2 = 1
\end{aligned}
$$

完全置信规则库的其他四条规则也使用相同的流程聚合得到。表 6.14 列出了各子置信规则库对完全置信规则库中其他四条规则中置信度的贡献。

表 6.14　完全置信规则库中的置信规则

完全置信规则库中规则	子置信规则库		威胁等级		
	序号	权重	低	中	高
规则 1	Ⅰ	0.7526	0.1377	0.4760	0.3863
	Ⅱ	0.6647	0.4384	0.2479	0.3137
	Ⅲ	0.5033	0.6360	0.2878	0.0762
	Ⅳ	0.5550	0.5489	0.3339	0.1173
规则 3	Ⅰ	0.7526	0.3891	0.3814	0.2295
	Ⅱ	0.6647	0.3870	0.4432	0.1697
	Ⅲ	0.5033	0.4130	0.5091	0.0779
	Ⅳ	0.5550	0.4684	0.3564	0.1752
规则 4	Ⅰ	0.7526	0.3806	0.3654	0.2540
	Ⅱ	0.6647	0.3673	0.4733	0.1595
	Ⅲ	0.5033	0.3378	0.3917	0.2705
	Ⅳ	0.5550	0.2550	0.3888	0.3563
规则 5	Ⅰ	0.7526	0.5489	0.3339	0.1173
	Ⅱ	0.6647	0.1394	0.2406	0.6200
	Ⅲ	0.5033	0.2522	0.0785	0.6694
	Ⅳ	0.5550	0.2200	0.3886	0.3914

重复根据 6.3 节给出的流程，针对完全置信规则库中的每条置信规则集成全部子置信规则库，得到完整的威胁等级评估完全置信规则库，如表 6.15 所示。

表 6.15　威胁等级评估示例完全置信规则库

序号	权重	属性							威胁等级		
		Dis	Vh	Ap	An	EID	RCS	I	低	中	高
1	1	50	100	5	5	1	1	S	0.4126	0.3692	0.2182
2	1	1500	150	50	50	3	2	((S,50%),(C,50%))	0.5193	0.3622	0.1185

续表

序号	权重	属性							威胁等级		
		Dis	Vh	Ap	An	EID	RCS	*I*	低	中	高
3	1	3000	200	100	100	5	4	C	0.4374	0.4496	0.1131
4	1	4500	250	200	200	7	6	((C,50%),(A,50%))	0.3417	0.4572	0.2011
5	1	6500	300	350	350	10	7	A	0.0513	0.1539	0.7948

6.5.5　结果对比

为了验证所提出方法的有效性，分别将初始和优化后的子置信规则库应用于来袭目标威胁评估示例的训练数据集和测试数据集。所得的评估错误数量见表 6.16，详细评估结果见附录 C 中表 C.1～表 C.8。

表 6.16　初始和优化后子置信规则库评估结果

	数据集	误差	子置信规则库Ⅰ	子置信规则库Ⅱ	子置信规则库Ⅲ	子置信规则库Ⅳ
初始子置信规则库	测试集	误判案例数量	8	4	4	3
		百分比/%	66.67	33.33	33.33	25.00
	训练集	误判案例数量	2	1	2	1
		百分比/%	66.67	33.33	50.00	25.00
	总体数据集	误判案例数量	10	5	6	4
		百分比/%	66.67	33.33	37.50	25.00
优化子置信规则库	测试集	误判案例数量	7	3	4	7
		百分比/%	58.33	25.00	33.33	58.33
	训练集	误判案例数量	0	0	0	0
		百分比/%	0	0	0	0
	总体数据集	误判案例数量	7	3	4	7
		百分比/%	46.67	20.00	25.00	43.75

实验结果表明，初始的子置信规则库评估结果同样具有较高的评估精度。例如，基于子置信规则库Ⅳ分类，训练数据集和测试数据集的误判案例数量分别是 1 个和 3 个。由于初始子置信规则库是完全依据专家知识构建的，该实验结果证明了不完备信息条件下的来袭目标威胁评估方法具有较好的效果。

相比之下，对于全部 4 个子置信规则库，优化后的子置信规则库对训练数据集的误判情况已经下降到 0。基于子置信规则库Ⅰ和Ⅱ的评估实验中，实验结果小幅提升(正确个数分别增加一组)。基于子置信规则库Ⅲ的评估实验中，评估结果保持不变。基于子置信规则库Ⅳ的评估实验中，由于出现了过拟合现象评估错误案例个数由 3 个增加到 7 个。

图 6.4 较为直观地展示了各子置信规则库针对测试集数据和训练集数据的评估结果对比。对比子置信规则库Ⅰ～Ⅲ可以明显地发现，无论是测试集数据还是训练集数据，优化后的子置信规则库(数据驱动)评估结果均优于初始子置信规则库(模型驱动)的评估结果。其中，各子置信规则库在优化后针对训练集数据的评估误差均为 0。这一结果印证了置信规则库优化过程可以有效提升评估精度的结论。

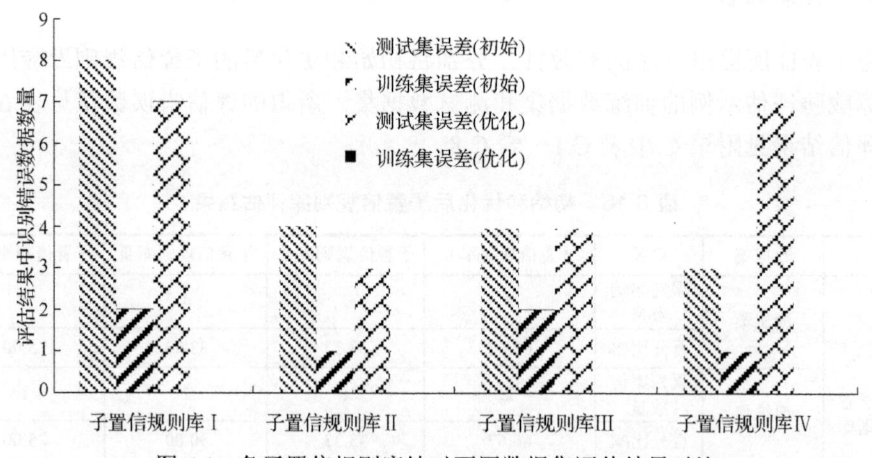

图 6.4　各子置信规则库针对不同数据集评估结果对比

表 6.17 列出了完全置信规则库对训练、测试、总数据集的比较结果。附录 C 中表 C.9 和表 C.10 为详细的评估结果。图 6.5 比较了来袭目标威胁评估示例中测试数据数量、总数据集数量和评估错误数/数据集。相比之下，完全置信规则库对于测试数据集和总数据集都具有最小的误差，特别是对于总体数据集(训练集+测试集)。再次验证了置信规则库传播的效率，即完全置信规则库优于子置信规则库。同时也说明了本节提出的方法在有效整合专家经验和客观数据基础上，能够有效提升评估精度。

表 6.17　完全置信规则库评估结果

数据集	测试集		训练集		总体	
误差	数量	评估错误数/数据集	数量	评估错误数/数据集	数量	评估错误数/数据集
	1	1/12	2	2/14	3	3/26

需要注意的是，用于验证完全置信规则库的数据同时包括测试数据集和训练数据集。因为完全置信规则库可以处理信息不完备的评估问题(训练集)，这一点对于数据量不充足的问题十分重要。

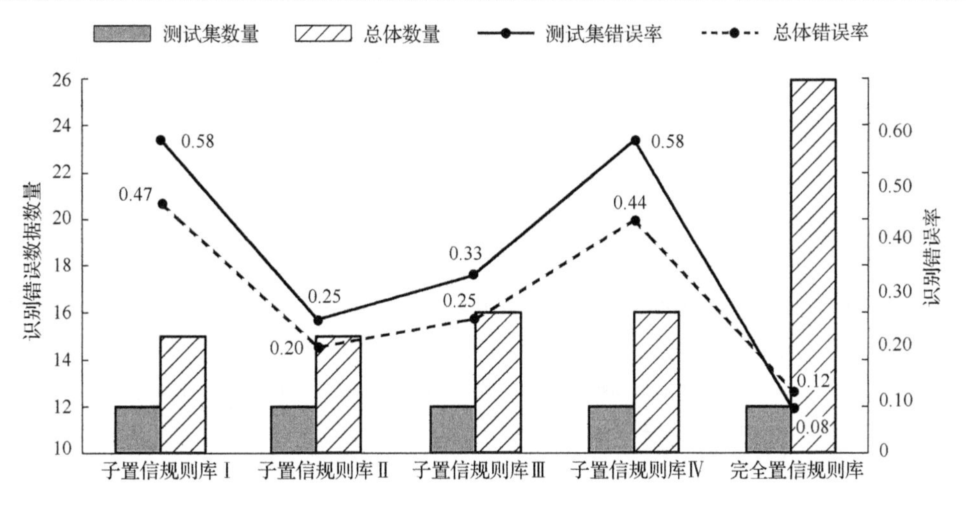

图 6.5　子置信规则库和完全置信规则库(f-BRB)针对不同数据集评估结果对比

6.6　结　　论

本章提出了一种新的用于处理不完备信息的置信规则库传播方法。首先，初始化多个子置信规则库，并根据相同的置信结构在信息完备的情况下进行优化；接着，基于自组织映射将多个子置信规则库的不完全结构置信规则与完全置信规则库中的完全结构规则相关联；然后，构建完全置信规则库，由于完全置信规则库处于完备的置信结构中，无论信息是否缺失，任何新信息都可以得到较好的处理；最后，采用某来袭目标威胁等级评估案例以验证所提出方法的可行性。本章所提出方法能够有效地处理输入信息具有不完备、少数据等特征的复杂系统建模问题。

参 考 文 献

[1] Fessant F, Midenet S. Self-organising map for data imputation and correction in surveys[J]. Neural Computing and Applications, 2002, 10(4): 300-310.

[2] Kohonen T. Self-Organizing Maps[M]. 3rd ed. Berlin: Springer, 2006.

[3] Kohonen T, Kaski S, Lagus K, et al. Self organization of a massive document collection[J]. IEEE Transactions on Neural Networks and Learning Systems, 2000, 11(3): 574-585.

[4] Samad T, Harp S A. Self-organization with partial data[J]. Network Computation in Neural Systems, 1992, 3(2): 205-212.

[5] Tong J, Hu J, Hu J. Computing equilibrium prices for a capital asset pricing model with

heterogeneous beliefs and margin-requirement constraints[J]. European Journal of Operational Research, 2017, 256 (1): 24-34.

[6] Vatanen T, Osmala M, Raiko T, et al. Self-organization and missing values in SOM and GTM[J]. Neurocomputing, 2015, 147: 60-70.

[7] Aven T. Risk assessment and risk management: Review of recent advances on their foundation[J]. European Journal of Operational Research, 2016, 253 (1): 1-13.

[8] Frikha A, Moalla H. Analytic hierarchy process for multi-sensor data fusion based on belief function theory[J]. European Journal of Operational Research, 2015, 241 (1): 133-147.

[9] Widberg J. Operational threat assessments for civil defense planning[J]. European Journal of Operational Research, 1989, 43 (3): 342-349.

并集置信规则库优化

第 7 章　基于演化算法的并集置信规则库参数优化

从本章开始将逐渐深入介绍并集置信规则库的优化。由于根据专家知识或部分数据建立的初始置信规则库往往存在模型结构不恰当或模型精度不高的问题，因此需要通过调整置信规则库的相关结构和参数设置来使其达到最优，进而增强置信规则库的实用性，这就是置信规则库的优化。显然，置信规则库的优化涉及结构优化和参数优化两项主要内容，本章主要涉及置信规则库的参数优化，在第 8 章和第 9 章中还会涉及置信规则库的结构优化。

7.1　置信规则库参数优化模型

置信规则库的参数优化目标通常为置信规则库估计输出与真实输出之间的误差，如均方误差。决策变量通常包括前提属性参考值、初始规则权重、初始属性权重、结论等级置信度等。置信规则库优化模型表示如下：

$$\min \quad \text{MSE}(A_m^k, \theta_k, \delta_m, \beta_{n,k}) \tag{7.1a}$$

$$\text{s.t.}\begin{cases} \text{lb}_m \leqslant A_m^k \leqslant \text{ub}_m & (7.1\text{b}) \\ A_m^p = \text{lb}_m; A_m^q = \text{ub}_m & (7.1\text{c}) \\ 0 < \theta_k \leqslant 1; 0 < \delta_m \leqslant 1 & (7.1\text{d}) \\ 0 \leqslant \beta_{n,k} \leqslant 1 & (7.1\text{e}) \\ \sum_{n=1}^{N} \beta_{n,k} \leqslant 1 & (7.1\text{f}) \end{cases}$$

其中，$k=1,\cdots,K; n=1,\cdots,N; m=1,\cdots,M; p \neq q \in [1,\cdots,K]$。式(7.1b)～(7.1f)说明了第 m 个前提属性参考值、置信规则初始权重、前提属性初始权重和结论中各等级置信度的取值范围。如果不存在不完备信息，则有 $\sum_{n=1}^{N} \beta_{n,k} = 1$。式(7.1c)表示所有规则中

必须包含第m个前提属性参考值取值的上界和下界，但并不强制要求在某条规则中。一般而言，在第一条规则中包含所有前提属性参考值的下界，而在最后一条规则中包含所有前提属性参考值的上界，即

$$A_m^1 = \mathrm{lb}_m ; A_m^K = \mathrm{ub}_m \tag{7.1g}$$

7.2 基于演化算法的置信规则库优化模型求解算法

演化算法(如遗传算法(GA)[1]、粒子群优化算法(particle swarm optimization algorithm，PSO)[2]、差分进化算法(differential evolution algorithm，DE)[3]等)可用于置信规则库优化问题，尤其是针对具有较多前提属性的实际问题演化算法具有较大优势。已有研究证明了差分进化算法在置信规则库优化问题中的优异性能，本章将以遗传算法、粒子群算法和差分进化算法为例，介绍基于演化算法的置信规则库优化技术。

基于差分进化的置信规则库优化算法设计包括步骤。

步骤 1：初始化。

根据初始群中每个个体的每一位所属变量类型结合变量约束式(7.1)进行初始化，将随机生成取值范围内的值作为初始值。

步骤 2：变量编码。

根据本问题决策变量取值类型特点，适合采用十进制实数编码所有变量，如图 7.1 所示。

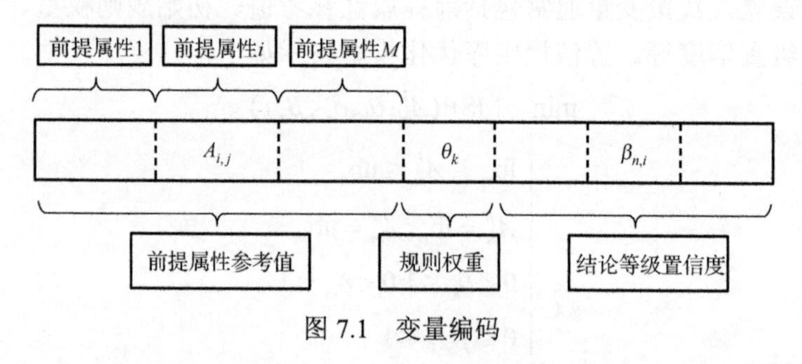

图 7.1 变量编码

由于差分进化算法中的变异操作本身是面向连续变量的实数操作，因此在本算法中仅需要采用目标函数评价个体。

步骤 3：构建评价函数。

评价函数是 7.1 节中优化模型的目标函数。

步骤 4：评估初始种群。

依次评估初始种群中的个体的目标值和约束违反情况。当满足约束时，违反约

束程度为 0。从不违反约束的所有个体中选择目标值最优的个体为当前的全局最优解。当所有个体违反约束时，以违反约束程度最小的个体为当前全局最优解。

步骤 5：优化操作。

本步骤中将分别针对遗传算法、粒子群算法和差分进化算法给出相关优化操作步骤。

(1) 遗传算法算子。

①变异操作。基本变异操作如图 7.2 所示，其中个体 X_1 的第 2 个和第 6 个基因发生了变异。在实际中，一般设变异率 F=0.2。

②交叉操作。基本交叉操作如图 7.3 所示，其中个体 X_1 和个体 X_2 从第 5 个基因至最后一位基因进行交叉。在实际中，一般设交叉率 CR=0.8。

图 7.2　遗传算法变异操作　　　　图 7.3　遗传算法交叉操作

(2) 粒子群算法算子。

在实际中，粒子的速度和位置的更新方式如式 (7.2) 所示：

$$
\begin{aligned}
&V^{k+1} = w \cdot V^k + C_1 \cdot \text{rand}(0,1) \cdot (p_{\text{best}}^k - X^k) + C_2 \cdot \text{rand}(0,1) \cdot (g_{\text{best}} - X^k) \\
&X^{k+1} = X^k + V^{k+1}
\end{aligned}
\tag{7.2}
$$

其中，g_{best} 表示全局最优个体；p_{best}^k 表示第 k 代的局部最优个体；V^k 表示第 k 代的粒子速度；C_1 和 C_2 表示加速系数，该系数在 (0,4] 间随机产生；rand (0,1) 产生 (0,1) 之间的随机数。

(3) 差分进化算法算子。

差分进化算法的优化算子也包括变异和交叉两个操作。针对变异操作，首先从当前个体中随机选择 3 个个体 X_{i_1}、X_{i_2} 和 X_{i_3}，设种群规模为 np，则需要以等概率连续选择 np 次。生成数量为 np 的随机整数序列，且需要保证该随机序列与当前种群序列不同；接着按照该序列排列当前种群中的个体，形成临时种群序列 $X_{r_1}^i$；然后把临时种群序列 $X_{r_1}^i$ 中的个体向左平移以形成第 2 个临时种群序列 $X_{r_2}^i$；以此类推，再形成第 3 个临时种群序列 $X_{r_3}^i$，如图 7.4 所示。

①变异操作。变异操作是差分进化算法的关键操作，目前存在多种操作方法，如式 (7.3) 和式 (7.4) 所示。

(a) DE/rand/1：

$$
U_i = X_{r_1}^i + F \times (X_{r_2}^i - X_{r_3}^i) \tag{7.3}
$$

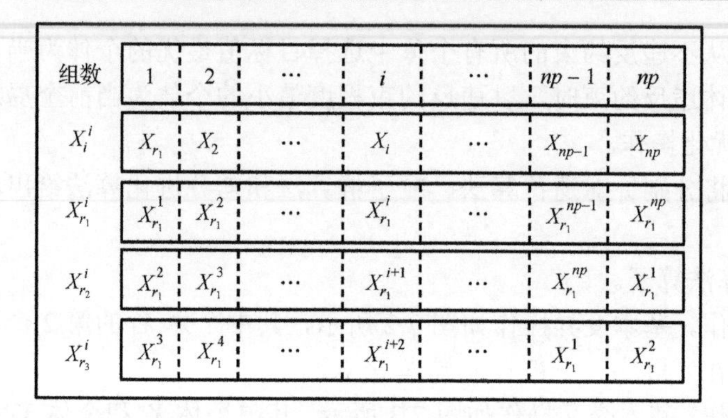

组数	1	2	…	i	…	$np-1$	np
X_i^i	X_{r_1}	X_2	…	X_i	…	X_{np-1}	X_{np}
$X_{r_1}^i$	$X_{r_1}^1$	$X_{r_1}^2$	…	$X_{r_1}^i$	…	$X_{r_1}^{np-1}$	$X_{r_1}^{np}$
$X_{r_2}^i$	$X_{r_1}^2$	$X_{r_1}^3$	…	$X_{r_1}^{i+1}$	…	$X_{r_1}^{np}$	$X_{r_1}^1$
$X_{r_3}^i$	$X_{r_1}^3$	$X_{r_1}^4$	…	$X_{r_1}^{i+2}$	…	$X_{r_1}^1$	$X_{r_1}^2$

图 7.4　临时种群序列关系

(b) DE/best/1：

$$U_i = X_{\text{best}} + F \times (X_{r_1}^i - X_{r_2}^i) \tag{7.4}$$

其中，F 是变异缩放因子，通常作为常量系数，$F \in (0,2]$，一般取 $F = 0.5$；X_{best} 是当前全局最优个体；X 和 U 分别为当前种群和新产生临时种群中的个体 i。

②交叉操作。以概率 cr 选择临时个体 U_i 中的第 j 位，或以 1−cr 的概率从当前个体 X_i 中选择第 j 位，构成最终临时个体 V_i 的第 j 位，如式(7.5)所示：

$$V_i(j) = \begin{cases} U_i(j), & \text{rand}(0,1) < \text{cr} \\ X_i(j), & \text{其他} \end{cases} \tag{7.5}$$

其中，交叉概率 cr 为另一个重要的常量系数，其取值范围为(0,1)，推荐设置为 0.5。

步骤 6：越界处理策略。

在初始化完成之后，需要根据约束条件判断各基因位是否越界。具体而言，针对约束条件(式(7.1b)～式(7.1f))，当某个基因所代表的参数超出其上下限时，可以随机生成一个满足上下限约束的新的基因来替换掉越界的基因；同时针对约束条件(式(7.1f))，可以对优化操作后的每条规则的置信度进行归一化处理，以确保其之和为 1。

步骤 7：评估临时种群。

同步骤 4。

步骤 8：竞争生存操作。

对当前种群中每个个体 X_i 和临时种群中对应个体 V_i 的进行一对一竞争生存操作。

步骤 9：演化迭代。

判断是否达到总演化代数，若是，则停止演化，输出全局最优解和最优值；否则转步骤 5。

7.3　发动机传感器信号推理示例分析

7.3.1　问题背景

为了监控燃气涡轮发动机是否正常工作，一般需要在其中配置多个传感器来实时获取其工作中的信号。因此这些传感器也是燃气涡轮机的关键部分，准确测量以及确保其可靠的工作状态对于涡轮发动机的控制、监测和诊断具有重要意义[4]。在涡轮发动机的燃气运行路线上，有多个传感器监测压力、温度和转子速度。一旦任何传感器发生故障，将会导致发动机故障报警，如果该报警为虚警，则会导致诊断出现错误，进而影响决策。因此，通过正常传感器重构信号是十分必要的。现已知在燃气输送路线上有 5 个传感器，分别监测 5 个不同参数：P_{t25} 表示高压压缩机的输入压力，T_{t3} 表示高压压缩机的出口温度，T_{t45} 表示高压涡轮的输出温度，N_h 表示高压转子的速度，N_l 表示低压转子的速度。现假设在某种情况下需要根据从 P_{t25}、T_{t3}、N_h 和 N_l 采集得到的数据推理得到 T_{t45} 的数据。

基于置信规则库开展上述问题的参数设置如下：由 P_{t25}、T_{t3}、N_h 和 N_l 四个传感器监测的数据作为前提属性，T_{t45} 作为推理结果。T_{t45} 推理结果假设服从具有 5 个等级的均匀分布：

$$\{D_1,D_2,D_3,D_4,D_5\}=\{0.8577,0.9054,0.9531,1.0008,1.0486\} \tag{7.6}$$

由于本小节使用演化算法作为置信规则库优化引擎，初始置信规则库随机生成。其余参数定义如下：①置信规则库中规则数量设置为 3～8 条；②20 个个体；③共迭代 500 代。该优化实验重复 30 轮，共搜集 1000 组传感器数据，800 组数据选作训练集数据，全部数据集作为测试数据。

7.3.2　结果讨论

为了进一步验证差分进化算法(DE)、遗传算法(GA)和粒子群优化算法(PSO)作为优化引擎的效率[5-7]，本小节对比分析了 3 种算法 30 轮优化实验中识别的最优置信规则库。表 7.1 所示为 DE、GA 和 PSO 三种优化引擎下，所识别的置信规则库结构的规则数量。其中，DE 和 GA 均识别 4 条规则为置信规则库优化后的规模，PSO 识别优化置信规则库规模为 3 条规则。如果分别将具有 3、4、5 条规则的置信规则库作为可接受的优化结果，那么 DE 能够 100%识别最优优化结果，PSO 稍劣，为 93.33%，而 GA 仅有 40%的识别率。由此可见，DE 效率最高。

基于表 7.2 可得基于 DE 得到的具有 4 条规则的置信规则库所获得的 MSE 为 2.65×10^{-5}。

表 7.1　DE、GA 和 PSO 引擎优化结果对比

优化引擎	确定的规则数量				识别率（“3、4、5”作为最优结果）
	3	4	5	其他	
DE	3	18	9	0	100%
GA	0	7	5	18	40.00%
PSO	13	9	6	2	93.33%

表 7.2　基于 DE 得到的具有 4 条规则的置信规则库

编号	权重	P_{t25}	T_{t3}	N_h	N_l	$\{D_1,D_2,D_3,D_4,D_5\}$
1	0.3412	0.7063	0.8474	0.7757	0.8708	(0.9649,0.0214,0.0046,0.0077,0.0014)
2	0.1834	0.7755	0.9888	0.8281	1.0412	(0.4552,0.1958,0.0993,0.2341,0.0156)
3	0.0743	0.7369	1.0470	0.7949	1.0742	(0.4090,0.1802,0.2634,0.1457,0.0018)
4	0.4600	1.0815	1.0548	1.1093	1.0835	(0.0017,0.0002,0.0007,0.0092,0.9883)

为了进一步验证 BRB 的优化效率，采用自适应模糊神经推理系统(adaptive neural fuzzy inference system，ANFIS)和支持向量机(SVM) [8-10]进行对比分析。表 7.3 给出了 3 种方法在不同参数设置下的结果对比。如表 7.3 所示，BRB 模型和 SVM 模型所得到的推理结果类似，均优于 ANFIS 模型。基于 SVM 所得到的 MSE 最小可达到 7.70×10^{-5}，但该结果仍劣于 BRB，两种方法比较见图 7.5。

表 7.3　不同参数设置下模糊神经网络、支持向量机和置信规则库模型结果对比

方法	参数设置			
ANFIS	MF 类型	MFs：(3，3，3，3)		MFs：(4，4，4，4)
	trimf	5.19×10^{-3}		5.62×10^{-3}
	gbellmf	5.33×10^{-3}		3.57×10^{-3}
	gauss2mf	5.51×10^{-3}		3.44×10^{-3}
	pimf	5.86×10^{-3}		6.89×10^{-3}
	dsigmf	5.34×10^{-3}		7.76×10^{-3}
SVM	C	$\sigma^2=0.01$	$\sigma^2=0.05$	$\sigma^2=0.1$
	0.5	6.08×10^{-4}	1.17×10^{-4}	6.76×10^{-5}
	5	3.29×10^{-4}	7.70×10^{-5}	4.95×10^{-5}
	50	1.10×10^{-4}	2.01×10^{-4}	8.89×10^{-5}
BRB	2.65×10^{-5}			

表 7.4 进一步对比了 BRB 和 SVM 两种模型输出结果的误差情况。可以看出，在数据集中间部分，两种模型推理结果误差区别较小，而 SVM 模型的误差主要在数据集始末两端出现。

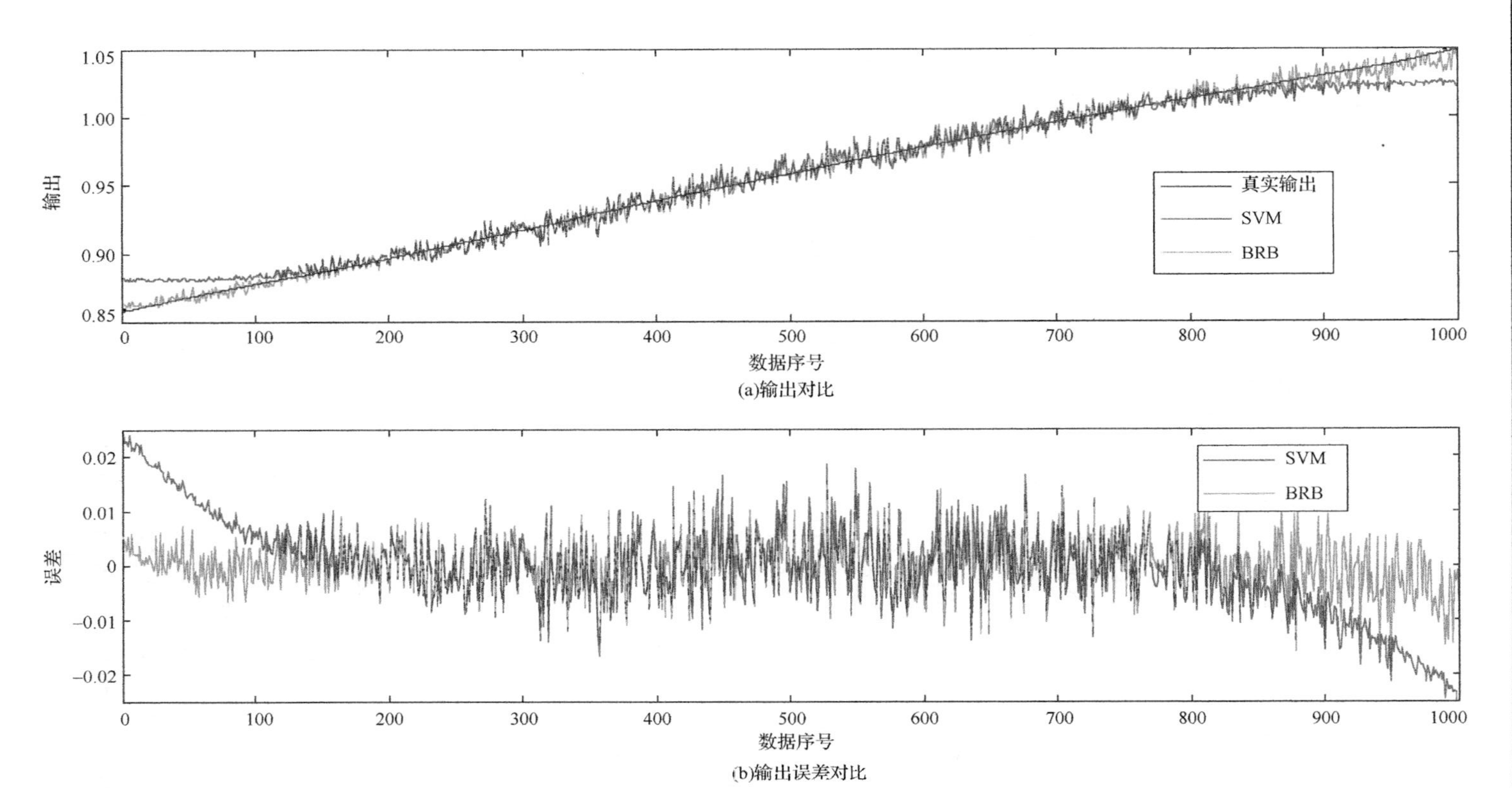

图 7.5　支持向量机($C=10, \sigma^2=0.3$)和置信规则库在燃气涡轮发动机案例中的结果对比图(见彩图)

表 7.4 支持向量机和置信规则库在各数据区间的结果对比

方法	数据区间		
	1～200	201～800	801～1000
SVM	5.60×10^{-5}	3.52×10^{-5}	8.58×10^{-5}
BRB	1.17×10^{-5}	2.81×10^{-5}	3.65×10^{-5}

7.4 结　论

本章主要回答在具有一定历史数据或观测数据的情况下，如何通过优化置信规则库参数设置来提升评估准确性的问题。对此问题，本章首先给出了置信规则库参数学习模型，并分别以差分进化算法、遗传算法和粒子群算法为优化引擎，介绍了置信规则库参数学习的详细步骤。然后，通过燃气涡轮发动机传感器信号推理案例验证了该方法的有效性。本章内容为应用置信规则求解现实问题提供了技术方法支撑。

本章内容虽然较为精炼，但置信规则库的参数优化应用十分广泛：仅建立初始置信规则库不进行优化属于少数情况，而大多数情况下初始置信规则库均需要优化；而大多数实际问题中都面临参数较多的情况，这就使得采用演化算法进行置信规则库参数优化成为大多数研究人员采取的优化手段。因此本章所介绍的内容既是后续开展置信规则库联合优化(第 8 章)和多目标优化(第 9 章)的重要基础，也是面对仅涉及参数优化的实际问题(如第 10～13 章中的实际问题)的解决方案。

参 考 文 献

[1] Holland J H. Adaption in Natural and Artificial Systems[M]. Cambridge: MIT Press, 1975.

[2] Sengupta S, Basak S, Peters R A. Particle swarm optimization: A survey of historical and recent developments with hybridization perspectives[J]. Machine Learning and Knowledge Extraction, 2019, 1(1): 157-191.

[3] Opara K R, Arabas J. Differential evolution: A survey of theoretical analyses[J]. Swarm and Evolutionary Computation, 2019, 44: 546-558.

[4] Lu F, Chen Y, Huang J, et al. An integrated nonlinear model-based approach to gas turbine engine sensor fault diagnostics[J]. Proceedings of the Institution of Mechanical Engineers, Part G: Journal of Aerospace Engineering, 2014, 228(11): 2007-2021.

[5] Shamoushaki M, Ghanatir F, Ehyaei M A, et al. Exergy and exergoeconomic analysis and multi-objective optimisation of gas turbine power plant by evolutionary algorithms. Case study: Aliabad Katoul power plant[J]. International Journal of Exergy, 2017, 22(3): 279-307.

[6] Samanta B, Al-Balushi K R, Al-Araimi S A. Artificial neural networks and support vector machines with genetic algorithm for bearing fault detection[J]. Engineering Applications of Artificial Intelligence, 2003, 16(7): 657-665.

[7] Palm T, Fast M, Thern M. Gas turbine sensor validation through classification with artificial neural networks[J]. Applied Energy, 2011, 88(11): 3898-3904.

[8] Chiang L H, Kotanchek M E, Kordon A K. Fault diagnosis based on Fisher discriminant analysis and support vector machines[J]. Computers and Chemical Engineering, 2004, 28(8): 1389-1401.

[9] Samanta B, Al-Balushi K R, Al-Araimi S A. Artificial neural networks and support vector machines with genetic algorithm for bearing fault detection[J]. Engineering Applications of Artificial Intelligence, 2003, 16(7): 657-665.

[10] Jack L B, Nandi A K. Support vector machines for detection and characterization of rolling element bearing faults[J]. Proceedings of the Institution of Mechanical Engineers, Part C: Journal of Mechanical Engineering Science, 2001, 215(9): 1065-1074.

第 8 章　基于双层模型的并集置信规则库联合优化

在置信规则库优化方法中，参数学习(见本书第 7 章)的主要目的是通过调整置信规则库参数设置提升建模精度；结构学习的目的是通过改变规则数量、前提属性数量、前提属性参考值数量等手段，约减置信规则库规模，进而降低模型的复杂度。然而，由于并集置信规则库具有数量不确定(在满足能够覆盖置信规则库空间的基的前提下，并集置信规则库的数量在特定区间内即可，见 3.1.3 小节论述)的特点，结构优化过程中需要首先确定并集置信规则库中规则个数。此外，由于参数学习与结构学习共同影响置信规则库的建模精度，在开展置信规则库优化过程中，需要统筹建模精度与复杂度的关系，有效协调置信规则库参数学习与结构学习过程。为此，本章通过引入赤池信息准则(AIC)将评估精度(用 MSE 衡量)和复杂度(用参数个数衡量)纳入统一的目标函数，进而将置信规则库参数学习与结构学习相结合，提出置信规则库联合优化模型，并与交集置信规则库相关研究进行对比分析，验证本章所提出方法的有效性。

8.1　基于赤池信息准则的置信规则库联合优化目标

根据赤池信息准则的定义[1,2]，对于给定的线性系统，其近似系统(如式(8.1)所示)最小参数个数可根据式(8.1)和式(8.2)计算求得。

$$z = h_0 + h_1\chi_1 + h_2\chi_2 + \cdots + h_N\chi_{N_{\text{para}}} + e \tag{8.1}$$

$$\text{AIC} = -2\log L(\hat{\chi}_{\text{ML}}) + 2\hat{N}_{\text{para}} \tag{8.2}$$

其中，z 为估计系统输出；h_n 为系统输入；χ_n 表示近似模型参数；e 为模型误差；$\hat{\chi}_{\text{ML}}$ 是参数矩阵 $\chi = [\chi_1, \chi_2, \cdots, \chi_{N_{\text{para}}}]$ 的最大似然估计；$L(\hat{\chi}_{\text{ML}})$ 为线性系统在 $\hat{\chi}_{\text{ML}}$ 下的似然函数，$\hat{N}_{\text{para}}$ 为近似模型参数个数。当 AIC 最小时，可认为式(8.1)所示的近似模型为线性系统的最优近似模型。

置信规则库的参数和结构学习过程可以理解为通过调整参数设置(参数学习对应于调整置信规则库中参数的取值，结构学习对应于调整置信规则库中的规则数量)得到原置信规则库系统近似系统的过程。假设置信规则库优化过程中使用的训练集可表示为 $\{(X,Y)\}$，其中 X 表示输入，令 P 表示训练集数据个数，N_{para} 表示参数个数，则 $X = [X_n^p, n = 1, \cdots, N_{\text{para}}; p = 1, \cdots, P]$。$Y = [y_1, y_2, \cdots, y_P]^{\text{T}}$ 表示输出。那么，有

$$f(X^p)=w_0+\sum_{n=1}^{N_{\text{para}}}w_n\phi_n(X_n^p)$$

其中，$w_n(n=1,2,\cdots,N_{\text{para}})$ 表示第 n 个参数的权重，$\phi_n(X_n^p)$ 表示输入数据与估计的输出的对应关系；$f(X^p)$ 表示近似系统输入为 X^p 时的估计输出。

令 ε_p 表示 $f(X^p)$ 与 y_p 之间的误差，假设 ε_p 服从正态分布，$\varepsilon_p\sim N\{0,\sigma^2\}$，则有：

$$y_p=f(X^p)+\varepsilon_p=w_0+\sum_{n=1}^{N_{\text{para}}}w_n\phi_n(X_n^p)+\varepsilon_p \tag{8.3}$$

由式 (8.3) 可知，$y_p\sim N\left(w_0+\sum_{n=1}^{N_{\text{para}}}w_n\phi_n(X_n^p),\sigma^2\right)$，其似然函数可以进一步表示为

$$L(Y,W,\sigma^2)=(2\pi\sigma^2)^{-\frac{P}{2}}\exp\left\{-\frac{1}{2\sigma^2}\left(y_p-w_0-\sum_{n=1}^{N_{\text{para}}}w_n\phi_n(X_n^p)\right)^2\right\} \tag{8.4}$$

其中，$W=[w_1,w_2,\cdots,w_N]^{\mathrm{T}}$。进一步将式 (8.4) 两边取对数，可得

$$\ln L=-\frac{P}{2}\ln(2\pi)-\frac{P}{2}\ln\sigma^2-\frac{1}{2\sigma^2}\sum_{p=1}^{P}\left(y_p-w_0-\sum_{n=1}^{N_{\text{para}}}w_n\phi_n(X_n^p)\right)^2 \tag{8.5}$$

于是，优化置信规则库系统（寻求较优近似系统）问题，可转化为求解以 w_n 和 σ^2 为变量的方程 (8.6) 的问题。

$$\begin{cases}\dfrac{\partial\ln L}{\partial w_n}=0\\[2ex]\dfrac{\partial\ln L}{\partial\sigma^2}=0\end{cases} \tag{8.6}$$

其中，W 和 σ^2 的极大似然估计可以由式 (8.7) 和式 (8.8) 得到。

$$W=(G'G)^{-1}G'Y,G=\begin{bmatrix}1 & \phi_1(X_1^1) & \cdots & \phi_N(X_{N_{\text{para}}}^1)\\ 1 & \phi_1(X_1^2) & \cdots & \phi_N(X_{N_{\text{para}}}^2)\\ \vdots & \vdots & & \vdots\\ 1 & \phi_1(X_1^P) & \cdots & \phi_N(X_{N_{\text{para}}}^P)\end{bmatrix} \tag{8.7}$$

$$\sigma^2=\frac{1}{P}(Y-GW)'(Y-GW) \tag{8.8}$$

将式 (8.7) 和式 (8.8) 代入式 (8.5)，有：

$$\ln L(Y,W,\sigma^2)=-\frac{P}{2}\ln(2\pi)-\frac{P}{2}\ln\sigma^2-\frac{P}{2} \tag{8.9}$$

由式(8.9)可知，$\mathrm{AIC_{BRB}}$ 可表示为

$$\mathrm{AIC_{BRB}} = -2\left[-\frac{P}{2}\ln(2\pi) - \frac{P}{2}\ln\sigma^2 - \frac{P}{2}\right] + 2(N_{\mathrm{para}} + 1) \tag{8.10}$$

由于常数 $C = P\ln(2\pi) + P + 2$ 与参数个数 N_{para} 无关，可以在不同模型对比时消去。又知 $\sigma^2 = P \times \mathrm{MSE}$，则 $\mathrm{AIC_{BRB}}$ 可以简化为

$$\mathrm{AIC_{BRB}} = P\ln(P \times \mathrm{MSE}) + 2N_{\mathrm{para}} \tag{8.11}$$

根据赤池信息准则，当 $\mathrm{AIC_{BRB}}$ 取值最小时，认为所得近似系统为置信规则库最优近似系统。因此，在置信规则库双层优化问题中以 $\mathrm{AIC_{BRB}}$ 为目标函数，可以将评估精度和复杂度聚合成为同一个目标函数，在求解该目标函数最小值的过程中，寻求置信规则库评估精度和复杂度的有效平衡。$\mathrm{AIC_{BRB}}$ 与 MSE 和模型规模(参数数量)之间的关系如图 8.1 所示。

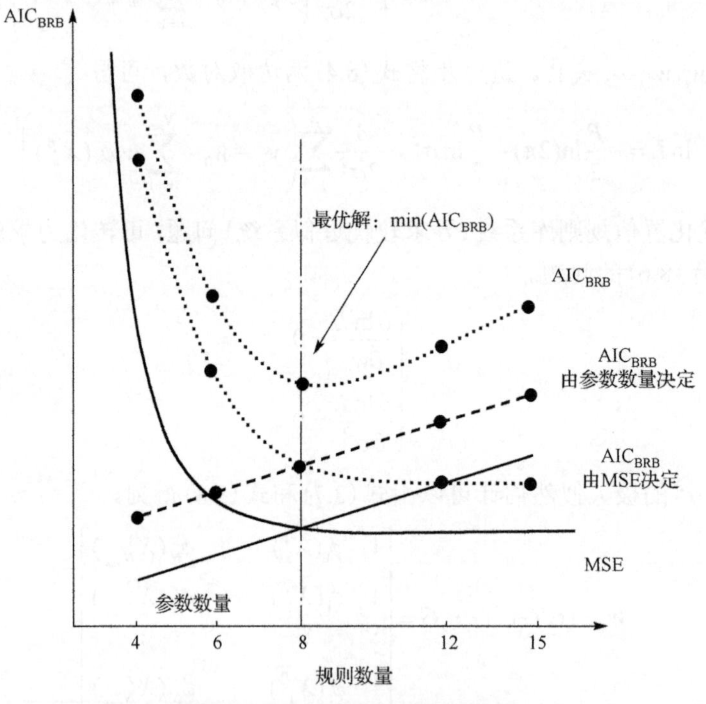

图 8.1　基于 $\mathrm{AIC_{BRB}}$ 确定最优解

根据式(8.11)和图 8.1 可知，$\mathrm{AIC_{BRB}}$ 主要由两部分组成，MSE 与规则中的参数个数，后者可以等价于规则数量。当置信规则库中的规则数量较少(如仅包含 4 条规则)时，模型精度较低，MSE 较高，因此随着规则数量的增加，模型的 MSE 显著降低，此时由参数数量决定的 $\mathrm{AIC_{BRB}}$ 线性增加，但是由 MSE 决定的 $\mathrm{AIC_{BRB}}$ 显著降低，

因此总体 AIC_{BRB} 仍然显著降低，直至达到极值点(如包含 8 条规则)；达到极值点之后，随着规则数量的增加，模型的 MSE 变化不再明显，此时由参数数量决定的 AIC_{BRB} 仍然线性增加，但是由 MSE 决定的 AIC_{BRB} 却几乎不变，因此总体 AIC_{BRB} 将会增加。因此，AIC_{BRB} 取得极值点所对应的 BRB 应该为最优解，如图 8.1 中标出的具有 8 条规则的 BRB。

图 8.1 和式(8.11)与式(8.2)中 AIC 的初始定义一致，同时也符合建模精度和建模的复杂度之间的关系。当参数较少时，模型并不复杂但是也不够准确。然而，当参数过多时可能会在提高建模的精度同时提高建模的复杂度。因此，需要通过优化 AIC_{BRB} 来平衡建模精度和建模复杂度之间的关系。但同时也应当明确，AIC 本身并不仅存在一个极值点，即 AIC 的一阶导数并不单调。因此，AIC 的极值点，尤其是第一个极值点并不一定是其最小值。但在实际应用中，取其第一个极值点作为最优解是可以满足工程应用要求的，这一点也将在本章示例中进行验证。

8.2　基于赤池信息准则的置信规则库联合优化模型

在 AIC_{BRB} 目标函数中，变量 MSE 和 N_{para} 分别受置信规则库系统的结构和参数学习影响。为了寻求 AIC_{BRB} 目标函数最小值，需要协调置信规则库系统结构学习和参数学习过程。为此，构建了基于 AIC_{BRB} 目标函数的置信规则库系统双层联合优化模型，如式(8.12)所示：

$$
\begin{aligned}
&\min \quad AIC_{BRB}(\mathrm{MSE}, N_{para}) \\
&\min \quad \mathrm{MSE}(v) \\
&\text{s.t.} \quad v, N_{para}
\end{aligned} \tag{8.12}
$$

其中，向量 v 是由置信规则库参数学习过程中的训练参数组成的向量，主要包括前提属性参考值 $A_{i,m}$，初始规则权重 θ_k，以及每条规则中结论等级的置信度 $\beta_{n,k}$。

在基于 AIC_{BRB} 目标函数的置信规则库联合优化模型中，外层优化为置信规则库系统结构学习和参数学习混合优化过程，即以 AIC_{BRB} 为目标函数，通过寻求 AIC_{BRB} 的最小值，使得置信规则库系统参数学习和结构学习过程达到有效平衡。置信规则库联合优化外层优化模型如式(8.13)所示。

$$
\begin{aligned}
&\min AIC_{BRB} = f(\mathrm{MSE}, k^*) \\
&\text{s.t.} \quad\ \ k^* \in [2, \cdots, k_{stop}]
\end{aligned} \tag{8.13}
$$

其中，k^* 为经过外层优化后确定的置信规则个数；k_{stop} 为规则个数上限，一般设置为一个较大的值，一般优化过程并不会触及 k_{stop} 就会因为寻找到 AIC_{BRB} 的第一个极值点而终止。

基于 AIC_{BRB} 目标函数的置信规则库联合优化的内层优化主要完成置信规则库系统参数学习过程，即在已经确定置信规则库结构的前提下，寻求所能达到的置信规则库系统局部最优参数设置。内层优化模型同样可以表示为具有约束条件下的寻优问题，如式(8.14)所示。

$$
\begin{aligned}
&\min \quad \text{MSE}(A_{i,j},\beta_{n,k},\theta_k) \\
&\text{s.t.}\begin{cases}
\text{lb}_i \leqslant A_{i,j} \leqslant \text{ub}_i \\
A_{i,1} = \text{lb}_i, A_{i,J_i} = \text{ub}_i \\
0 \leqslant \beta_{n,k} \leqslant 1 \\
0 \leqslant \theta_k \leqslant 1
\end{cases}
\end{aligned}
\tag{8.14}
$$

其中，$i=1,2,\cdots,M; j=1,2,\cdots,J_i; n=1,2,\cdots,N; k=1,2,\cdots,k^*$。需要注意的是，对比 7.1 节中传统的置信规则库参数学习模型，基于 AIC_{BRB} 目标函数的置信规则库联合优化的内层优化模型属于局部优化模型。此外，规则数量变更为外层优化确定的数量 k^*。

8.3　并集置信规则库联合优化算法

为求解 8.2 节中的置信规则库双层联合优化模型，本节分别给出了并集置信规则库联合优化方法的外层优化方法和内层优化算法，其中内层优化方法以差分进化算法为优化引擎实现[3-5]。

8.3.1　并集置信规则库外层优化算法

并集假设下置信规则库外层优化算法的主要思路是在初始置信规则库中设置最少的规则数量(一般为两条)，通过不停地迭代，逐渐生成新的置信规则。如果新规则能够降低 MSE 值，证明该规则对于提升评估精度有效。再次验证目标函数 AIC_{BRB}。如果增加新规则后，AIC_{BRB} 变小，证明增加规则对于提升评估精度带来的“收益”大于增加参数个数造成的“损失”。那么，将该规则加入置信规则库，并进入新一轮迭代过程。并集假设下置信规则库外层优化算法具体步骤如下所示。

步骤 1：参数初始化。

参数初始化包括初始规则数量(如 $k_{\text{ini}}=2$)、前提属性个数 M 和置信规则结论等级个数 N。

步骤 2：转入内层优化算法。

在参数初始化后，已经完成了初始置信规则库的构建工作，转入内层优化算法调整随机设置的参数值，达到现有置信规则库的最优或满意水平(局部最优)。

步骤 3：计算 AIC_{BRB}。

将步骤 2 所得的 MSE 值与参数个数代入式(8.11)得到目前置信规则库的评价目标函数值。

步骤 4：判断优化方向。

比较前一次迭代目标函数值 $\text{AIC}(k-1)$ 和本次目标函数值 $\text{AIC}(k)$，如果 $\text{AIC}(k-1)<\text{AIC}(k)$，则停止迭代；否则执行步骤 5。

步骤 5：判断终止条件。

如果 $k+1=k_{\text{stop}}$，则停止迭代；否则转入步骤 6。

步骤 6：产生新的置信规则。

步骤 6.1：随机选择两个相邻的置信规则 R_k 和 R_{k+1} $(k>1,k+1<K)$。

步骤 6.2：在规则 R_k 和 R_{k+1} 之间插入新规则 R_k'，使得 R_k' 满足式(8.14)中的约束条件。

步骤 6.3：局部优化，得到 $\text{MSE}(R_k,R_k',R_{k+1})$。

步骤 6.4：判断新规则是否有效。如果 $\text{MSE}(R_k,R_k',R_{k+1})<\text{MSE}(R_k,R_{k+1})$，则表示新规则有效。

步骤 6.5：将新规则加入置信规则库，进入步骤 4。

8.3.2　并集置信规则库内层优化算法

并集假设下置信规则库内层优化算法主要解决确定置信规则库结构情况下的置信规则库优化问题，即置信规则库参数学习过程。基于差分进化算法实现并集假设下置信规则库内层优化算法具体步骤如下所示。

步骤 1：数据处理与采样。

将数据集划分为训练集和测试集。

步骤 2：参数初始化与种群编码。

根据式(8.14)初始化相关参数，并按照图 7.1 方式编码。

步骤 3：训练集推理评估。

主要完成基于 ER 算法的推理评估。

步骤 3.1：激活置信规则库，对于训练集中的每一组输入数据，均有若干条置信规则将被激活(见本书 3.3.1 节)。

步骤 3.2：集成置信规则，利用 ER 算法(见本书第 1.3.3 节)集成所激活的置信规则，得到输出结果中各等级的置信度。而后，根据效用函数(式(8.15))将输出结果统一到相同维度。

$$f(I)=\sum_{n=1}^{N}(u_n\beta_n) \tag{8.15}$$

其中，$u_n(n=1,\cdots,N)$ 表示第 n 个结论等级的效用值；$f(I)$ 表示输入信息为 I 时，推理评估结果的总体效用函数值。

步骤 4：验证终止条件。

如果满足终止条件(MSE 阈值或最大迭代次数)，则进入步骤 5；否则，进入步骤 6。

步骤 5：基于差分进化算法的参数优化(见本书第 7 章)。

步骤 6：记录 MSE，转入外层优化算法。

8.4　交集置信规则库联合优化

由 8.1 节论述可知，置信规则库联合优化模型的核心是寻求精度和复杂度的有效权衡。其中，置信规则库置信规则数量越多，模型精度往往越高，但随之计算复杂度也会迅速增长。因此，寻求的置信规则库精度和复杂度的有效权衡的核心即为确定置信规则库最优结构的置信规则数量。这一思想也适用于交集置信规则库。二者的区别在于：并集置信规则库中的置信规则数量需要满足式(8.12)的约束，而在交集置信规则库中，完备结构下的交集置信规则库规模是由前提属性的数量和参考值的数量共同决定。这给确定置信规则库联合优化最优结构带来了新的挑战，本节主要讨论交集条件下的置信规则库联合优化方法。

面向交集置信规则库的联合优化模型基于同样的双层优化模型，对于外层优化模型和算法，旨在通过优化属性参考值的数量来实现优化搜索策略；对于内层优化模型和算法，旨在面向具有给定数量属性参考值的 BRB 开展参数优化。局部优化旨在初步检查是否需要继续优化过程。外层优化和内层优化以迭代方式实现，以识别联合置信规则库结构和参数的最佳配置。

交集置信规则库联合优化的框架如图 8.2 所示。

8.4.1　交集置信规则库联合优化模型

在本节中，以 $\mathrm{AIC_{BRB}}$ 为优化目标构建优化模型。如式(8.11)所示，$\mathrm{AIC_{BRB}}$ 由两部分组成：MSE 和参数的数量。MSE 的概念和计算很明确，而参数的数量需要进一步分析。当前提属性个数固定时，BRB 中参数的数量仅由前提属性参考值的数量 $\mathrm{num}=(\mathrm{num}_m \mid m=1,\cdots,M)$ 决定。同时，属性参考值的数量是离散的，其他参数都是连续的，即属性的参考值、规则的初始权重和结论部分中的等级置信度。因此，双层优化模型如下：

$$\begin{aligned}&\min\quad \mathrm{AIC_{BRB}}(\mathrm{num})\\&\min\quad \mathrm{MSE}(v(\mathrm{num}))\\&\mathrm{s.t.}\quad \mathrm{num}\end{aligned}\tag{8.16}$$

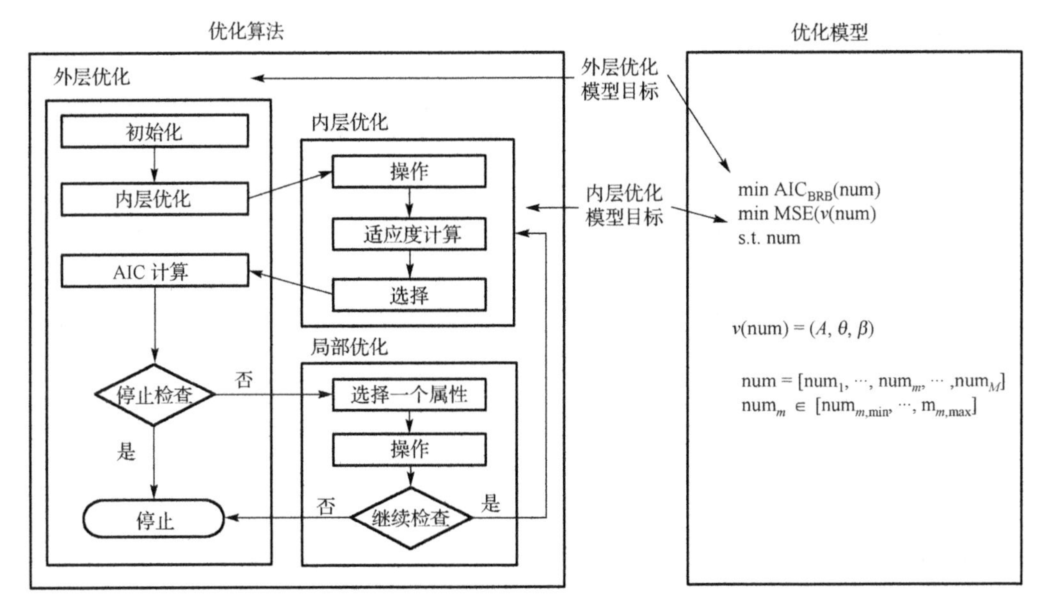

图 8.2　交集置信规则库联合优化框架图

对于内层优化模型，优化目标是 MSE，而决策变量形成一个向量，它们是前提属性参考值、规则的初始权重和结论的等级置信度。对于外层优化模型，优化目标为 AIC_{BRB}，而决策变量为属性参考值的数量，$num = (num_1, num_2, \cdots, num_M)$。

在内层优化模型中，目标是模型的实际输出与估计输出之间的 MSE，其相关参数如下所示。

(1) M 个前提属性的参考值 A。对于第 k 条置信规则中的第 m 个前提属性，参考值应在上下限 $lb_m \leqslant x_m^k \leqslant ub_m$ 的范围内。此外，第 m 个前提属性的第一个和最后一个参考值应等于下限和上限，$x_m^1 = lb_m$，$x_m^K = ub_m$。由于第 m 个前提属性至少有两个参考值(下限和上限)，$num_m \geqslant 2$，因此要优化 A 的数量为 $\sum_{m=1}^{M}(num_m - 2)$。

(2) 置信规则的初始权重 θ。第 k 条置信规则 θ_k 的初始权重应在 $(0,1]$ 范围内，即 $0 < \theta_k \leqslant 1$。注意，θ_k 不是第 k 条规则的最终权重 w_k，仍然需要乘以激活的权重 $w_{activated,k}$，$w_k = \theta_k \times w_{activated,k}$。综上，要优化的 θ 数为 K。

(3) 在每个置信规则中每个置信度 β。第 k 条规则中的第 n 个置信度应在 $[0,1]$ 范围内，即 $0 \leqslant \beta_{n,k} \leqslant 1$。第 k 条规则中所有置信度总和应小于或等于 1，即 $\sum_{n=1}^{N}\beta_{n,k} \leqslant 1$(信息不完整时，有 $\sum_{n=1}^{N}\beta_{n,k} < 1$)。因此，要优化的 β 的数量为 $K \times N$。

当置信规则库是交集假设且完备的，则其置信规则数为 $\prod_{m=1}^{M} num_m$。因此，需要

优化的参数总数为

$$\mathrm{Num}_{\mathrm{para}} = \sum_{m=1}^{M} (\mathrm{num}_m - 2) + K + K \times N \tag{8.17}$$

因此，在确定前提属性参数值的数量后，可以确定置信规则库中置信规则的数量。对于具有 k 条置信规则的置信规则库中，变量参数向量为 $v(\mathrm{num}) = (A, \theta, \beta)$ 。

综上，内层优化模型如下：

$$\min \quad \mathrm{MSE}(A, \theta, \beta) \tag{8.18a}$$

$$\text{s.t.} \begin{cases} \mathrm{lb}_m \leqslant A_m^k \leqslant \mathrm{ub}_m, \quad k = 1, \cdots, K; m = 1, \cdots, M & (8.18\mathrm{b}) \\ A_m^1 = \mathrm{lb}_m & (8.18\mathrm{c}) \\ A_m^K = \mathrm{ub}_m & (8.18\mathrm{d}) \\ 0 < \theta_k \leqslant 1 & (8.18\mathrm{e}) \\ 0 \leqslant \beta_{n,k} \leqslant 1, \quad n = 1, \cdots, N & (8.18\mathrm{f}) \\ \sum_{n=1}^{N} \beta_{n,k} \leqslant 1 & (8.18\mathrm{g}) \end{cases}$$

其中，式(8.18b)～式(8.18d)表示属性的参考值应在属性的上下限范围内；式(8.18e)表示属性的初始权重应在(0,1]范围内；式(8.18f)表示结论部分的置信度应在[0,l]范围内；式(8.18g)表示结论部分的置信度总和应等于或小于 1。

外层优化旨在为交集置信规则库联合优化寻找优化路径。在外层优化模型中，$\mathrm{AIC}_{\mathrm{BRB}}$ 是优化目标，而变量参数是确定置信规则库中规则或参数数量的属性参考值的数量。

外层优化模型如下。

$$\min \quad \mathrm{AIC}_{\mathrm{BRB}}(\mathrm{num}) \tag{8.19a}$$

$$\text{s.t.} \quad \mathrm{num}_{m,\min} \leqslant \mathrm{num}_m \leqslant \mathrm{num}_{m,\max}; m \in [1, \cdots, M] \tag{8.19b}$$

其中，$\mathrm{num}_{m,\min}$ 和 $\mathrm{num}_{m,\max}$ 分别是第 m 个前提属性参考值的最小和最大数量。一般将所有属性的 $\mathrm{num}_{m,\min}$ 设置为 2，因为前提属性至少需要两个参考值才能囊括上下限。对于 $\mathrm{num}_{m,\max}$ ，通常将其设置为一个较大的数字(如 20 或 30)，但是优化过程可能会在达到 $\mathrm{num}_{m,\max}$ 之前停止，并获得局部最优解。

需要特别对比说明式(8.19b)所表示交集置信规则库外层优化模型与式(8.13)中所表示的并集置信规则库中外层优化模型中约束条件的异同。虽然置信规则库的规则数量都是离散的数值，但是并集置信规则库的规则数量是连续增加的(每次增加一条规则)，而交集置信规则库中的规则数量是离散增加的，即交集置信规则库的规则数量随着前提属性个数或者前提属性参考值的个数而间断增加。

例如，针对具有 3 个前提属性的某问题，假设其中前提属性参考值的个数分别为 2、3、4、5 时，如果构建并集置信规则库，那么其规则数量也为 2、3、4、5(连续增加)；如果构建交集置信规则库，其规则数量为 2^3、3^3、4^3、5^3(间断增加)，如图 8.3 所示。

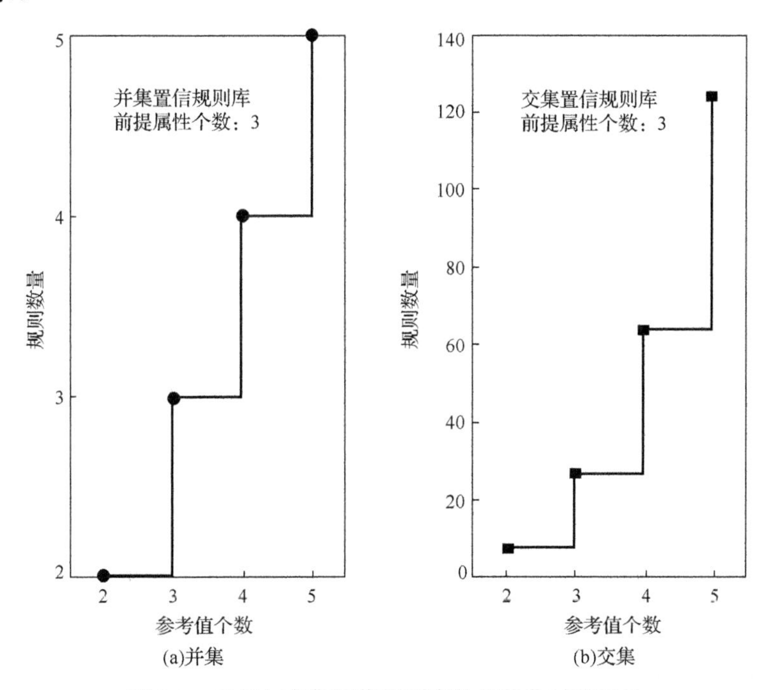

图 8.3　并集与交集置信规则库外层优化过程对比

基于以上特点，并集置信规则库的外层优化过程中，直接增加规则数量；而在交集置信规则库的外层优化过程中，则需要通过依次增加各前提属性个数来分别探索优化方向，详见 8.4.3 节。

8.4.2　交集置信规则库联合优化算法

在交集置信规则库联合优化算法中，内层优化流程与并集相似，此处不再赘述(参见 8.3.2 小节)。对于 8.4.1 小节中给出的外层优化模型，图 8.4 给出了基于优化路径搜索的外层优化算法。优化路径搜索策略是一个迭代过程。在每次迭代中，将具有新添加的属性参考值的置信规则库的性能与以前的置信规则库的性能进行比较，进而找到优化方向，本章将其称为优化路径——一组包括各前提属性参考值的向量。

在图 8.4 中，以 R_{11} 作为假定的起始规则，优化策略搜索每个前提属性。当发现新规则具有更好的性能时，该规则将被标识为下一个优化规则。通过不断扩展此策略得到优化路径(图 8.4 中标识为红色的路径)。

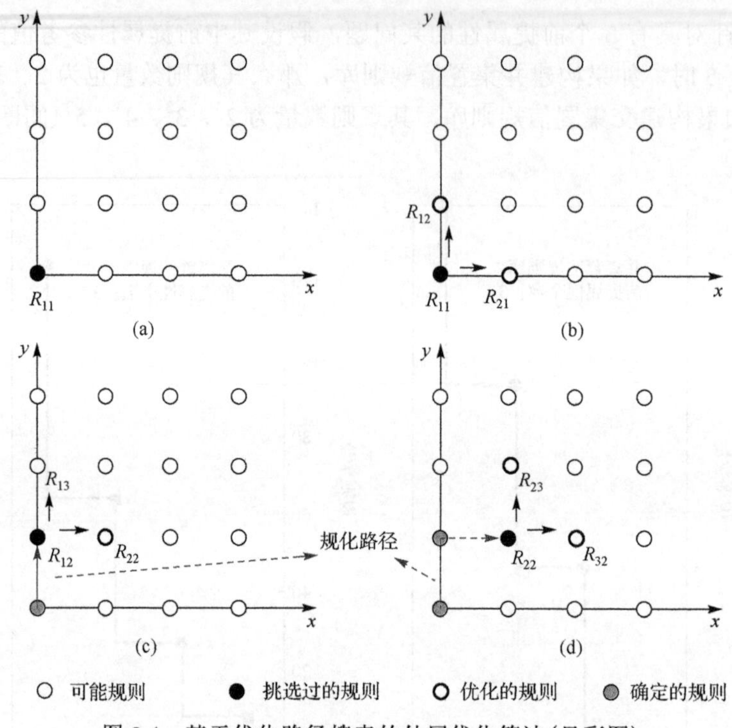

图 8.4　基于优化路径搜索的外层优化算法(见彩图)

综上，外层优化算法的详细步骤如下所示。

步骤 1：初始化。

对于外层优化，参数是每个前提属性的参考值的初始数量。

步骤 2：转到内层优化。

使用已初始化的参数转到内层优化。

步骤 3：计算 AIC_{BRB}。

依据参数个数和由内层优化算法得出的均方误差按式(8.11)计算 AIC_{BRB}。

步骤 4：检查 AIC_{BRB}。

对于第 m 个前提属性，有：

```
if num_m > num_m,ini
    Compare AIC_BRB(m, num_m − 1) with AIC_BRB(m, num_m);
    if AIC_BRB(m, num_m − 1) < AIC_BRB(m, num_m)
        stop;
    end
else
    go to 步骤 6;
end
```

步骤 5：检查终止条件。

对于第 m 个前提属性，有：

```
if num_m = num_{m,max}
    stop;
else
    go to 步骤 6;
end
```

步骤 6：转到局部优化算法。

再次需要说明的是，由于 AIC_{BRB} 的一阶导数是非单调的，因此存在多个局部极点。但是，在很小的时间间隔内，可以将 AIC_{BRB} 的一阶导数视为单调的。因此，通常的做法是通过比较每个前提属性的 AIC_{BRB} 来确定是否得到(第一个)局部极值。

因为在此研究中假设将选择第一个局部最优极值作为最终解，外层优化算法的计算复杂度很低。对于具有 M 个前提属性的置信规则库联合优化，需要比较的参考值的数量也为 M。即使是通过比较每个前提属性的两个参考值，总计算量也为 $2M$。总而言之，第 m 个前提属性 num_m 个参考值的计算量为 $\sum_{m=1}^{M}\text{num}_m$。

8.4.3　局部优化算法

在完成内层优化之后，将引入局部优化策略来确定是否应将其纳入下一个联合优化迭代中。在局部优化算法中，将新的参考值引入每个前提属性。因此，局部优化仅以新添加的规则(由新添加的参考值生成)及其邻居规则为目标。局部优化算法的步骤如下所示。

步骤 1：选择属性。

选择第 m 个前提属性，并保持其他属性不变。

步骤 2：选择参考值。

对于第 m 个选定属性，随机选择两个相邻参考值。

步骤 3：局部优化。

步骤 3.1：参数初始化。

步骤 3.2：交叉和变异。

步骤 3.3：适应度计算。

步骤 3.3.1：规则激活，匹配度和权重计算。

步骤 3.3.2：ER 推理。

步骤 3.3.3：输出效用值。

步骤 3.4：选择。

步骤 3.5：检查停止条件。

步骤 4：计算 AIC_{BRB}。

参见式(8.11)。

步骤 5：局部优化所有属性。

选择下一个前提属性，然后重复步骤 2～4，直到所有属性都被局部优化为止。

步骤 6：比较不同的 AIC_{BRB} 并确定优化路径。

假设有两个前提属性 m 和 q，比较 $AIC_{BRB}((m,num_m),(q,num_q))$ 、 $AIC_{BRB}((m,num_m+1),(q,num_q))$ 和 $AIC_{BRB}((m,num_m),(q,num_q+1))$ 。

```
if AIC_BRB((m,num_m+1),(q,num_q)) 最小
    属性 m 是优化方向
else
    if AIC_BRB((m,num_m),(q,num_q+1)) 最小
        属性 q 是优化方向
    else
        if AIC_BRB((m,num_m),(q,num_q)) 最小
            (m,num_m),(q,num_q) 是最优解
        end
    end
end
```

步骤 7：检查停止条件。

如果找到较小的 AIC_{BRB}，则停止；否则，转至步骤 3。

8.5 示 例 分 析

本章提出了并集假设下和交集假设下基于赤池信息准则的置信规则库联合优化方法，并以此开展输油管道泄漏监测案例研究。通过与典型置信规则库优化方法(包括局部优化方法、全局优化方法、序贯优化方法和动态优化方法)相比较，验证并集假设下基于赤池信息准则的置信规则库联合优化方法在降低优化过程复杂度和提高评估精度方面的有效性。通过对比分析交集和并集两种假设下的置信规则库联合优化方法的输油管道泄漏检测精度，进一步说明了并集假设下基于赤池信息准则的置信规则库联合优化方法在提升模型精度和降低复杂度方面的优势[6-8]。

8.5.1 采用并集置信规则库双层优化方法求解结果

为了便于对比分析，本章采用与已有置信规则库优化方法相同的实验设置，即使用该输油管道泄漏监测所采集的 2008 条包含泄露数据的数据集作为置信规则库系统优化过程的训练数据集和测试数据集。根据并集假设下基于赤池信息准则的置信规则库联合优化方法流程，逐步评估该输油管道泄漏规模。

在该示例研究中，输油管道泄漏规模评估问题的置信规则库优化目标函数如式 (8.11) 所示，相应的置信规则库优化问题的联合优化模型如式(8.12)～式(8.14)所示。燃油输送管道泄露程度的 5 个评价等级效用值分别设定为$\{D_1,D_2,D_3,D_4,D_5\}=\{0,2,4,6,8\}$。前提属性流量差在区间[−10,2]内，压力差属于区间[−0.02,0.04]。根据 8.3 节所述流程求解该置信规则库联合优化模型，初始置信规则库由 3 条随机生成的置信规则组成，基于差分进化算法的优化过程初始种群规模为 40，迭代次数(优化过程终止条件)为 2000 代。并集假设下所得到的优化后的置信规则库系统参数设置如表 8.1 所示，基于该置信规则库所得的输油管道泄漏规模评估结果如图 8.5 所示。

表 8.1　优化后的并集假设下的置信规则库(5 条规则)

规则编号	规则权重	流量差	压力差	$\{D_1,D_2,D_3,D_4,D_5\}$
1	0.9938	−10.0000	−0.0200	(0.9980,0.0004,0.0001,0.0013,0.0001)
2	0.0106	−7.0506	−0.0198	(0.0180,0.0070,0.0902,0.7280,0.1567)
3	0.0017	−0.5649	−0.0166	(0.9865,0.0035,0.0067,0.0018,0.0015)
4	0.0000	1.1789	0.0042	(0.8793,0.0407,0.0161,0.0007,0.0632)
5	0.0001	2.0000	0.0400	(0.4674,0.0230,0.4738,0.0104,0.0254)

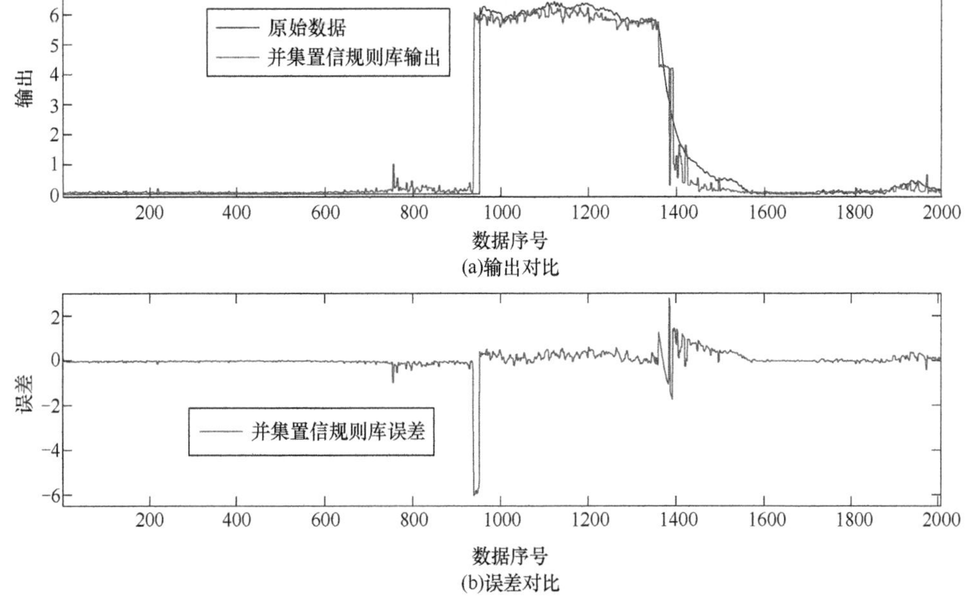

图 8.5　输油管道泄漏规模评估结果与误差对比

由图 8.5 所示，基于优化后的并集假设下的置信规则库推测该输油管道泄漏发生在第 938 组数据，结束于 1527 组数据，共发生 590 组泄漏。并集假设下的置信规则库评估得到的输油管道泄漏情况与真实情况基本一致。

8.5.2 采用交集置信规则库双层优化方法求解结果

为了便于比较，交集置信规则库外层优化算法的输油管道泄漏检测实验使用与并集实验相同的数据集，具体实验参数设置如下：

(1) 初始置信规则库中每个前提属性有两个参考值，共组成 4 条置信规则；

(2) 每条置信规则结论部分具有 5 个等级，其效用分别为$\{D_1,D_2,D_3,D_4,D_5\} = \{0,2,4,6,8\}$；

(3) 初始种群具有 20 个个体；

(4) 内层优化 500 代，优化路径选择 50 代；

(5) 实验共计完成 30 次；

(6) 随机选择 500 组数据作为训练集，全部数据作为测试集；

(7) 初始个体随机生成，并且使用差分进化算法作为优化引擎。

表 8.2 所示为实验获得的具有 8 条置信规则的置信规则库。在目前输油管道泄漏检测精度最高的算法中，两个前提属性“流量差”具有 8 个参考值、“压力差”具有 7 个参考值，共计 56 条置信规则。而表 8.2 中的交集置信规则库，两个前提属性“流量差”具有 4 个参考值、“压力差”具有 2 个参考值，共计 8 条置信规则，却取得了相比具有 56 条规则的置信规则库的更好的模型精度。基于该置信规则库推断的泄露规模、真实的泄漏规模以及两者之间的误差如图 8.6 所示。

表 8.2 优化后的交集置信规则库(8 条规则)

规则编号	规则权重	流量差	压力差	$\{D_1,D_2,D_3,D_4,D_5\}$
1	0.9799	−10.0000	−0.0200	0.9944,0.0000,0.0023,0.0032,0.0000
2	0.9833	−10.0000	0.0400	0.9818,0.0033,0.0026,0.0123,0.0000
3	0.4990	−7.1513	−0.0200	0.1921,0.0989,0.2383,0.0027,0.4680
4	0.6651	−7.1513	0.0400	0.0575,0.0237,0.0254,0.0064,0.8870
5	0.0309	−1.3953	−0.0200	0.6932,0.0001,0.2862,0.0027,0.0179
6	0.0228	−1.3953	0.0400	0.7734,0.2204,0.0028,0.0026,0.0008
7	0.5780	2.0000	−0.0200	0.9708,0.0254,0.0001,0.0022,0.0016
8	0.0297	2.0000	0.0400	0.5692,0.1947,0.1065,0.0796,0.0500

注：每条置信规则的结论部分置信度之和可能不为 1，这是由于计算过程中保留 4 位有效数字造成的，例如，第 1 条置信规则的结论置信度和为 0.9999，第 5 条和第 7 条的结论置信度和为 1.0001。

与文献[3]算法所得的检测精度(MSE 值为 0.7880)相比，表 8.3 中采用本小节所提交集置信规则库联合优化方法所得的 MSE 值更小，为 0.3411。在 AIC_{BRB} 值方面，本小节所提算法的 AIC 值为 5790.5055，较文献[3]算法减少 18.36%。具体实验结果数据见表 8.3。

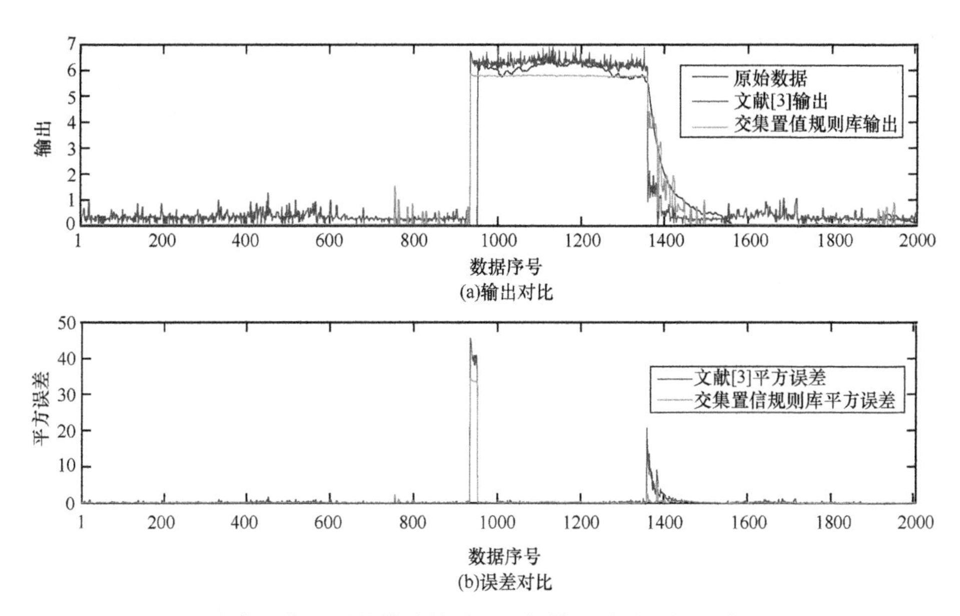

图 8.6　基于交集置信规则的输油管道泄漏规模评估结果与误差对比(见彩图)

表 8.3　交集置信规则库联合优化实验结果数据对比表

项目	文献[3]	交集置信规则库联合优化方法	增量/%
规则数量	56	8	85.71
参数数量	56×6=336	54	83.92
MSE	0.7880	0.3411	56.71
AIC_{BRB}	7092.5407	5790.5986	18.36

注：表格第三列增量的计算方式为：(文献[3]–本节算法)/文献[3]。

重复该实验 30 次，实验结果统计如表 8.4 所示。

表 8.4　30 次交集置信规则库联合优化实验结果数据统计表

序号	解决方案信息			数量和比例	
	最优解决方案	AIC_{BRB}	MSE	数量	比例/%
1	(3,2)	5877.42	0.3882	7	23.33
2	(3,3)	5918.05	0.3904	1	3.33
3	(4,2)	5790.60	0.3411	12	40.00
4	(5,2)	5835.46	0.3485	6	20.00
5	(6,2)	5844.51	0.3418	4	13.33

注：(3,2)表示第一个前提属性“流量差”具有 3 个参考值，第二个前提属性“压力差”具有 2 个参考值。

表 8.4 中，序号为 3 的方案(4,2)被识别的概率最大，为 40%(30 次实验中识别 12 次)。该方案同样得到了最小的 AIC_{BRB} 值，为 5790.60(同时，该方案的 MSE 值

最小，为 0.3411)。结果表明方案(4,2)可作为优化方案。此外，第 2 个前提属性“压力差”的参考值的数量为 2(即方案为(3,2)，(4,2)，(5,2)或(6,2))的概率为 96.67%(30 次实验中识别 29 次)。这表明属性“流量差”与系统行为(即管道泄漏)具有更强的关联性。

图 8.7 给出了第 27(识别方案为(3,2))、28(识别方案为(3,3))和 29(识别方案为(4,2))次实验以及综合结果的解空间示意图，用以说明本小节提出的搜索策略的有效性。相关实验数据见附录 D。

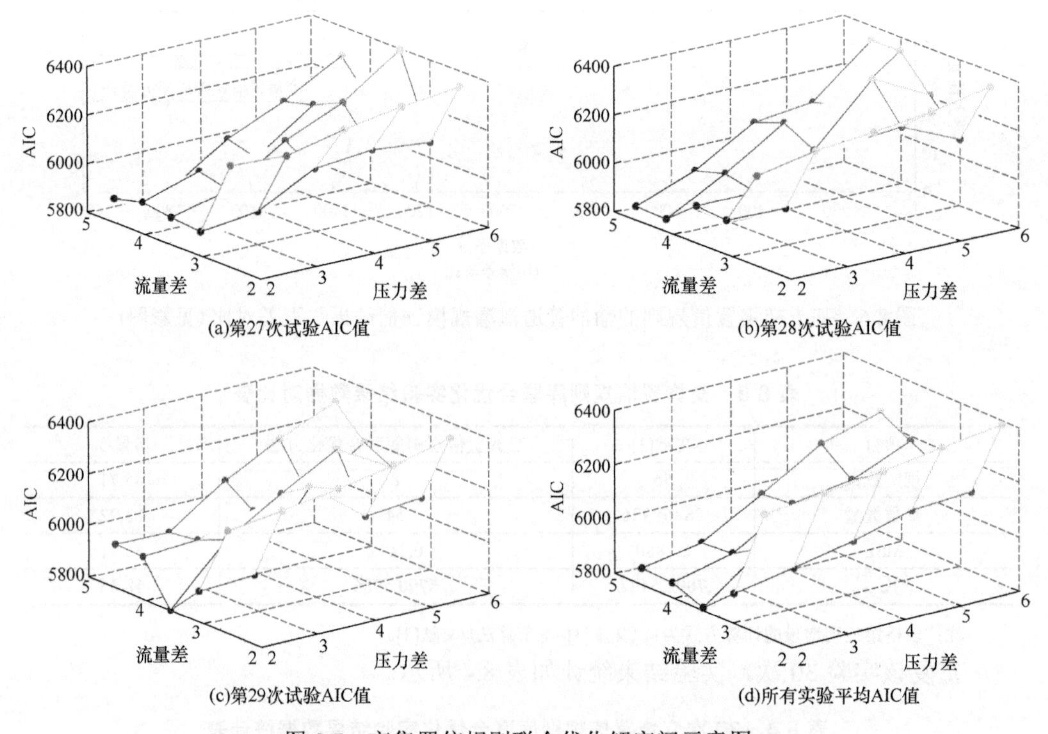

图 8.7　交集置信规则联合优化解空间示意图

对于图 8.7 中给出的例子，所有局部优化过程在(6,6)的解空间内。尽管扩展解空间可能会得到更小的 AIC_{BRB} 值，但是这也同样会耗费更多的计算资源。因此，寻找第一个局部最优解作为最终的解决方案是具有实践应用价值的，同时在工程领域也是更加有效率的方案。

8.5.3　实验结果对比分析

在输油管道泄漏监测示例中，并集假设下的置信规则库联合优化的置信规则库在包含 5 条置信规则时，所得目标函数 AIC_{BRB} 值最小，最小值为 5638.22。并集假设下的置信规则库联合优化过程涉及 40(=5×(5+1+2))个参数。在交集假设下的置信规则库联合优化实验中，当目标函数取值最小(为 5790.60)时，优化后的置信规则库中含有 8 条规则，优化过程涉及 54(=8×(5+1)+4+2)个参数。两者对比，并集假设下的置信规则库联合优化方法减少了 25.93%的优化参数，较为明显地降低了置信规则库优化过程的复杂度(表 8.5)。

表 8.5　不同置信规则库优化方法实验结果对比分析

序号	方法名称	规则数量	参数数量	MSE	AIC_{BRB}	前提假设类型
1	全局优化方法[1]	56	353	0.3990	6533.37	交集假设
2	局部优化方法[2]	56	336	0.4049	6512.16	交集假设
3	序贯优化方法[3]	5	40	0.7880	6500.54	交集假设
4	动态优化方法[4]	6	48	0.4450	6018.47	交集假设
5	交集假设联合优化	8	54	0.3411	5790.60	交集假设
6	并集假设联合优化	5	40	0.2930	5638.22	并集假设

表 8.5 所示为分别在交集假设和并集假设下，开展置信规则库联合优化实验所得的输油管道泄漏评估结果和误差。两种假设下的联合优化实验所得的置信规则库对输油管道泄漏程度评估基本与实际情况相符，均能较好地检测出输油管道泄漏情况。其中，并集假设下的置信规则库对于泄漏规模的评估误差为 0.2930，优于交集假设下置信规则库的评估结果(0.3411，见表 8.3)。

上述实验结果表明，相较于传统的交集假设方法，并集假设下基于赤池信息准则的置信规则库联合优化方法能够在有效保持或评估精度的同时，较为明显地降低置信规则库优化过程的复杂度。

表 8.5 所示为并集假设下基于赤池信息准则的置信规则联合优化方法与已有典型的置信规则库优化方法在输油管道监测评估示例中的实验结果对比(除“序贯优化方法[3]”外按照 AIC_{BRB} 降序排列)。其中，全局优化方法与局部优化方法为传统的置信规则库参数学习方法，所得置信规则库均具有完备结构。根据优化模型不同，两种方法的置信规则库优化过程涉及的参数数量分别为 336(局部优化模型)和 353(全局优化模型)，置信规则库优化过程复杂度均处于较高水平。对比全局优化方法与局部优化方法可以发现，尽管置信规则库全局优化方法相较于局部优化方法提升了评估精度，但同时也增加了参数个数。在综合考虑两方面目标的情况下，局部优化方法的 AIC_{BRB} 目标函数值略优于全局优化方法。

序贯优化方法与动态优化方法为交集假设下置信规则库结构学习方法，其特点均为在优化置信规则库参数设置之前，优先确定置信规则数量。其中，序贯优化方法注重利用局部信息优化相关规则，在降低置信规则库优化过程的同时，一定程度上牺牲了评估精度指标(MSE 为 0.7880)，故该方法的 AIC_{BRB} 值最高。动态优化方法分两个阶段开展置信规则库优化：结构学习和参数学习。动态优化方法在将训练参数降为 48 个的同时，较好地保持了基于优化后的置信规则库所能获得的评估精度(MSE 为 0.4450)。两者比较，尽管序贯优化方法相较于动态优化方法的复杂度更低，但是前者的误差值较高，进而导致其 AIC_{BRB} 目标函数处于较高水平。该实验结论同时验证了基于 AIC_{BRB} 目标函数综合评价置信规则库优化方法的有效性。

相对于动态优化方法中结构学习和参数学习是相对独立的两个阶段，本章所提出的基于赤池信息准则的置信规则库联合优化方法通过 AIC_{BRB} 目标函数有效整合结构和参数学习过程，因此在降低置信规则库复杂度的同时，能够有效提升基于置信规则库的评估精度。表 8.5 第 5 和第 6 行分别为基于本章所提出的联合优化方法在交集假设和并集假设下的输油管道泄漏估计结果。不难发现，无论是在保持置信规则库评估精度还是降低优化过程复杂度方面，本章提出的基于赤池信息准则的置信规则库联合优化方法均能够取得较好效果。尤其是并集假设下的置信规则库联合优化方法，相较于交集假设下的联合优化方法在控制优化过程复杂度方面优势更加明显。

为进一步验证本章所提出的并集假设下基于赤池信息准则的置信规则库联合优化方法的有效性，分别与基于自适应神经网络模糊推理系统(ANFIS)和支持向量机(SVM)两种典型数据驱动方法完成上述输油管道泄漏监测实验，实验结果如表 8.6 所示。其中，MF type 和 MFS 为自适应神经网络模糊推理系统方法的输入变量，C 和 σ^2 为支持向量机方法的输入变量。

表 8.6　不同数据驱动方法实验结果对比分析

	ANFIS				SVM				置信规则库
	MF type	MFS(3,3)	MFS(4,4)	MFS(5,5)	C	$\sigma^2=1$	$\sigma^2=5$	$\sigma^2=10$	
MSE	trimf	**0.5073**	0.6100	0.6859	0.05	0.9144	0.9389	1.1976	**0.2930**
	gbellmf	0.5971	0.6520	0.8737	10	**0.4219**	0.4623	0.5232	
	Gauss2mf	0.6557	0.7884	0.5941	100	0.4269	0.4242	0.4439	
	pimf	0.5788	0.8716	0.7710	200	0.4669	0.4466	0.4291	
	dsigmf	0.5815	0.7716	0.5897					

由于 AIC_{BRB} 目标函数针对置信规则库系统提出，是否适用于 ANFIS 和 SVM 还有待进一步验证，此处仅以输油管道泄漏检测问题中的评估精度为评价指标，对比 3 种方法的优劣。由表 8.6 可知，通过调整 ANFIS 和 SVM 方法的输入参数，求解该输油管道泄漏检测问题所得到的预测误差 MSE 分别为 0.5073 和 0.4219(加粗)，均高于本章所提出的并集假设下基于赤池信息准则的置信规则库联合优化方法所能达到的 MSE(=0.2930)。

综上所述，并集假设下基于赤池信息准则的置信规则库联合优化方法在求解输油管道泄漏检测问题中，能够取得较好效果。因此，基于赤池信息准则的置信规则库联合优化方法在提高置信规则库评估精度和降低优化过程复杂度两方面，均表现出较为明显的优势。

8.6　结　论

本章分别提出了并集和交集假设下基于赤池信息准则的置信规则库联合优化方法，通过引入赤池信息准则，将置信规则库评估精度和复杂度纳入统一的置信规则库优化目标函数；构建置信规则库参数和结构联合优化模型与算法，有效协调了置信规则库结构学习和参数学习两个过程，寻求降低计算复杂度和提升评估精度的有效平衡。最后，运用输油管道泄漏检测问题验证了所提出的置信规则库联合优化模型和算法的有效性。实验结果表明，置信规则库联合优化算法，可以在不影响建模精度的情况下，进一步降低置信规则库构建和优化过程的复杂度。相较于置信规则库参数学习，置信规则库联合优化方法具有更强的实际应用价值。

参考文献

[1] Chen Y W, Yang J B, Xu D L, et al. Inference analysis and adaptive training for belief rule based systems [J]. Expert Systems with Applications, 2011, 38(10): 12845-12860.

[2] Xu D L, Liu J, Yang J B, et al. Inference and learning methodology of belief-rule-based expert system for pipeline leak detection [J]. Expert Systems with Applications, 2007, 32(1): 103-113.

[3] Zhou Z J, Hu C H, Yang J B, et al. A sequential learning algorithm for online constructing belief-rule-based systems [J]. Expert Systems with Applications, 2010, 37(2): 1790-1799.

[4] Wang Y M, Yang L H, Fu Y G, et al. Dynamic rule adjustment approach for optimization belief rule-base expert system[J]. Knowledge-Based Systems, 2016, 96: 40-60.

[5] 宋喜芳，李建平，胡希远. 模型选择信息量准则 AIC 及其在方差分析中的应用[J]. 西北农林科技大学学报(自然科学版), 2009, 37(2): 88-92.

[6] Chang L L, Zhou Z J, You Y, et al. Belief rule based expert system for classification problems with new rule activation and weight calculation procedures[J]. Information Sciences, 2016, 336: 75-91.

[7] Chang L L, Sun J B, Jiang J, et al. Parameter learning for the belief rule base system in the residual life probability prediction of metalized film capacitor[J]. Knowledge-Based Systems, 2015, 73 : 69-80.

[8] 孙建彬，常雷雷，谭跃进，等. 基于双层模型的置信规则库参数与结构联合优化方法[J]. 系统工程理论与实践, 2018, 38(4): 983-993.

第 9 章　面向多目标的并集置信规则库优化

本书第 7 章和第 8 章所开展的研究从模型目标角度而言仍然属于单目标优化，本章将重点介绍面向置信规则库精度(主要与模型误差有关)和模型复杂度(与模型规则有关)的多目标优化。具体而言，本章将采用多种群、冗余基因策略来解决这一问题，并采用具有主导从属架构的并行优化策略来防止陷入局部最优解和提高优化效率。

9.1 问 题 描 述

置信规则库的结构与参数之间的矛盾在于：置信规则库结构优化的目的一般是约减其规模(或者至少是控制其规模在一定范围内)，这就要求具有较少数量的规则；而置信规则库参数优化的目的是提高建模精度，这要求精确地确定每个参数的取值，间接地需要增加规则数量。因此，对置信规则库进行结构优化和参数优化具有部分冲突，如图 9.1 所示。

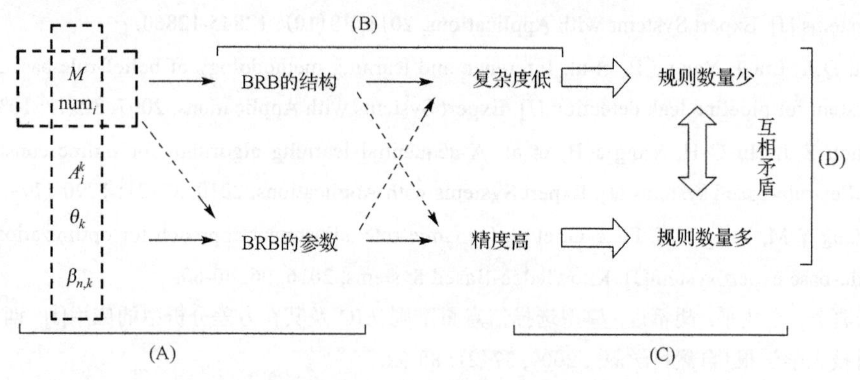

图 9.1　置信规则库中结构优化与参数优化的关系

同时置信规则库结构优化与参数优化所涉及的决策变量也不同。从广义上来说，置信规则库中所有的参数都是参数优化中的决策变量，包括前提属性个数、前提属性参考值、规则初始权重、规则中结论各等级的置信度等；从狭义而言，仅包括前提属性参考值、规则初始权重、规则中结论各等级的置信度。对于置信规则库的结构，从广义上来说，包括置信规则库中的前提属性的个数和每个前提属性的参考值个数；从狭义上来说，一般仅优化前提属性参考值个数。本章中也仅从狭义上对置信规则库的结构和参数进行优化。

如前所述，对置信规则库的结构进行直接优化的难点在于，在优化过程中置信规则库的数量会不断变化，这就导致当采用演化算法进行优化引擎时，每个个体的长度会不相等且不断变化，不同个体之间不能进行任何优化操作：个体之间没有对等的基因位。

为了解决这一难题，本章提出采用多种群策略来解决这一难题。面向具有不同规则数量(结构)的置信规则库分别采用不同长度的个体和多个个体形成不同种群，换言之，不同种群中的个体长度都不相同，同一种群内个体长度都相同。在进行优化操作之前，以长度最长的个体为准，其他种群中的个体都将补充冗余基因至最长个体的长度，这样一来，不同种群中的个体即可进行优化操作。在完成优化操作之后进入适应度计算之前，再将补充的冗余基因删除。9.2 节、9.3 节和 9.6.1 小节将仅采用多种群策略仍然开展单目标优化。

在进行多目标优化的过程中，还有可能遇到优化资源分布不均匀的情况，即当某一个种群中在较早代数中取得了较大的优势，那么下一步优化资源将都集中到取得较大的优势的种群中，这将导致优化资源的部分不均匀。

为了解决这一问题，本章将提出采用分布式优化的策略，即当优化进行到一定代数时，切断多种群之间的协同优化，各种群分别进入分布式优化，在分布式优化的过程中优化仅局限在各种群之内，这将进一步提高优化效率，尤其是规避优化资源分布不均匀的情况。9.4 节、9.5 节和 9.6.2 小节将仅采用多种群策略和分布式优化策略开展多目标优化。

需要注意的一点是，本书的第 8 章也对置信规则库的结构和参数开展了联合优化——分别对其进行优化，那么与本章所开展的多目标优化有什么区别呢？

两者最核心的区别在于：第 8 章开展的仍然是单目标优化，本章开展的是多目标优化。开展第 8 章研究的前提是首先将置信规则库的复杂度(结构优化目标)和精度(参数优化目标)集成一个优化目标，这对于很多实际问题是难以满足的，而本章中进行多目标优化，在优化的过程中是对帕累托(Pareto)前沿进行优化，不存在这一要求。在此基础上，如果某个实际问题中还存在其他目标，那么第 8 章提出的联合优化方法就不再适用，而本章提出的多目标优化方法中只需要在优化模型中再增加一个目标即可。

9.2　单目标下基于平行多种群策略的 BRB 优化模型

本节提出一种基于平行多种群策略和冗余基因策略的 BRB 优化模型。该模型采用具有不同基因数量的多个种群来编码具有不同数量规则的 BRB，多个不同种群共同参与优化过程来实现对 BRB 结构与参数进行优化的目的；在优化过程中，为具有较少基因的个体(具有较少规则的 BRB)补充部分冗余基因，以确保不同长度个体能够同时参与优化过程。

9.2.1　平行多种群策略

当前有关平行多种群策略研究一般在不同种群中设置不同算子，再集合多种群(本质上是多个算子)的优势以解决大规模优化问题。具体而言，在不同种群中分别采用不同算子进行优化，在优化过程中进行对比并将其作为下一代分配优化资源的依据，综合集成多种不同算子的共同优势[1,2]。这是由于传统优化问题中并不涉及结构优化。因此，在将多种群策略应用于优化算法时，不同种群中的优化算子不同，但个体长度(编码格式)仍是相同的。但这与本节要解决的核心问题有本质区别：本节研究的出发点是实现对 BRB 结构和参数的同时优化，因此在本节采用的多种群策略中，不同种群中的个体长度(编码格式)不同。

本节提出采用平行多种群策略解决这一问题。将具有不同数量规则的 BRB 按照其规则数量划分为多个种群，在单一种群中 BRB 具有相同数量规则(个体长度相同)，不同种群之间 BRB 规则数量不同(个体长度不同)。换言之，将 BRB 中规则数量 K，也作为待优化参数之一引入 9.2.2 小节中的优化模型中，以实现对 BRB 结构与参数同时优化的目的。

图 9.2 表示平行多种群策略将初始种群划分为具有不同规则数量的种群(种群规则数量相同)，但仍不能用于交叉变异，需要添加冗余基因至所有个体长度相等。

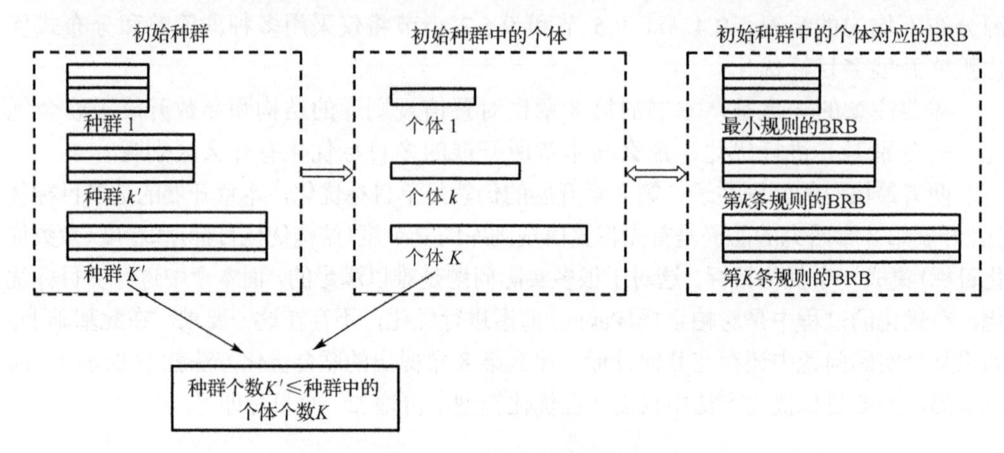

图 9.2　平行多种群策略

9.2.2　基于平行多种群策略的 BRB 优化模型

基于 9.2.1 小节提出的平行多种群策略，建立同时包含 BRB 结构与参数的优化模型：

$$\min \quad E(K, A_m^k, \theta_k, \beta_{n,k}) \tag{9.1a}$$

$$\text{s.t.}\begin{cases} K_{\min} \leqslant K \leqslant K_{\max} & (9.1\text{b}) \\ \text{lb}_m \leqslant A_m^k \leqslant \text{ub}_m & (9.1\text{c}) \\ A_m^p = \text{lb}_m & (9.1\text{d}) \\ A_m^q = \text{ub}_m & (9.1\text{e}) \\ 0 < \theta_k \leqslant 1 & (9.1\text{f}) \\ 0 \leqslant \beta_{n,k} \leqslant 1 & (9.1\text{g}) \\ \sum_{n=1}^{N} \beta_{n,k} \leqslant 1 & (9.1\text{h}) \end{cases}$$

其中，$k=1,\cdots,K; n=1,\cdots,N; m=1,\cdots,M; p \neq q \in [1,\cdots,M]$。式(9.1b)表示规则数量在预定的最小规则数 $K_{\min}$ 和最大规则数 $K_{\max}$ 之间；式(9.1c)表示第 m 个前提属性的参考值在下界 lb_m 和上界 ub_m 之间；式(9.1d)和式(9.1e)表示第 m 个前提属性的参考值的上下界必须包含在规则中；式(9.1f)表示初始规则权重应该在(0,1]内；式(9.1g)表示评估结果的置信度应该在[0,1]内；式(9.1f)表示评估结果的置信度之和小于或者等于 1(当信息不完整时 $\sum_{n=1}^{N} \beta_{n,k} < 1$)。

9.3　单目标下基于冗余基因策略的 BRB 优化算法

为了求解 9.2.2 小节中建立的优化模型，本节提出基于冗余基因策略的 BRB 优化算法。基于冗余基因策略，对基因数量较少的个体(规则数量较少的 BRB)补全部分冗余基因，至所有个体的长度相等。这样所有个体的长度一致，也就可以参与优化操作，而并不参与适应度计算。

基于冗余基因策略的 BRB 优化求解算法共包括 6 个步骤，如图 9.3 所示。

步骤 1：参数识别。

参数识别主要包括演化算法的参数设置和 BRB 的参数设置。演化算法的参数包括种群个数、迭代次数等。BRB 的参数包括 BRB 的规则个数、前提属性(参考值)的个数和评估结果的置信度个数。BRB 中一般至少包括 3 条规则。

步骤 2：初始化(编码)。

每个个体代表一个具体的 BRB，个体基因由 BRB 的参数组成。BRB 的参数包括前提属性的参考值、规则权重、评估结果的置信度以及表示 BRB 中规则数量 K。K 取值为离散整数，介于最小规则数 $K_{\min}$ 和最大规则数 $K_{\max}$ 之间。

不同的 BRB 具有不同的规则数量，不同个体之间的基因个数也不相等，这就导致不同种群中的个体长度不同，因此不能进入下一步的交叉变异操作。

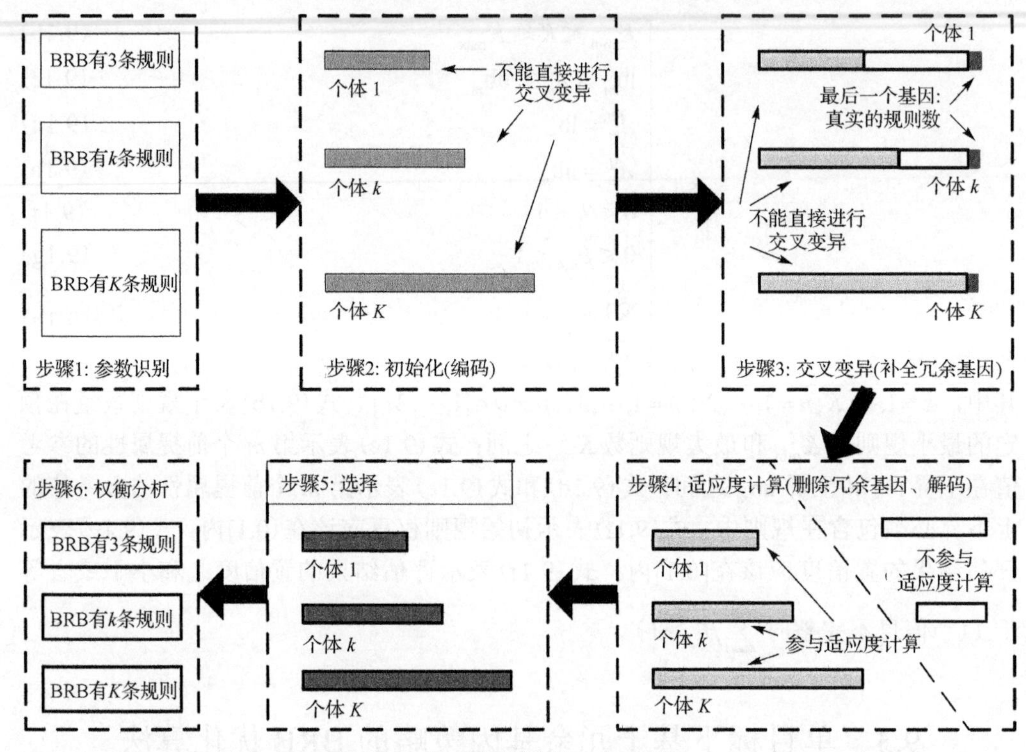

图 9.3　优化算法的 6 个步骤

步骤 3：交叉变异(补全冗余基因)。

在进行交叉变异操作之前，首先需要对不同种群中的所有个体补全冗余基因，以确保所有个体的长度相同(所有个体包含基因数量相同)，如图 9.4 所示。

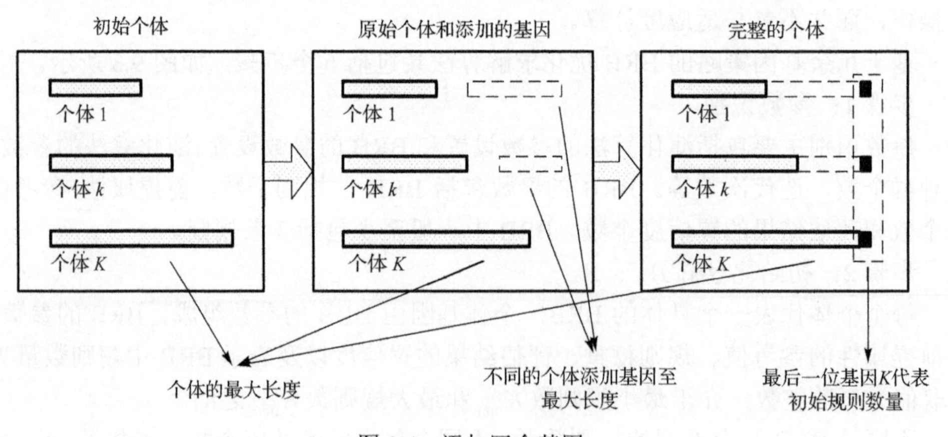

图 9.4　添加冗余基因

向各个个体中补全基因的操作步骤如下：首先识别具有最多基因数量的个体(即

具有最多规则数量的 BRB)，以该个体的长度为标准长度；然后依次对每个个体补全冗余基因，需要注意补全基因应当满足所在位置的上下限要求，且最后一位标志初始规则数量的基因 K 位置和取值不变。

补全基因后，所有个体长度将会相等，均为初始具有最多基因数量个体的长度。补全基因后个体将进入优化操作。本节采用差分进化算法作为优化引擎，其优化操作包括交叉和变异。

交叉策略指出引入交叉算子可以增强种群的多样性。$v'_{i,j}$ 为第 j 个基因的临时个体即交叉后的个体，其交叉算子为 CR； $z'_{i,j}$ 是当前个体，其交叉算子为 $1-\mathrm{CR}$。每个个体都按照一定的概率选择交叉个体 $v'_{i,j}$，否则生成原来的个体 $z'_{i,j}$。

$$u'_{i,j}=\begin{cases}v'_{i,j}, & \mathrm{rand}(0,1)\leqslant \mathrm{CR}\ 或\ j=\mathrm{sn}\\ z'_{i,j}, & 其他\end{cases} \tag{9.2}$$

其中，交叉算子 $\mathrm{CR}=0.9$， $\mathrm{sn}\in[1,2,\cdots,n]$ 是由每个个体产生的随机整数。

变异操作指出随机选取种群中两个不同个体，将其与待变异的个体进行合成，得到新的个体。第 i 个新个体 v'_i 可以由式(9.3)得到：

$$v'_i=z_{r1}+F\times(z_{r2}-z_{r3}) \tag{9.3}$$

其中， z_{r1},z_{r2} 和 z_{r3} 是 3 个随机产生的个体，并且 $r1\neq r2\neq r3$，变异算子 $F=0.5$。

步骤 4：适应度计算(删除冗余基因、解码)。

经过交叉、变异操作后的个体中的基因已经得到优化，在进行适应度计算之前需要首先根据每个个体最后一位标志初始长度的基因 K 删除在步骤 3 中添加的冗余基因，换言之，只有与初始 BRB 相关的基因才会进入适应度计算中，步骤 3 中添加的冗余基因不参与适应度计算，如图 9.5 所示。

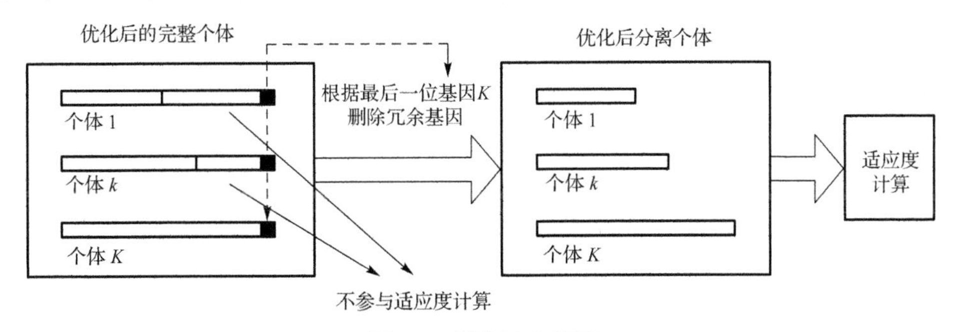

图 9.5　删除冗余基因

删除冗余基因后，根据基因编码方案对剩余个体的基因进行解码操作；然后进入适应度计算，包括输入信息与前提属性的匹配度计算、激活权重计算以及激活规则集成。

步骤 5：选择。

通过比较个体的适应度值，选择适应度值最小的个体作为最优个体。在选择适应度值的过程中，个体适应度值的比较仅局限于具有相同长度的个体或者具有相同规则数量的 BRB。最终的最优个体是由不同规则数量的 BRB 组成，而不是由特定数量规则的 BRB 组成。

对于第 i 个个体 u_i^t，根据个体的适应度函数值选择进入下一代的个体。

$$z_i^{t+1} = \begin{cases} u_i^t, & f(u_i^t) \leqslant f(z_i^t) \\ z_i^t, & \text{其他} \end{cases} \tag{9.4}$$

其中，$f(\cdot)$ 是适应度函数，本节中是指均方差(MSE)函数。

步骤 6：权衡分析。

决策者根据问题特点和自身需求，在具体不同结构的优化后的 BRB 中进行综合权衡分析，选择相应 BRB。

9.4 面向多目标优化的主导从属框架

基于当前研究现状以及 9.2 节、9.3 节的研究成果，本节将提出 BRB 多目标优化方法。首先，在优化过程中使用由多个目标值组成的 Pareto 前沿更新优化过程，以实现多目标优化的目的。其次，为了进一步实现 BRB 协同优化和提高其优化效率的目的，本节引入了主导从属框架结构，在主导优化过程中实现 BRB 协同优化，从属过程中实现分布式优化。协同优化使用多种群策略和冗余基因策略。其中多种群策略确保每个种群中具有长度相同的个体，不同种群中个体长度不相等，冗余基因策略确保所有基因数量较少的个体长度与最大基因数量的个体长度相同，从而进一步参与优化操作。分布式优化采用多线程并行计算机制，即主导优化过程中被优化的每个种群分别分配到分布式优化的每一个线程中，因此一个线程中仅优化一个种群中的个体，不同线程之间的优化过程互不交叉，多个线程同时进行优化，从而提高优化效率。

单目标与多目标优化的首要区别在于，新产生的解能否更新现有解不再仅取决于单个目标的值，而是需要对比由多个目标组成的 Pareto 前沿。但面向 BRB 开展多目标优化的最大难点在于两点：一是 BRB 的结构和参数同时优化时，由 BRB 结构不断改变导致的优化操作难以进行；二是不同规模的 BRB 在优化过程中获取的优化资源不同，极易陷入局部优化。

难点 1：同时对 BRB 的结构和参数进行优化将会导致存在具有不同长度的个体不能顺利进入到优化操作中。这一难点与 9.2 节中阐述的难点是一致的。

特征 1：为了解决这一问题，本节提出的 DSM-BRB (dominant-subordinate-multi-objective optimization for BRB)方法中也将采用 9.2 节中采用的多种群策略和冗余基因策略的协同优化。

难点 2：多种群策略不可避免地会增加个体数量，冗余基因策略也会增加个体的基因。在求解多个目标的值时，BRB 的规模随着规则数量的变化而改变，如果具有一定规模的 BRB 在早期优化过程中获得了较优的解，那么其他规模的 BRB(尤其是规则数量较多的 BRB)将难以进入 Pareto 前沿而获得优化资源，这就导致优化过程极易陷入早期最优解状态。

特征 2：为了解决这一问题，DSM-BRB 方法将引入主导从属框架结构，如图 9.6 所示。在主导过程中进行协同优化，以确保不同种群中的个体之间能够相互学习以推动帕累托向前推进。当迭代次数达到主导过程中预定代数时，不同种群中的个体将被分配到从属过程中进行多线程并行计算。在每一个线程中仅对一个种群中的所有个体进行优化。同时不同线程之间不存在交互过程，因此具有多个线程中的分布式优化过程可以并行方式进行。从属优化过程中的分布式优化可以避免协同优化中易陷入局部最优解的困境，进而提高分布式优化的效率。需要注意的是，由于从属优化过程中并行优化是在不同线程中分别开展的，且各线程中的个体长度相同，因此每个线程中仅以模型误差为优化目标，不涉及结构优化。相比而言，在协同优化中进行的是多目标优化，而在分布式优化中，尤其在每个优化线程之中进行的仍然是单目标优化，具体而言，所进行的是 BRB 参数优化。同时，本节在主导和从属优

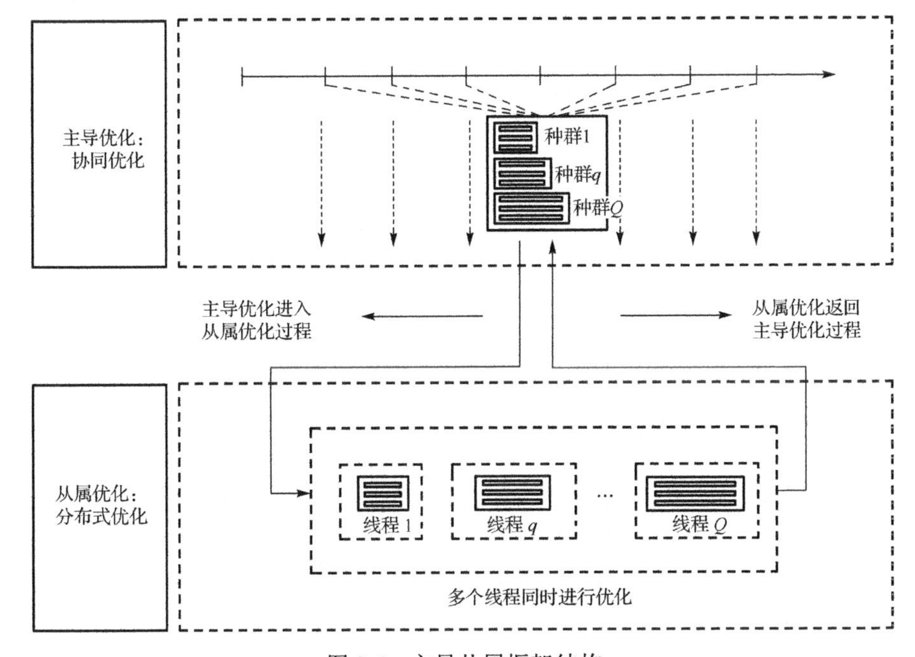

图 9.6　主导从属框架结构

化过程使用不同的优化次数。在早期的优化中，具有不同规则数量的 BRB 之间的相互学习更加重要，而具有相同规则数量的 BRB 之间的内部学习在后期的优化中会更加有效。所以在早期优化中，主导优化过程中的迭代次数应该大于从属过程中的迭代次数，而后期循环中，在从属优化过程中的迭代次数大于主导过程中的迭代次数。

9.5　多目标下具有主导从属框架的 BRB 优化方法

9.5.1　算法框架步骤

DSM-BRB 方法主要有以下 8 个步骤。

步骤 1：初始化。

DSM-BRB 方法共有两类参数需要初始化：BRB 相关参数和优化算法相关参数。BRB 参数包括前提属性的参考值 A、规则权重 θ 以及评估结果的置信度 β。优化算法的参数为种群的数量 Q、主导过程中循环次数 R、在第 r 次优化中第 q 个中群中的个体数量 NP_q^r、主导过程中优化的代数 n_{g_d} 和从属过程中优化的代数 n_{g_s}。

步骤 2：添加冗余基因。

由于不同种群中的个体长度不同，因此不能同时参与优化操作，基于冗余基因策略，向基因数量较少的个体中添加冗余基因直到所有个体具有相同的基因数。需要注意的是，冗余基因的添加过程并不是随意进行的，所添加的冗余基因所在的位置的含义是确定的，详见 9.2 节。初始化后第一次添加冗余基因进入主导优化过程参见图 9.7 中 A→B 部分，从分布式优化后返回主导优化过程参见图 9.7 中 C→B 部分。

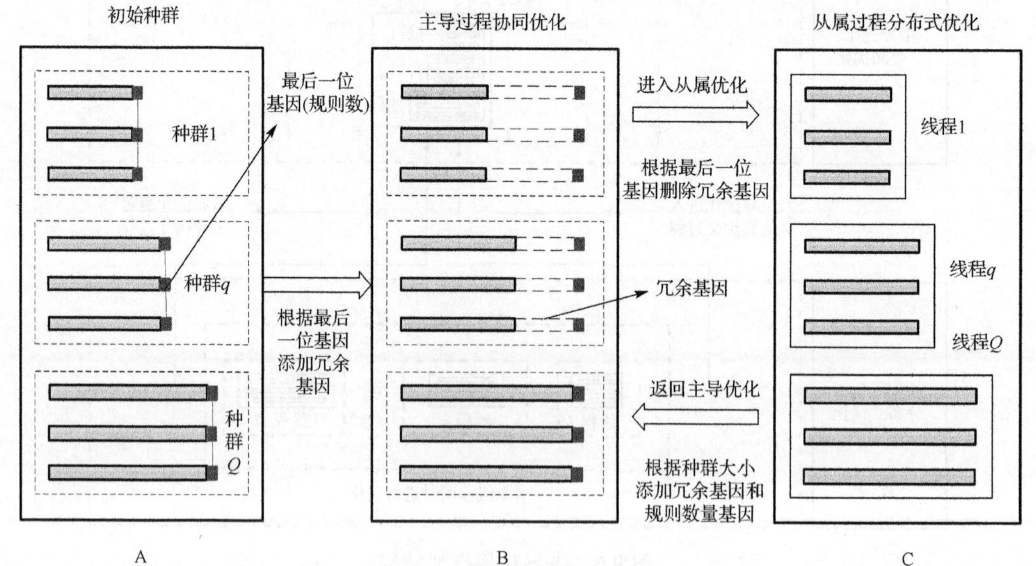

图 9.7　分布式并行计算机制

步骤 3：建立主导协同优化模型。

对 DSM-BRB 添加冗余基因后，DSM-BRB 进入主导优化，在主导优化中构建优化模型，详见 9.5.2 节。

步骤 4：求解优化模型。

对主导过程中的优化模型进行求解，其优化参数 $A_m^k, \mathrm{NP}_q^r, \theta_k, \beta_{n,k}$，分别为前提属性参考值、种群数量、初始权重以及置信度，详见 9.5.3 节。

步骤 5：删除冗余基因。

主导优化过程结束后，面向优化后的种群，删除其中的冗余基因(同时删除标记基因数量的最后一位基因)，将不同种群分配到从属优化过程中的不同线程，其分配方式详见 9.5.4 节及图 9.7 中 B→C 部分。

步骤 6：求解从属优化模型。

在从属优化中构建优化模型并对优化模型进行求解，其优化参数 $A_m^k, \theta_k, \beta_{n,k}$ 分别为前提属性参考值、初始权重以及置信度，详见 9.5.5 节。

步骤 7：从属优化过程的终止检查。

如果迭代次数未达到从属优化过程中预先设定的最大迭代次数，则返回步骤 6 中；如果达到，则还需要检查是否达到总程序的终止次数，如果满足，则终止程序，进入步骤 8；如果未达到，则转到步骤 2，详见 9.5.4 节及图 9.7 中 C→B 部分。

步骤 8：输出结果。

优化过程的输出结果将是 Pareto 前沿而不仅仅是一个最优解。

9.5.2　主导优化：协同优化模型

步骤 3.1：建立协同优化目标。

DSM-BRB 方法有两个优化目标，即建模精度(均方误差 MSE 表示)和建模复杂性(规则数量 K 表示)。其均方误差 MSE 如式(9.5)所示：

$$\mathrm{MSE} = \frac{1}{P}\sum_{p=1}^{P}(y_p^e - y_p^a)^2 \tag{9.5}$$

其中，y_p^e 和 y_p^a 分别表示 DSM-BRB 方法的估计输出结果和数据中的真实输出结果，P 表示数据量。

另一个优化目标为规则数量 K，其满足：

$$K_{\min} \leqslant K \leqslant K_{\max} \tag{9.6}$$

其中，$K_{\max}$ 和 $K_{\min}$ 分别表示规则的数量 K 的上限和下限。BRB 中规则数量的最小值为 1 条，但一般设置为 3 条以上以确保 BRB 具有较好的非线性建模能力。BRB 中规则数量的上限通常根据专家经验或者历史数据预先设置一个较大值。

步骤 3.2：建立协同优化模型。

优化模型如下：

$$\min \quad \mathrm{MSE}(A_m^k, \mathrm{NP}_q^r, \theta_k, \beta_{n,k}) \tag{9.7a}$$

$$\text{s.t.} \begin{cases} \min \quad K & (9.7\text{b}) \\ K_{\min} \leqslant K \leqslant K_{\max} & (9.7\text{c}) \\ \mathrm{NP}_{\min}^r \leqslant \mathrm{NP}_q \leqslant \mathrm{NP}_{\max}^r & (9.7\text{d}) \\ \sum_{q=1}^{Q} \mathrm{NP}_q = Q \times n_p & (9.7\text{e}) \\ \mathrm{lb}_m \leqslant A_m^k \leqslant \mathrm{ub}_m, A_m^1 = \mathrm{lb}_m, A_m^K = \mathrm{ub}_m & (9.7\text{f}) \\ 0 < \theta_k \leqslant 1 & (9.7\text{g}) \\ 0 \leqslant \beta_{n,k} \leqslant 1, \sum_{n=1}^{N} \beta_{n,k} \leqslant 1 & (9.7\text{h}) \end{cases}$$

其中，式(9.7d)表示第 r 次循环中第 q 个种群中的个体数量应在其上限 $\mathrm{NP}_{\max}^r$ 和下限 $\mathrm{NP}_{\min}^r$ 之内，通常一个种群中至少包含两个及以上的个体以满足优化操作的最低要求；式(9.7e)表示 Q 个种群中的个体总和在优化过程中保持不变即所有种群个体之和始终等于种群个数 Q 与每个种群平均个体数量 n_p 之间的乘积 $Q \times n_p$；式(9.7f)表示第 m 个前提属性的上下限，同时为了方便起见，第一条规则中为各前提属性参考值的下限，最后一条规则中为各参考值的上限；式(9.7g)表示规则权重应当在(0,1]内；式(9.7h)表示评估结果的置信度应当在[0,1]内，且一条规则中所有等级的置信度之和小于或者等于 1(当信息不完整时 $\sum_{n=1}^{N} \beta_{n,k} < 1$)。

9.5.3 主导优化：协同优化算法

为了求解 9.5.1 节中的优化模型，本节提出以下 5 个步骤的协同优化算法。

步骤 4.1：优化操作。

由于步骤 1 中已经完成了初始化，直接进入优化操作。由于已经经过步骤 2 向长度较短的个体中添加了冗余基因，因此所有种群中的个体长度已经相等，可以直接进行优化操作。

步骤 4.2：删除冗余基因。

优化后的个体在进行适应度计算之前，需要删除额外添加的冗余基因，即只有与初始 BRB 相关的基因才会进入适应度计算过程，而添加的冗余基因则不会进入适应度计算中。冗余基因将会单独记录，待适应度计算完成之后再与原个体结合，然后返回优化操作。

步骤 4.3：适应度计算。

适应度计算包括规则激活、匹配度计算、规则权重计算，以及 ER 算法激活规则集成，详见本书 3.3 节。

步骤 4.4：Pareto 前沿更新。

为了合理地分配优化资源，本节采用具有多个目标组成的帕累托更新解。经过主导优化之后的个体进入适应度计算产生新解，新解与帕累托前沿上所有的最优解进行比较从而确定新解是否进入下一代更新。经过帕累托更新，产生新的帕累托前沿。决策者可以根据 elbow principle[3,4]或者考虑实际问题的具体要求获得最优解。

步骤 4.5：终止检查。

如果迭代次数达到预先设定的值，则进入从属优化操作中，否则返回步骤 4.1 中。需要注意的是再次返回步骤 4.1 的个体中仍然包含冗余基因。

9.5.4　主导从属优化切换：分布式并行计算机制

图 9.7 给出了主导从属优化过程的转换。首先基于冗余基因策略，根据初始种群中的最后一位基因数(规则数量)将确定长度的基因添加到初始种群中，以确保所有初始种群中的个体都具有相同长度进而能够参与到优化操作过程之中。如图 9.7 中 A→B 部分。

初始种群添加冗余基因之后，进入主导从属优化过程。主导优化过程中实现协同优化，即 BRB 的结构和参数同时优化。在适应度步骤中不需要额外添加的冗余基因，而仅需要与 BRB 真实结构相关基因。因此，在进入适应度计算之前需要将添加的冗余基因删除，即优化后的多个种群根据个体中最后一位基因(规则个数)删除不同种群中个体的冗余基因。多个种群进入从属优化过程以进行分布式多线程并行计算。如图 9.7 中 B→C 部分，根据种群的数量划分线程的数量，种群的数量与线程的数量一一对应。每个线程中仅优化一个种群中的全部个体，并且每个线程之间不会出现交叉过程。因此，多线程可以以并行的方式同时进行。从属优化过程只有参数优化而没有结构优化，因此由主导优化进行从属优化的过程中，即 B→C 的过程中仅需要与 BRB 初始结构有关的关键基因即可，所有由 B→C 的过程也需要删除冗余基因和最后一位标志个体长度的基因，这也可以提高从属优化的优化效率。所有种群完成从属优化过程后重新组合返回主导优化过程中如图 9.7 中 C→B 部分，这一过程中将需要再次添加冗余基因和最后一位标志长度的基因。

9.5.5　从属优化：参数优化

步骤 6.1：建立从属优化模型。

从属优化过程中的 BRB 参数与主导优化过程中的 BRB 参数相比，没有优化规则的数量 K，即分布式并行优化模型中每个线程的优化参数仅局限于具有确定规则数量的 BRB 的参数。决策变量是前提属性的参考值 A、初始规则权重 θ_k，以及评估结果的置信度 $\beta_{n,k}$。

优化模型如下：

$$\min \quad \text{MSE}(A_m^k, \theta_k, \beta_{n,k}) \tag{9.8a}$$

$$\text{s.t.} \begin{cases} \text{lb}_m \leqslant A_m^k \leqslant \text{ub}_m, A_m^1 = \text{lb}_m, A_m^K = \text{ub}_m & (9.8\text{b}) \\ 0 < \theta_k \leqslant 1 & (9.8\text{c}) \\ 0 \leqslant \beta_{n,k} \leqslant 1, \sum_{n=1}^{N} \beta_{n,k} \leqslant 1 & (9.8\text{d}) \end{cases}$$

其中，$k=1,\cdots,K;n=1,\cdots,N;m=1,\cdots,M$。式(9.8b)～式(9.8d)与 9.5.2 小节中式(9.7f)～式(9.7h)相同。

步骤 6.2：设计从属优化模型求解算法。

从属优化过程中的优化算法仅优化 BRB 的参数。其优化过程中的四个步骤可以参考 9.5.3 节中主导优化过程中的相应步骤。

步骤 6.2.1：优化操作。

该步骤中的优化操作与 9.5.3 节中步骤 4.1 相同。

步骤 6.2.2：适应度计算。

适应度计算过程包括规则激活计算、规则权重计算以及使用 ER 算法的激活规则集成，与 9.5.3 节中的步骤相同。

步骤 6.2.3：选择。

通过比较每个个体的 MSE(步骤 6.2.2 适应度计算)，选择 MSE 最小值作为最优解。值得注意的是，这里只是与单目标值进行比较确定最优值，而 9.5.3 小节中步骤 4 是由多个目标组成的帕累托更新。

9.6 示例分析

本节仍以第 8 章中的输油管道泄漏监测问题开展示例分析，相关参数设置一致，具体见第 8 章。

9.6.1 单目标优化方法

采用 DE 作为 BRB 结构与参数优化模型的求解算法，为了与当前方法进行比较，DE 优化算法的参数值和当前方法使用的参数值一致，其设值如下：

(1)BRB 中规则数量取值范围为 3～8 条；

(2)优化算法中个体数量设定为 100，迭代次数为 1000 代；

(3) 交叉率和突变率设值为 0.8 和 0.8；

(4) 算法共运行 30 次以验证平行多种群与冗余基因策略方法的稳定性。

表 9.1 给出了算法运行 30 次之后具有不同数量规则的 BRB 统计结果。通过表 9.1 可以发现，当规则数量为 3～8 条时，不同 BRB 的最小值和平均值都远大于其方差(大一个数量级)，这说明本章提出的方法具有较好的稳定性。

表 9.1　30 次实验结果统计

规则数量	3	4	5	6	7	8
最小值	4.0389×10^{-1}	3.2065×10^{-1}	2.9210×10^{-1}	2.9208×10^{-1}	2.9200×10^{-1}	2.9189×10^{-1}
平均值	5.3796×10^{-1}	3.9717×10^{-1}	3.7355×10^{-1}	3.7332×10^{-1}	3.6770×10^{-1}	4.4892×10^{-1}
方差	9.5350×10^{-2}	5.2327×10^{-2}	3.4741×10^{-2}	3.2595×10^{-2}	4.3643×10^{-2}	2.4779×10^{-2}

图 9.8 进一步给出了 1000 代优化过程中帕累托(Pareto)前沿的优化过程。

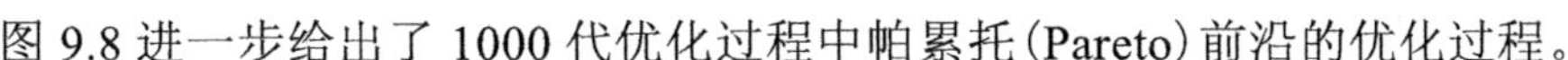

(a) 不同BRB的MSE(迭代次数1~1000)

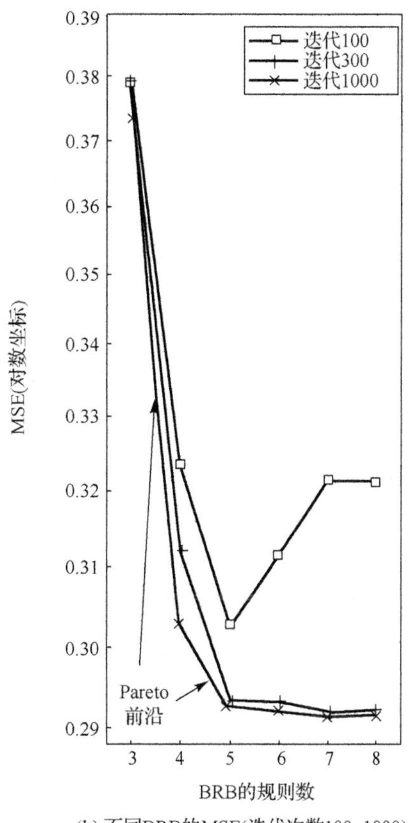

(b) 不同BRB的MSE(迭代次数100~1000)

图 9.8　帕累托前沿的优化过程

通过表 9.1 和图 9.8，可以得出以下结论。

(1) 在 1000 代的优化过程中，Pareto 前沿不断向前推进。

(2) 当优化至 100 代时(图 9.8(b))，具有不同数量规则的 BRB 实际上就已经达到了比较稳定的可行解。

(3) 规则数量(即参数数量)对优化结果具有一定影响。当优化到 100 代时，由于规则数量较多的 BRB 的参数数量较多，此时具有 6、7 和 8 条规则的 BRB 并未取得较优解，也未在 Pareto 前沿上。

(4) 决策者可以根据自身偏好在 Pareto 前沿上选择最优 BRB。当不考虑偏好时，具有 5 条规则的 BRB 具有明显优势，其 MSE 明显小于前者，而后续随着规则数量增加，MSE 也并未明显大幅下降，即具有 5 条规则的 BRB 处于拐点(elbow point)。

表 9.2 给出了具有 5 条规则的最优 BRB 参数，图 9.9 给出了模型预测结果与真实值之间的对比以及误差。

表 9.2　具有 5 条规则的最优 BRB 参数

序号	权重	前提属性		泄露大小				
		流量差	压力差	0	2	4	6	8
1	0.8642	−10.0000	−0.002	0.3950	0.0692	0.0194	0.0122	0.5042
2	1.0000	−7.5000	−0.0176	0.7878	0.2109	0.0001	0.0000	0.0012
3	0.0911	−1.7830	0.0065	0.0101	0.1245	0.0525	0.5794	0.2335
4	0.2838	0.3845	0.0073	0.2013	0.2072	0.1513	0.2164	0.2238
5	0.2499	2.0000	0.0400	0.6588	0.0498	0.0929	0.0243	0.1742

表 9.3 进一步对比了本节所得结果与已有文献中针对该示例的计算结果。通过对比，可以发现以下情况。

(1) 与仅开展参数学习的研究[5-7]相比，根据不同的优化模型，BRB 参数学习的优化参数数量由 336 到 349 不等。其模型误差 MSE 均处于较高水平。后续相关研究又进一步取得了较好的结果。相对而言，本节采用的并行多种群与冗余基因策略的方法取得的模型误差 MSE 更小，即本章提出的方法相对参数学习具有优势。

(2) 但本章所得结果稍劣于 BRB 联合优化方法所得到的结果。原因在于：BRB 联合优化方法属于迭代方法，即在对 BRB 参数进行优化时，并不优化其结构，而本章提出的方法在一次优化过程中同时实现对 BRB 结构和参数的优化。换言之，在给定资源条件下，BRB 联合优化仍然仅优化其参数(这是由其迭代优化的本质决定的)，而本章所提出方法可以同时实现对 BRB 结构与参数的优化。在这种情况下，本章提出方法仍能取得与当前最优解(0.2679)十分接近的结果(0.2921)，验证了本章提出方法的有效性。

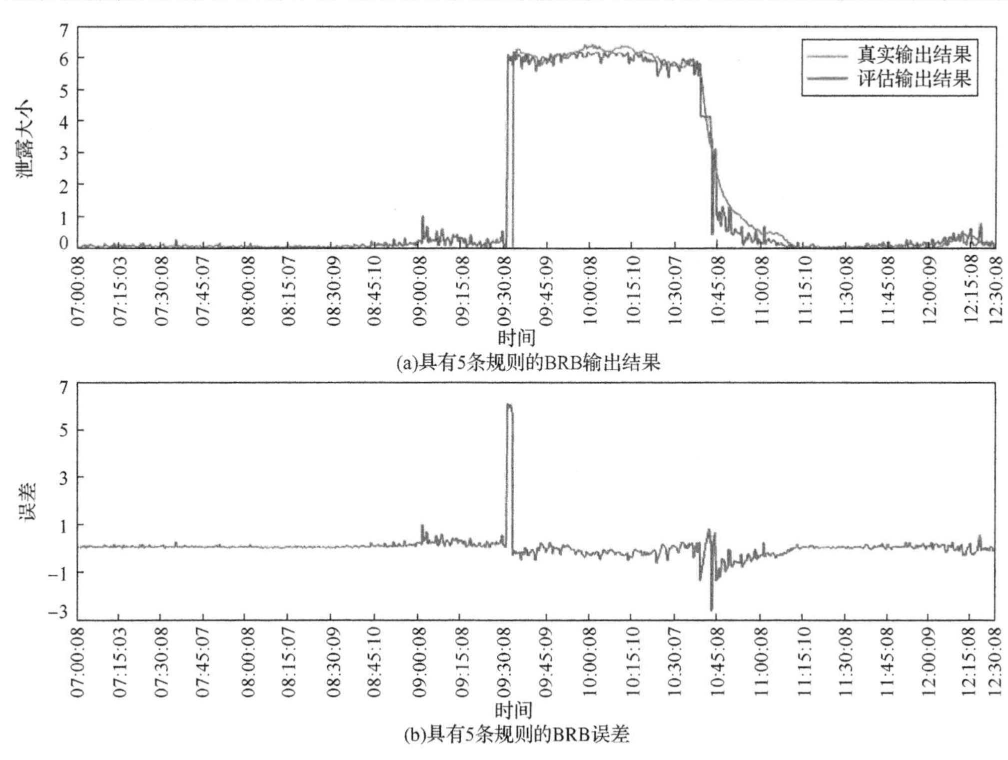

图 9.9　输油管道泄漏检测结果与误差对比

(3) 相比 BRB 联合优化方法，本章所提方法的另一优势在于，最终产生的结果以帕累托前沿的形式表示出来，决策者既可以根据自身需求或问题特点在帕累托前沿上选择恰当的最优解，又可以在不考虑偏好的情况下，根据拐点原则通过权衡分析选择无偏最优解。

表 9.3　基于不同 BRB 优化方法的实验结果对比分析

序号	方法		均方误差	训练集/测试集规模	规则数量	参数数量
1	BRB参数学习方法	局部训练[5]	0.4049	500/2008	56	336
2		在线更新[6]	0.7880	800/2008	56	336
3		自适应学习[7]	0.3990	500/2008	56	349
4		动态规则自动调整方法[8]	0.2917	500/2008	5	36
5		并集 BRB 优化方法[9]	0.3741	500/2008	3	20
			0.2848		5	36
			0.2679		12	92
6	本章提出的方法		0.4038	500/2008	3	240
			0.2921		5	

9.6.2 多目标优化方法

本节的参数设置如下：①BRB 规则数量的最大值和最小值分别设置为 8 条和 3 条；②每一个种群中设置 20 个个体；③循环次数为 5 次；④在主导框架结构中每一个循环体内，迭代次数分别设置 50/40/30/20/10，在从属框架结构中每一个循环体内，迭代次数分别设置 20/40/60/80/100；⑤本节采用差分进化算法(DE)作为优化引擎；⑥为了验证 DSM-BRB 的鲁棒性，总共运行 30 次程序。

图 9.10 给出不同迭代次数的 Pareto 前沿优化过程。图 9.10(a)为每一次主导和从属优化结束后的解；图 9.10(b)和(c)分别为前两代和最后两代主导优化和从属优化结束后的 Pareto 前沿；图 9.10(d)中为最后得到的测试集的 Pareto 前沿，例如，图 9.10(b)～(d)中虚线连接的解并不在 Pareto 前沿上。

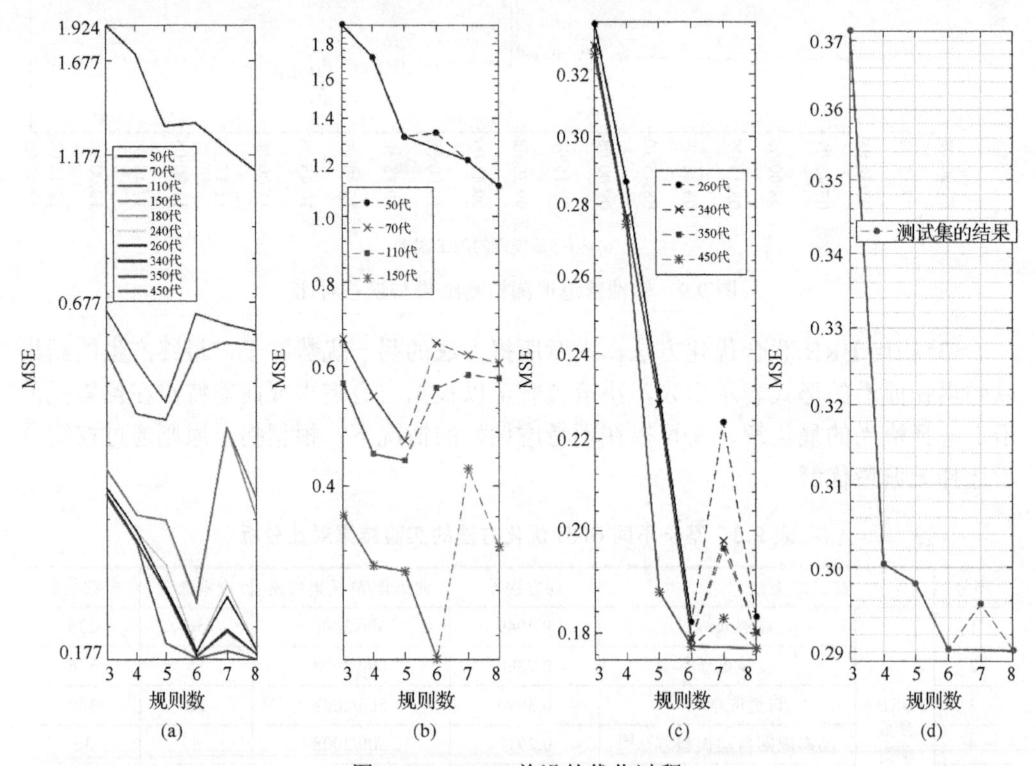

图 9.10 Pareto 前沿的优化过程

根据图 9.10(b)，在主导框架结构中 50～70 代和 110～150 代之间的优化误差大于从属优化过程中 70～110 代之间的误差，这说明主导框架结构的优化效率比从属框架结构的优化效率高；相应地，根据图 9.10(c)，可以发现从属框架结构的优化效率比主导框架结构的优化效率高。同时还需要注意，图 9.10(a)～(c)给出的是训练集结果，图 9.10(d)中给出的是测试集结果。根据转折点原则[3,4]，观察图 9.10(c)中的结果，当规则数量为 5 条时其优化效率最高，因此应当选择其作为最优解进行输出。表 9.4 给出具有 5 条规则数量的最优 BRB 参数。

表 9.4　具有 5 条规则的最优 BRB 参数

规则编号	权重	前提属性		泄露大小				
		流量差	压力差	0	2	4	6	8
1	0.1226	−10.0000	−0.0200	0.9260	0.0449	0.0290	0.0000	0.0001
2	0.9828	−7.1482	0.0211	0.9913	0.0052	0.0001	0.0014	0.0020
3	0.0285	−1.3948	0.0108	0.1757	0.0200	0.0024	0.6864	0.1155
4	0.5209	−7.0512	0.0390	0.0576	0.0015	0.1889	0.4149	0.3371
5	0.9573	2.0000	0.0400	0.9997	0.0002	0.0001	0.0000	0.0000

表 9.5 对比了各种方法的结果。通过对比可知，DSM-BRB 虽然没有达到最优的结果但是其优化效果仍然十分优异，其均方差为 0.2981 仅比先前的 0.2848 的结果高于 4.67%。考虑到先前的结果都是在给定规则数量下进行参数学习得到的最优结果，而本章是对 BRB 结构和参数同时优化的，因为本章所提出方法所耗费的优化资源必然占优：之前 BRB 优化中必须首先确定优化结构(BRB 规则数量)，其优化结果是在投入全部优化资源的条件下取得的，同时，如果要对比不同规则数量下的优化结果，就需要重复进行多次实验；相比较而言，本节提出的方法直接优化 BRB 结构，在只进行一次优化的情况下就可以得到不同结构下的 BRB 最优解，因此本章所提出的 DSM-BRB 方法的求解效率较高。

表 9.5　BRB 参数学习方法的对比

序号	方法		均方误差	训练集/测试集规模	规则数量
1	BRB 参数学习方法	局部训练[5]	0.4049	500/2008	56
2		在线更新[6]	0.7880	800/2008	56
3		自适应学习[7]	0.3990	500/2008	56
4		动态规则自动调整方法[8]	0.2917	500/2008	5
5		并集 BRB 优化方法[9]	0.3741	500/2008	3
			0.2848		5
6	DSM-BRB	协同，分布式	0.3715	500/2008	3
			0.2981		5

表 9.6 表示 30 次运行结果的最小值、平均值以及方差，其中方差的值比最小值和平均值小至少两个量级，表明本节提出的 DSM-BRB 方法具有较强的鲁棒性。

表 9.6　运行 30 次的数据结果

规则数量	3	4	5	6	7	8
最小值	3.7152×10^{-1}	3.0044×10^{-1}	2.9809×10^{-1}	2.9033×10^{-1}	2.9557×10^{-1}	2.9024×10^{-1}
平均值	3.8997×10^{-1}	3.6849×10^{-1}	3.4699×10^{-1}	3.4354×10^{-1}	3.3911×10^{-1}	3.3188×10^{-1}
方差	2.8482×10^{-4}	1.0497×10^{-3}	1.0423×10^{-3}	1.0362×10^{-3}	1.5960×10^{-3}	1.0234×10^{-3}

需要特别说明的是，本章提出的 DSM-BRB 方法中的主导从属框架对于开展 BRB 多目标优化并不是必需的，实际上仅开展主导优化过程中的协同优化即可完成 BRB 多目标优化的目的。但开展协同优化极易造成优化资源分配不均匀，导致陷入局部最优，因此为了提高优化效率需要引入主导从属框架，尤其是分布式优化，设计了 DM-BRB(Dominant-Multi-objective optimization for BRB)，即无分布式优化的 DSM-BRB 方法来验证分布式特征在提高多目标优化效率方面所起的作用。为了保持 DM-BRB 与 DSM-BRB 的一致性，DM-BRB 最小和最大规则数量也设置为 3 和 8。每一个种群中的个体数量设置为 20，迭代次数为 500。图 9.11 对比了 DM-BRB 和 DSM-BRB 的结果。

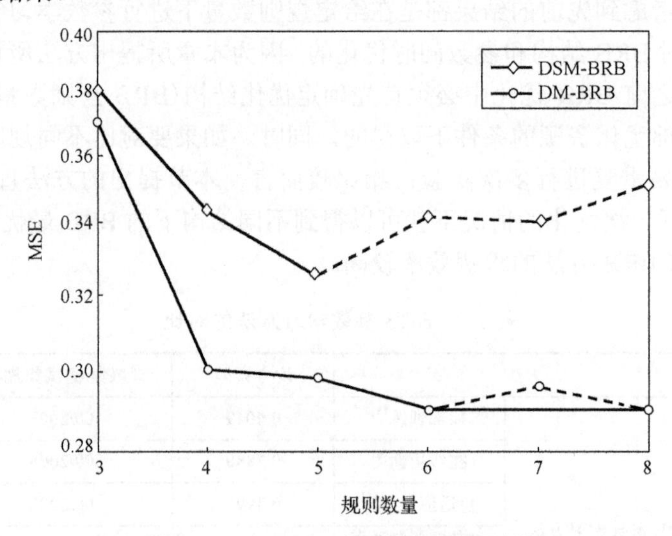

图 9.11　DM-BRB 与 DSM-BRB 对比

DM-BRB 与 DSM-BRB 相比较，DM-BRB 没有引入分布式优化，其运行时间较短。但根据图 9.11 所示，DSM-BRB 生成的 Pareto 前沿相比 DM-BRB 全面占优，这说明 DM-BRB 的性能远不及 DSM-BRB。此外，DM-BRB 在 Pareto 前沿只有三个解(具有 3、4 和 5 条规则的 BRB)，这表明 DM-BRB 早期收敛过快，具有较多规则数量的 BRB 难以获得足够的优化资源。

表 9.7 和表 9.8 分别给出了 DSM-BRB 和 DM-BRB 的 Pareto 前沿优化过程。

表 9.7 中 DSM-BRB 算法在第 50 代和第 450 代 Pareto 前沿分别为{(3,1.9240),(4,1.7200),(5,1.3131),(7,1.2110),(8,1.1110)} 和 {(3,0.3264),(4,0.2741),(5,0.1878),(6,0.1775),(8,0.1722)}，从 50 代到 450 代之间经过多次从属优化，其每条规则所对应 MSE 的值逐渐减小。表 9.8 中 DM-BRB 算法在 50 代和第 500 代 Pareto 前沿分别为{(3,1.7224),(4,1.7520),(5,1.1233)}和{(3,0.2982),(4,0.2893),(5,0.2423)}。从 50 代到 500 代之间只有主导优化，其每条规则所对应 MSE 的值也是逐渐减小，但是在 180～500 代之间，Pareto 前沿更新的较慢。

表 9.7　DSM-BRB 的 Pareto 前沿

	代数	主导优化	从属优化	DSM-BRB 算法帕累托前沿(规则数,MSE)
训练集结果	50	√		(3,1.9240),(4,1.7200),(5,1.3131),(7,1.2110),(8,1.1110)
	70		√	(3,0.6588),(4,0.5430),(5,0.4655)
	110	√		(3,0.5688),(4,0.4458),(5,0.4359)
	150		√	(3,0.3621),(4,0.3046),(5,0.2987),(6,0.2214)
	180	√		(3,0.3605),(4,0.3046),(5,0.2987),(6,0.2185)
	240		√	(3,0.3371),(4,0.2864),(5,0.2529),(6,0.1822)
	260	√		(3,0.3371),(4,0.2864),(5,0.2308),(6,0.1820)
	340		√	(3,0.3294),(4,0.2759),(5,0.2278),(6,0.1788)
	350	√		(3,0.3294),(4,0.2759),(5,0.2278),(6,0.1788)
	450		√	(3,0.3264),(4,0.2741),(5,0.1878),(6,0.1775),(8,0.1722)
测试集结果				(3,0.3715),(4,0.3004),(5,0.2981),(6,0.2903),(8,0.2902)

表 9.8　DM-BRB 的 Pareto 前沿

	代数（主导优化）	DM-BRB 算法帕累托前沿（规则数,MSE）
训练集结果	50	(3,1.7224),(4,1.7520),(5,1.1233)
	110	(3,1.3789),(7,1.1532)
	180	(3,0.5734),(5,0.4783),(6,0.4355)
	260	(3,0.3257),(4,0.2999),(5,0.2772)
	350	(3,0.3279),(4,0.2961),(5,0.2592)
	500	(3,0.2982),(4,0.2893),(5,0.2423)
测试集结果		(3, 0.3811), (4, 0.3428), (5, 0.3251)

更为重要的是，DM-BRB 在优化过程中，具有较少数量规则的 BRB(3～5 条规则)较早取得了优势，垄断了优化资源，进而在优化过程中一直占优，使得具有较多规则的 BRB 难以获得充分优化，换言之，即 DM-BRB 在早期陷入局部最优解。上述对比研究充分证明了分布式特征对 DSM-BRB 的重要性。

综上所述，通过采用主导从属架构，尤其是其中的分布式优化特点，可以较大地提高优化效率和性能，更有助于实现多目标优化的目的。

9.6.3 多目标与单目标优化方法的复杂度比较

DSM-BRB 方法用两个指标(函数计算次数和优化时间)来表示其复杂度。

(1)函数计算次数。

假设 BRB 具有 N 种结构，那么在以往的研究中需要进行 N 次实验才可以获得每种结构的最优解，而 DSM-BRB 方法只需要一次实验即可得到所有结构的最优解。假设在两个实验中，个体数为 n_i，迭代次数为 n_g。此外，假设主导优化中的总代数为 n_{g_d}，从属优化中的总代数为 n_{g_s}。虽然 n_i、n_g、n_{g_d} 和 n_{g_s} 可能有不同的设置，但为了方便比较，我们假设它们是相同的，则有：

$$n_g = n_{g_d} + n_{g_s} \tag{9.9}$$

以往关于 BRB 参数优化的研究中，每次实验中函数计算次数是 $n_i \times n_g$，总共 N 次实验，则函数总共计算 $n_i \times n_g \times N$ 次。而 DSM-BRB 的个体数为 $N \times n_i$，函数总计算次数为 $(N \times n_i) \times (n_{g_d} + n_{g_s})$，考虑到 $n_g = n_{g_d} + n_{g_s}$，则有 $n_i \times n_g \times N$。

综上所述，在参数设置相同的情况下，以往的研究和 DSM-BRB 的函数计算次数是相同的。如果将 DSM-BRB 的 $(N \times n_i)$ 设置较小，则预期的 DSM-BRB 函数计算次数可以低于以往研究中的函数计算次数。

(2)计算时间。

首先，通常情况下，函数计算次数和计算时间严格成正比，因为每个适应度函数的计算都是相同的。然而本章采用了分布式并行计算，这将有所不同，为了方便起见，还是将 n_g 分为 n_{g_d} 和 n_{g_s}，则总计算时间为：$t(n_g) = t(n_{g_d}) + t(n_{g_s})$。对于 DSM-BRB 计算时间为 $t(n_{g_d}) + t(n_{g_s})$。

在以往的研究中，总计算时间为：$T_1 = N \times n_i \times (t(n_{g_d}) + t(n_{g_s}))$，而 DSM-BRB 的总计算时间为：$T_2 = N \times n_i \times t'(n_{g_d}) + n_i \times t'(n_{g_s})$，则有：

$$\begin{aligned} T_1 - T_2 &= (N \times n_i \times (t(n_{g_d}) + t(n_{g_s}))) - (N \times n_i \times t'(n_{g_d}) + n_i \times t'(n_{g_s})) \\ &= N \times n_i \times (t(n_{g_d}) - t'(n_{g_d})) + n_i \times (N \times t(n_{g_s}) - t'(n_{g_s})) \end{aligned} \tag{9.10}$$

其中，$t(n_{g_d})$, $t'(n_{g_d})$ 为主导优化过程中具有一种结构的 BRB 单次运行时间；$t(n_{g_s})$, $t'(n_{g_s})$ 分别为具有一种结构的 BRB 运行时间和具有 N 种结构的 BRB 运行时间。对于主导优化，以往研究中的计算时间与 DSM-BRB 的计算时间一致，则有 $t(n_{g_d}) - t'(n_{g_d})$，即 $N \times n_i \times (t(n_{g_d}) - t'(n_{g_d}))$=0。然而，对于从属优化，尽管 $t'(n_{g_s})$ 可能会大于 $t(n_{g_s})$，但由于从属优化过程中采用分布式并行计算机制，运算时间大大地减少了，则 $N \times t(n_{g_s}) > t'(n_{g_s})$。

简单地说，如果对具有 N 种结构的 BRB 运行相同迭代次数，则分布式并行计算运行时间比运行一次实验所需的时间长，但是肯定比单独运行 N 次实验所需的时间短得多，有 $n_i \times (N \times t(n_{g_s}) - t'(n_{g_s})) \geqslant 0$，即 $T_1 - T_2 > 0$。也就是说，DSM-BRB 总计算时间相比较于以往的研究运行时间更短。

以上为理论分析，表 9.9 将本章研究结果与单目标方法进行比较。从表 9.9 中可以看出，通过使用较少的个体和迭代次数，DSM-BRB 方法可以减少函数计算次数和计算时间。

表 9.9　函数计算次数和计算时间的比较

	具有 N 种结构的 BRB	每次实验中的个体数量	每个实验中的迭代次数	函数计算次数	计算时间
一次实验	N=1	20	450	1×20×(150+300)	$1\times 20\times(t(n_{g_d})+t(n_{g_s}))$
单目标	N=6 规则数取值为 3、4、5、6、7 和 8	20	450	6×20×(150+300)	$20\times(6\times t(n_{g_d})+6\times t(n_{g_s}))$
多目标	N=6	20×N	450(150+300)	20×(6×150+300)	$20\times(6\times t(n_{g_d})+\times t'(n_{g_s}))$

注：t 为不进行并行计算的每个种群中个体适应度计算的单位时间，t'表示有并行计算的全部种群中个体适应度计算的时间。则有 $t'>t$，但取决于 N 的数量、并行计算机制的设计，以及平台的计算能力。$t' \ll N\times t$ 意味着 N 个线程并行实现所需的计算时间远小于 N 个线程单独实现所需的时间总和。

9.7　结　　论

在第 7 和第 8 章开展置信规则库参数学习与联合优化等单目标优化的基础上，本章进一步提出面向建模精度与建模复杂度的置信规则库多目标优化方法。在该方法中重点采用了两个策略：采用多种群策略实现对置信规则库结构和参数同时进行优化的目的，采用主导从属框架实现提高优化效率的目的。

需要注意的是，本章开展的面向多目标的置信规则库优化方法主要是考虑了需要同时优化置信规则库结构，由于置信规则库结构在优化过程中会产生变化，因此才需要采用多种群策略。如果多目标优化过程中并不涉及置信规则库结构，则不需要采用多种群策略，相应地，对于优化方法的需求也会大大降低。实际上，这就会涉及多输出的问题(见 4.3 节)，二者的结合将代表另一大类的置信规则库多目标优化问题，而求解这类问题可以借鉴传统多目标优化相关研究。

参 考 文 献

[1] Wu G H, Mallipeddi R, Suganthan P N, et al. Differential evolution with multi-population based ensemble of mutation strategies[J]. Information Sciences, 2016, 329: 329-345.

[2] Qu B Y, Suganthan P N, Liang J J. Differential evolution with neighborhood mutation for multimodal optimization[J]. IEEE Transactions on Evolutionary Computation, 2012, 16(5): 601-614.

[3] Brown K, Adger W N, Tompkins E, et al. Trade-off analysis for marine protected area

management[J]. Ecological Economics, 2001, 37 (3): 417-434.

[4] Ber V D, Friedlander M P. Probing the Pareto frontier for basis pursuit solutions[J]. SIAM Journal on Scientific Computing, 2008, 31 (2): 890-912.

[5] Xu D L, Liu J, Yang J B, et al. Inference and learning methodology of belief-rule-based expert system for pipeline leak detection [J]. Expert Systems with Applications, 2007, 32 (1): 103-113.

[6] Zhou Z J, Hu C H, Xu D L, et al. Bayesian reasoning approach based recursive algorithm for online updating belief rule based expert system of pipeline leak detection[J]. Expert Systems with Applications, 2011, 38: 3937-3943.

[7] Chen Y W, Yang J B, Xu D L, et al. Inference analysis and adaptive training for belief rule based systems [J]. Expert Systems with Applications, 2011, 38 (10): 12845-12860.

[8] Wang Y M, Yang L H, Fu Y G, et al. Dynamic rule adjustment approach for optimization belief rule-base expert system[J]. Knowledge-Based Systems, 2016, 96: 40-60.

[9] Chang L L, Zhou Z J, Chen Y W, et al. Belief rule base structure and parameter joint optimization under disjunctive assumption for nonlinear complex system modeling[J]. IEEE Transactions on Systems, Man and Cybernetics : Systems, 2018, 48 (9): 1542-1554.

并集置信规则库应用

第 10 章　多传感器信息融合

本章从一般性的角度出发对多传感器信息融合问题开展研究。顾名思义，多传感器信息融合问题的输入为从多个传感器采集的信息和专家得到的相关知识，通过信息融合技术手段，最终为决策者提供决策支持[1,2]。目前多传感器信息融合已经广泛应用于军事系统、态势威胁评估、故障检测、生物信息识别等问题。一般而言，多传感器信息融合的输入信息多为定量数据，例如，在威胁评估问题中，从多传感器采集得到的信息包括不明目标的高度、速度，以及方位信息等，这些信息均为定量数据信息[3,4]，但也有可能包括定性信息，如专家补充的部分信息。军事背景下的多传感器信息融合问题一般具有重要的军事意义甚至政治意义，因此对于评估方法往往要求其具有公开和可解释性等特征。置信规则本身具有解析、透明、可解释的特征，可以较好地满足这一要求，因此本章提出基于置信规则库的多传感器信息融合方法。

10.1　问 题 描 述

随着人工智能方法和检测技术的飞速进步，目前已经出现多种类型的传感器，可以广泛采集图像、音频、视频等信息，而这些信息往往需要专家的读取和翻译[5,6]。因此，当前状态下，多传感器信息融合问题中除了需要考虑定量信息外，还需要考虑其他多种类型的信息。

从数学角度而言，多传感器信息融合问题可以建模为

$$T = P \times X_P^T \tag{10.1}$$

其中，$P=\{P_1,P_2,\cdots,P_i,\cdots,P_N\}$ 表示从多传感器中采集得到信息，同时也是多传感器信息融合的输入，P_i 表示其中的第 i 个因素，P 既可以是定量信息也可能是定性信息；X_P^T 表示由多传感器采集得到的信息到评估结果之间映射的知识库，X_P^T 可以是数学解析形式的，但是在更为一般的情况下，也可以是语义形式的，因此可以从历史数据中获得，也可以根据专家知识经验得到。

接下来，以威胁评估问题为例来说明从多源传感器中获得相关知识并进行多传感器信息融合的过程(图 10.1)。

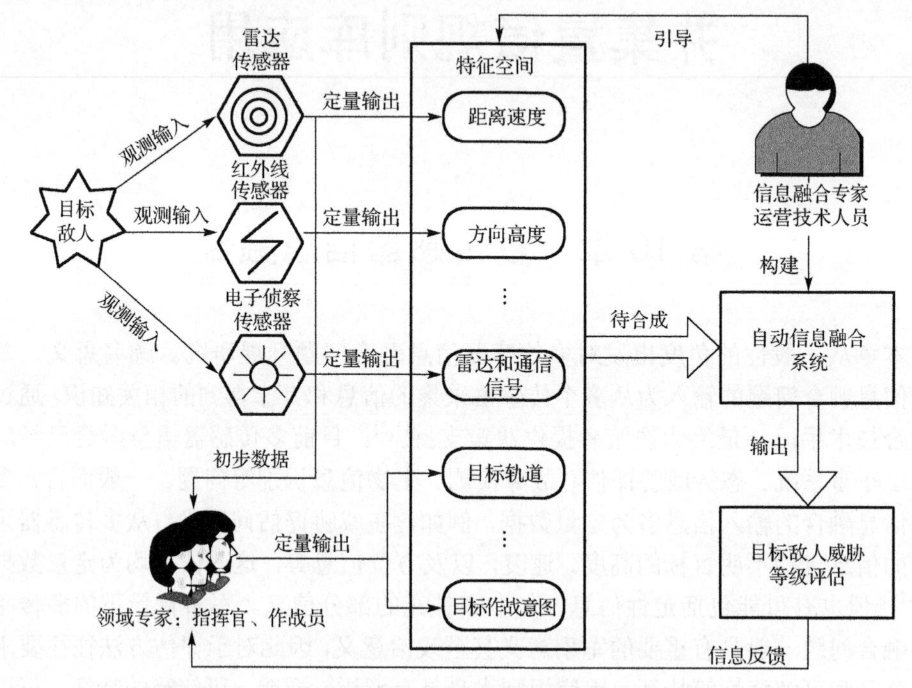

图 10.1　以威胁评估为例的多传感器信息融合过程

如图10.1所示，以威胁评估为例的多传感器信息融合过程主要包括以下3类活动[7-9]。

(1)采集信息。主要包括两类来源的信息，一类主要来源于传感器(自动采集)，这种类型信息多为定量数据；另一类是专家给出的信息，这方面的信息主要为定性信息。虽然包括两类信息来源，但是只有当出现敌方目标时才能够采集相关信息，而敌方目标一般也具有隐身等功能，因此信息也往往是不充分地。

(2)信息融合。当采集到多元多类型信息后，这些信息就可以作为输入进行信息融合。在信息融合过程中，往往需要专家的参与以提供其领域知识建立“自动信息融合系统”。需要特别注意的是，专家应当能够参与到信息融合过程中，而大多数方法都不能满足这一要求。

(3)反馈。评估结果应当反馈到专家和决策者以便其能够再次调整以进行下一轮评价，这是进一步优化评估模型和改进评估方法的重要途径。

总而言之，多传感器信息融合需要解决以下 3 个问题。

问题 1：处理多种类型信息。如前所述，由于多种类新传感器和专家知识必然作为多传感器信息融合的输入，因此需要提出能够处理多种类型信息和知识的技术手段，包括定量/定性信息、数值语义信息，以及完备和不完备信息等。

问题 2：现有信息不足以直接建立信息融合模型。在实际情况下，一般不会有大量敌方目标，因为一旦被我方发现，则会被认为是十分严重的敌对行为；且敌方目标一般具有隐身的功能，本身不易被侦查发现。由于信息不足，因此更加需要专家和领域技术人员加入以提供其知识经验来进一步完备相关评估模型。

问题 3：专家参与。专家往往大量参与到多传感器信息融合问题中，主要体现在三个方面，首先从多传感器中采集得到的部分信息需要专家知识和经验的转换才能作为相关模型的输入；第二，信息融合模型的建立需要专家的知识经验；第三，评估过程和最终得到的评估结论需要专家的理解，在反馈过程中也需要专家的参与以进一步改进和优化评估模型。

需要注意的是以上三个问题本质上是相互关联的：多种类信息和侦测得到的敌方目标信息较少，这也就需要专家知识作为补充，部分定量数据也需要专家进行解读，因此专家的参与也就必不可少，而专家的参与又进一步加剧了多传感器信息融合的难度。

由于置信规则库可以处理不确定条件下多种类型的信息，因此其可以满足问题 1 的要求。同时，BRB 可以仅根据少部分信息再结合专家的经验和知识进行建模，因此也可以满足问题 2 的要求。最后，由于置信规则库在初始化、参数优化、集成推理等结果都是公开、专家可参与的，因此也可以满足问题 3 的要求。综上，在本章中拟采用置信规则库来建模和求解多传感器信息融合问题。

但是初始建立的置信规则库模型的参数很可能并不准确，因此需要对其参数进行学习和训练，接下来将逐步建立面向信息融合问题的置信规则库(belief rule base for information fusion，BRB-IF)模型，并提出基于算子推荐的优化算法。

10.2　BRB-IF 优化模型

BRB-IF 优化模型的输出为置信规则库的结论部分，如式(10.2)所示：

$$S=\{(D_n,\beta_n),n=1,\cdots,N\} \tag{10.2}$$

对于评估结果，对比其置信度值最大 $\beta_{\max}$ 的等级与置信度值第二大 β_{second} 的等级之间的置信度差值 $\text{error}_{\text{margin}}$。当二者之间的差值大于等于某个预先设定的阈值 v 时，置信度最大的等级 $D(\beta_{\max})$ 即为最终结论；如果小于该阈值，则评估结果为“未知(unknown)”，在模型中为“0”，如式(10.3)和式(10.4)所示：

$$\text{error}_{\text{margin}}=\beta_{\max}-\beta_{\text{second}} \tag{10.3}$$

$$\hat{f}(\cdot)=\begin{cases}D(\beta_{\max}), & \text{error}_{\text{margin}}\geqslant v\\ 0, & \text{error}_{\text{margin}}<v\end{cases} \tag{10.4}$$

当模型真实结果 $f(\cdot)$ 与推理结果 $\hat{f}(\cdot)$ 相同时，此时误差为“0”，否则，误差为“1”，即推理错误，如式(10.5)所示：

$$\text{error}=\begin{cases}1, & f(t)\neq\hat{f}(t)\\0, & f(t)=\hat{f}(t)\end{cases}\tag{10.5}$$

其中，t 表示数据序号，该数组中共有 T 组数据。

由于误差仅可能取值为“0”或“1”，则其均方差(MSE)为

$$\text{MSE}=\frac{1}{T}\sum_{t=1}^{T}\text{error}^2\tag{10.6}$$

本章采用差分进化算法作为优化引擎。因此 MSE 也同时是优化模型的目标函数，见式(10.7a)，式(10.7b)～式(10.7h)分别给出了优化模型的约束条件。

$$\min\quad \text{MSE}(A_m^k,\theta_k,\beta_{j,k},v)\tag{10.7a}$$

$$\text{s.t.}\begin{cases}\text{lb}_m\leqslant A_m^k\leqslant \text{ub}_m, \quad k=1,\cdots,K;m=1,\cdots,M & (10.7\text{b})\\A_m^1=\text{lb}_m & (10.7\text{c})\\A_m^K=\text{ub}_m & (10.7\text{d})\\0\leqslant\theta_k\leqslant 1 & (10.7\text{e})\\0\leqslant\beta_{j,k}\leqslant 1, \quad j=1,\cdots,N & (10.7\text{f})\\\sum_{j=1}^{N}\beta_{j,k}\leqslant 1 & (10.7\text{g})\\0\leqslant v<1 & (10.7\text{h})\end{cases}$$

其中，式(10.7b)～式(10.7d)分别说明优化模型的参考值应当介于上下限之间，第一条规则集中所有前提属性的最小值lb，第 K 条规则集中所有前提属性的最大值ub；式(10.7e)和式(10.7f)说明了初始权重 θ_k 和置信度值 $\beta_{j,k}$ 的取值范围；式(10.7g)说明了置信度值和 $\sum_{j=1}^{N}\beta_{j,k}$ 的取值范围；式(10.7h)说明了阈值的取值范围。

10.3　基于算子推荐的优化算法

10.3.1　优化算法

本节基于算子推荐策略，采用两种演化算法(粒子群优化算法(PSO)与差分进化算法(DE))作为优化引擎，下面将详细介绍该算法的 5 个步骤。

步骤 1：初始化。

在初始化阶段，初始种群中的个体包括两部分，有关 BRB 的参数(如各规则的

初始权重、前提属性参考值，以及各规则中各等级的置信度值)和演化算法的参数(PSO 中的加速学习算子、DE 中的计算算子，以及种群中的个体数量和代数等)。初始种群中的每个个体就是一个 BRB，即一个解。

由于采用了 PSO 和 DE 两种算法，因此其中的一半个体采用 PSO 进行计算，另一半采用 DE 进行计算。

在第一代中，PSO 和 DE 的种群大小是相等的，如式(10.8)：

$$\text{num\_indi}(\text{PSO},\text{gen}=1)=\text{num\_indi}(\text{DE},\text{gen}=1)=\text{num\_indi}(1) \tag{10.8}$$

自第二代开始，PSO 和 DE 种群中个体之和保持为 $2\times\text{num\_indi}(1)$ 不变，其中 $\text{num\_indi}(1)$ 为第一代中 PSO 与 DE 种群的大小。

步骤 2：优化。

(1) 对于 PSO。

PSO 算法中各粒子的速度和位置计算公式如式(10.9)和式(10.10)：

$$V^{k+1}=w\times V^k+C_1\times \text{rand}(0,1)\times(p_{\text{best}}^k-X^k)+C_2\times\text{rand}(0,1)\times(g_{\text{best}}-X^k) \tag{10.9}$$

$$X^{k+1}=X^k+V^{k+1} \tag{10.10}$$

其中，g_{best} 表示全局最优个体；p_{best}^k 表示第 k 代的局部最优个体；$\text{rand}(0,1)$ 表示 0 和 1 之间的随机变量；V^k 表示粒子在第 k 代的速度；w 表示 V^k 的权重；C_1 和 C_2 表示该粒子的加速参数或学习参数，可以通过基于全局最优解来改变分配给该粒子的权重以调整优化步长，C_1 和 C_2 的取值范围一般为(0,4]。

(2) 对于 DE。

DE 的优化操作中包括变异和交叉操作。对于种群 $\{x_i, i=1,\cdots,N_P\}$ 中个体 x_i 的变异操作如式(10.11)：

$$v_i=x_{r1}+F\times(x_{r2}-x_{r3}) \tag{10.11}$$

其中，x_{r1}、x_{r2} 和 x_{r3} 表示 3 个不同的粒子；F 表示变异变量，通常 $F\in(0,2]$，本章取 $F=0.5$。

在交叉操作中，两个个体交换其基因来产生新的个体，如式(10.12)：

$$u_i(j)=\begin{cases} v_i(j), & \text{rand}(0,1)\leqslant \text{CR} \\ x_i(j), & \text{其他} \end{cases} \tag{10.12}$$

其中，$\text{CR}\in[0,1]$ 表示交叉算子(概率)，一般取 $\text{CR}=0.9$。

步骤 3：适应度计算。

适应度计算的过程即为根据输入信息得到 MSE 的过程，包括规则激活、匹配度计算、权重计算和激活规则集成等，详见本书 3.3 节。

步骤 4：选择。

(1) 对于 PSO。

通过交叉和变异得到的任一个体 u_{i_PSO}，其选择操作如式(10.13)：

$$x'_{i\_\text{PSO}} = \begin{cases} u_{i\_\text{PSO}}, & f(u_{i\_\text{PSO}}) \leqslant f(x_{i\_\text{PSO}}) \\ x_{i\_\text{PSO}}, & \text{其他} \end{cases} \tag{10.13}$$

其中，$f(\cdot)$ 表示式(10.5)目标函数，x'_{i_PSO} 表示 PSO 选择得出的最优个体。

(2) 对于 DE。

其选择操作与 PSO 是一致的。

步骤 5：基于算子推荐策略的评估。

当采用算子推荐策略(见 10.3.2 节)时，进入该步骤；如果不采用，则进入步骤 6。

算子推荐策略简述如下：将 PSO 和 DE 得到的所有解 x'_{i_PSO} 与 x'_{i_DE} $(i=1,\cdots,\text{num\_indi})$，综合起来得到一个综合序列，并按照其适应度值对该序列进行排序，排序之后的序列为 f_{sort}。对于 PSO 和 DE，对比第 i 个个体的适应度值与排序之后序列 f_{sort} 中的相应个体的适应度值 $f_{\text{sort}}(k=\text{num\_indi(gen)}+1)$。然后根据 PSO 和 DE 在排序后序列中所占比例重新划分其进入下一代的个体数量。

根据 10.3.2 节提出的算子推荐策略，PSO 和 DE 的种群大小将进行更新：在第 gen+1 代中，PSO 和 DE 的种群大小将分别为 $\text{num\_indi(DE,gen+1)}$ 和 $\text{num\_indi(PSO,gen+1)}$，同时二者的和仍然与第一代相同，为 $2\times\text{num\_indi}(1)$，如式(10.14)：

$$\begin{aligned} &\text{num\_indi(DE,gen+1)} + \text{num\_indi(PSO,gen+1)} \\ &= 2\times\text{num\_indi(PSO,1)} \\ &= 2\times\text{num\_indi(DE,1)} \end{aligned} \tag{10.14}$$

步骤 6：终止条件检测。

一般以最初设置的代数作为终止条件，如果达到终止条件，则算法终止；如果没有达到，则返回步骤 2。

重复以上算法，即可达到更新和优化种群的目的，最后当达到终止条件时，循环结束，优化终止，得到最优解。

10.3.2　算子推荐策略

算子推荐策略包括以下 4 个步骤。

步骤 1：组成综合排序序列。

在选择操作之后，根据 PSO 和 DE 分别得到两组个体（解）x'_{i_PSO} 与 x'_{i_DE} $(i=1,\cdots,\text{num\_indi})$，将两组个体综合为一个序列 f，根据各个体的适应度值对该序列进行重新排序，得到排序后的序列 f_{sort}。对于 PSO 和 DE，对比第 i 个个体的适应度值与排序之后序列 f_{sort} 中个解的适应度值 $f_{\text{sort}}(k=\text{num\_indi(gen)}+1)$。

步骤 2：计算 PSO 与 DE 在排序序列中前半部分的比例。

针对 PSO 得到的第 i 个个体，如果该个体位于排序后序列的前二分之一(适应度值较优)，则有 $\text{num}_i(\text{PSO})=1$；否则 $\text{num}_i(\text{PSO})=0$，如式(10.15)：

$$\text{num}_i(\text{PSO})=\begin{cases}1, & f(u_{i\_\text{PSO}})>f_{\text{sort}}(k=\text{num\_indi}(\text{gen})+1)\\0, & \text{其他}\end{cases} \tag{10.15}$$

因此，根据 PSO 得到的个体在排序后序列中前面二分之一中所占的比例(即进入到下一代) prob(PSO,gen) 可根据式(10.16)计算得到。

$$\text{prob(PSO,gen)}=\frac{\sum \text{num}_i(\text{PSO})}{\text{num\_indi(PSO,gen)+num\_indi(DE,gen)}} \tag{10.16}$$

同时，根据 DE 得到的个体在排序后序列中前面二分之一中所占的比例(即进入到下一代) prob(DE,gen) 可根据式(10.17)计算得到。

$$\text{prob(DE,gen)}=\frac{\sum \text{num}_i(\text{DE})}{\text{num\_indi(PSO,gen)+num\_indi(DE,gen)}} \tag{10.17}$$

其中，$\text{num}_i(\text{DE})$ 表示根据 DE 得到个体在排序后序列中前二分之一的数量，其计算公式参照式(10.15)。

步骤 3：计算 PSO 与 DE 进入下一代的概率。

假设有 prob(PSO,gen)>prob(DE,gen)，当 $\text{prob(PSO,gen)}\neq 100\%$ 时，由 PSO 中得到的个体进入下一代的概率为 prob(PSO,gen)；当 $\text{prob(PSO,gen)}=100\%$ 时，为了确保种群多样性，仍然保证至少有 2 个个体进入下一代，如式(10.18)：

$$\begin{aligned}&\text{prob\_enter(PSO,gen)}\\&=\begin{cases}\text{prob(PSO,gen)}, & \text{prob(PSO,gen)}\neq 100\%\\1-\dfrac{2}{\text{num\_indi(PSO,gen)+num\_indi(DE,gen)}}, & \text{prob(PSO,gen)}=100\%\end{cases}\end{aligned} \tag{10.18}$$

式(10.19)给出了由 DE 得到的个体进入下一代的概率 prob_enter(DE,gen)：

$$\text{prob\_enter(DE,gen)}=\begin{cases}\text{prob(DE,gen)}, & \text{prob(PSO,gen)}\neq 0\\2, & \text{prob(PSO,gen)}=0\end{cases} \tag{10.19}$$

步骤 4：计算 PSO 与 DE 进入下一代的数量。

由 PSO 和 DE 进入下一代(gen+1)的个体数量 num_indi(PSO,gen+1) 和 num_indi (DE,gen+1)，其计算公式为

$$\begin{cases}\text{num\_indi(PSO,gen+1)}=\text{num\_indi(gen)}\times\text{prob\_enter(PSO,gen)}\\\text{num\_indi(DE,gen+1)}=\text{num\_indi(gen)}\times\text{prob\_enter(DE,gen)}\end{cases} \tag{10.20}$$

10.4 示例分析

本示例将沿用第 6 章中的态势感知问题(其本质上也属于多传感器信息融合问题)，二者的不同之处在于，6.5 节中的示例假设存在部分缺失信息，在本节示例中并不存在缺失信息。

10.4.1 问题背景

该示例仍以距离(Dis)、水平速度(Vh)、角度(Ap)、导航角度(An)、电磁干扰度(EID)、雷达横截面积(RCS)和意图(I)等作为影响因素，最终的评估结果为威胁等级，分为高、中、低三个等级。关于该示例的背景等信息参见 6.5 节。表 10.1 给出了训练集，表 10.2 给出了测试集。

表 10.1　来自历史数据的训练数据集

编号	角度(Ap)/(°)	距离(Dis)/km	水平速度(Vh)/(m/s)	导航角度(An)/(°)	电磁干扰度(EID)	雷达横截面积(RCS)/m^2	意图(I)	威胁等级
1	810	281	250	202	6	3	A	高
2	2300	210	300	310	4	1.2	C	中
3	820	280	245	201	6.5	5.4	S	高
4	2325	215	320	324	4.2	2.8	A	中
5	830	282	255	200	4.2	4.7	S	高
6	825	284	250	204	5	2.6	A	高
7	2250	150	300	155	5	3.3	A	中
8	4000	110	300	50	3.4	2.1	A	低
9	5120	110	210	52	3.6	3.7	A	未知
10	4020	120	280	52	3.6	1.7	C	低
11	4800	140	220	18	9.6	5.7	S	未知
12	480	295	292	245	9.9	6.9	S	未知
13	2450	210	230	210	5	1.2	C	未知
14	2900	290	272	350	5.6	5.2	S	中

与 6.5.1 小节相同的是，本节仍然考虑训练集为 14 组数据，测试集为 12 组数据。但是，与 6.5.1 小节不同的是，本节考虑的训练集和测试集中的数据都是完备的(相对而言，6.5 节中示例的训练集是不完备的，测试集是完备的)。

表 10.2　来自多重传感器的测试数据

编号	角度 (Ap)/(°)	距离 (Dis)/km	水平速度 (Vh)/(m/s)	导航角度 (An)/(°)	电磁干扰度 (EID)	雷达横截面积 (RCS)/m^2	意图 (I)	威胁等级
1	4007.25	219.75	143.33	60.39	7	3.5	A	未知
2	2852.25	217.84	279.59	10.57	9.2	5.7	S	中
3	3604.30	232.02	237.71	9.73	4.6	1.9	C	低
4	2043.23	225.66	198.93	308.14	5.2	4.3	S	中
5	342.34	241.95	196.12	259.65	5.2	5.5	S	高
6	1135.44	167.33	271.52	228.91	3.4	2.6	A	中
7	6367.61	177.42	308.93	143.86	2.6	5.5	S	中
8	1883.73	206.56	296.48	170.39	9.4	6.2	S	中
9	4731.12	238.67	178.19	99.19	6	1.7	C	中
10	4949.44	211.79	302.98	100.23	1.4	1.1	C	低
11	856.46	234.56	199.08	229.88	4.8	3.6	A	高
12	77.63	253.63	219.42	154.72	8.6	3.1	A	中

10.4.2　初始评估结果

表 10.3 给出了由专家建立的初始置信规则库。该置信规则库是建立在并集假设之下的，其中每一个前提属性有 5 个参考值，因此该置信规则库其中也包括 5 条规则，每条规则的初始权重都相等，为“1”。

表 10.3　专家给定的初始 BRB-IF

规则编号	权重	输入							输出		
		Ap	Dis	Vh	An	EID	RCS	I	高	中	低
1	1.0000	50.0000	100.0000	120.0000	9.0000	1.0000	1.1000	1.0000	0.7627	0.0714	0.1659
2	1.0000	1787.5000	175.0000	190.0000	106.7500	3.2500	2.5750	1.5000	0.4287	0.2264	0.3449
3	1.0000	3525.0000	250.0000	260.0000	204.5000	5.5000	4.0500	2.0000	0.3934	0.5126	0.0940
4	1.0000	5262.5000	325.0000	330.0000	302.2500	7.7500	5.5250	2.5000	0.0097	0.5478	0.4426
5	1.0000	7000.0000	400.0000	400.0000	400.0000	10.0000	7.0000	3.0000	0.2597	0.4475	0.2928

表 10.3 中给出的置信规则库对于训练集的误差为 0.2857，测试集的误差为 0.5。

10.4.3　优化后评估结果

表 10.4 和表 10.5 分别给出了由 PSO 和 DE 优化得到的置信规则库。由 PSO 得到的置信规则库(表 10.4)对于训练集的误差为 0.0714，对于测试集的误差为 0.2500。由 DE 得到的置信规则库(表 10.5)对于训练集的误差为 0(精度 100%)，对于测试集的误差为 0.0833。

表 10.4　通过 PSO 更新的 BRB-IF

规则编号	权重	输入							输出		
		Ap	Dis	Vh	An	EID	RCS	*I*	高	中	低
1	0.8889	50.0000	100.0000	120.0000	9.0000	1.0000	1.1000	1.0000	0.5959	0.1452	0.2589
2	0.2942	2404.8000	234.3000	270.3200	124.3100	4.6937	2.7378	1.2478	0.0663	0.7679	0.1658
3	0.5626	658.7300	306.4200	256.3300	270.7100	6.3243	3.9182	1.0071	0.1929	0.1337	0.6734
4	0.2084	6674.7000	227.2700	362.5700	315.0800	7.4353	5.1145	2.1482	0.3680	0.4995	0.1326
5	0.5416	7000.0000	400.0000	400.0000	400.0000	10.0000	7.0000	3.0000	0.0780	0.7650	0.1570

表 10.5　通过 DE 更新的 BRB-IF

规则编号	权重	输入							输出		
		Ap	Dis	Vh	An	EID	RCS	*I*	高	中	低
1	0.9524	50.0000	100.0000	120.0000	9.0000	1.0000	1.1000	1.0000	0.6119	0.0082	0.3798
2	0.1021	252.6100	394.2500	241.4100	71.1290	4.5990	2.7144	2.0621	0.1296	0.6359	0.2345
3	0.6308	580.0000	352.5200	245.4300	260.8200	8.2513	4.8413	2.9636	0.2679	0.1445	0.5876
4	0.4203	2062.4000	209.9500	277.1400	361.1800	3.0427	6.4585	2.8316	0.1057	0.8621	0.0322
5	0.1142	7000.0000	400.0000	400.0000	400.0000	10.0000	7.0000	3.0000	0.1115	0.5367	0.3518

10.4.4　采用算子推荐策略的评估结果

采用算子推荐得出置信规则库见表 10.6，该置信规则库对于训练集和测试集的误差都降为 0(精度 100%)。

表 10.6　算子推荐更新的 BRB-IF

规则编号	权重	输入							输出		
		Ap	Dis	Vh	An	EID	RCS	*I*	高	中	低
1	0.4751	50.0000	100.0000	120.0000	9.0000	1.0000	1.1000	1.0000	0.7190	0.1282	0.1528
2	0.1267	3787.1000	211.4400	299.2300	394.8000	4.8500	4.0686	1.3662	0.1632	0.4289	0.4079
3	0.9790	1550.8000	365.3000	337.8100	378.7800	9.1805	4.2922	2.4647	0.0573	0.7971	0.1456
4	0.5230	953.3500	289.2600	192.4300	115.0700	8.1057	5.8248	2.5314	0.3141	0.0277	0.6582
5	0.4522	7000.0000	400.0000	400.0000	400.0000	10.0000	7.0000	3.0000	0.4474	0.1745	0.3781

10.4.5　不同算法的效率分析

图 10.2 给出了初始置信规则库(initial BRB-IF)、由 PSO 优化得到的置信规则库(BRB-IF by PSO)、由 DE 优化得到的置信规则库(BRB-IF by DE)和由算子推荐优化得到的置信规则库(BRB-IF with operator recommendation)。面向测试集的详细的结果见图 10.3。根据图 10.2 和图 10.3，PSO 和 DE 得到的置信规则库已经可以得到较

好的结果：面向测试集的误差分别为 0.2500 和 0.0833，当采用算子推荐策略时，可以进一步将面向测试集的误差降低到 0(精度 100%)。

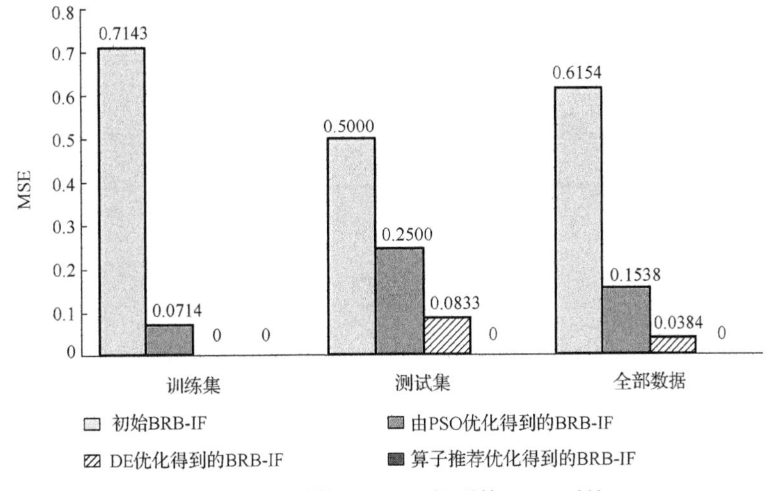

图 10.2　不同的 BRB-IF 得到的 MSE 对比

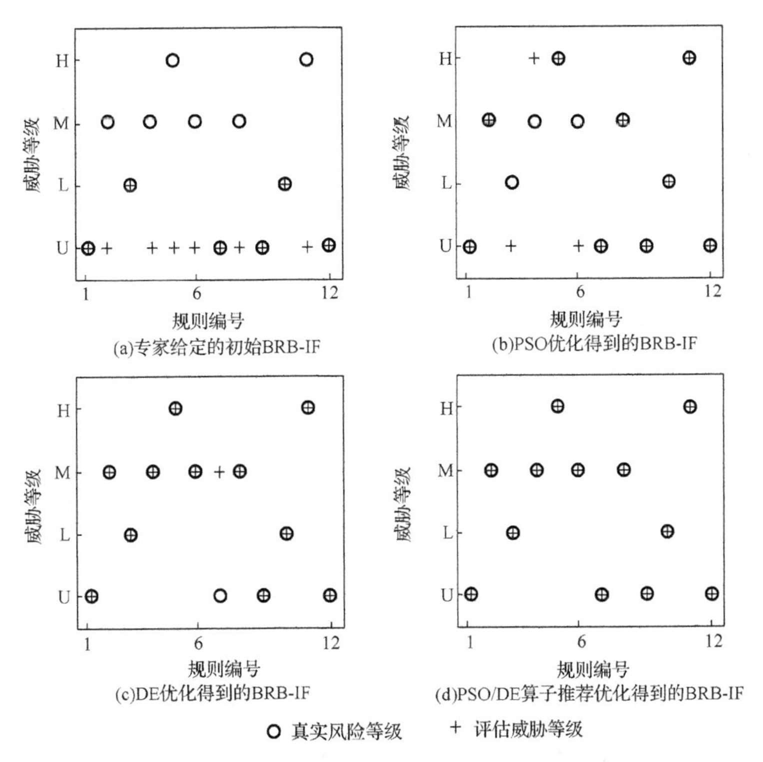

图 10.3　测试数据集案例结果
(U 为未知，H 为高，M 为中，L 为低)

图 10.4 进一步给出了采用策略得到的演化曲线(100 代)。根据图 10.4，在最初的代数中，PSO 和 DE 的精度远低于由专家初始化的置信规则库所得到的结果。在 400～600 代之间，由 PSO 和 DE 得到的置信规则库已经可以达到其最优解，同时面向测试集的误差分别为 0.0714 和 0。相对而言，采用算子推荐策略在大约 100～150 代即可得到最优解。

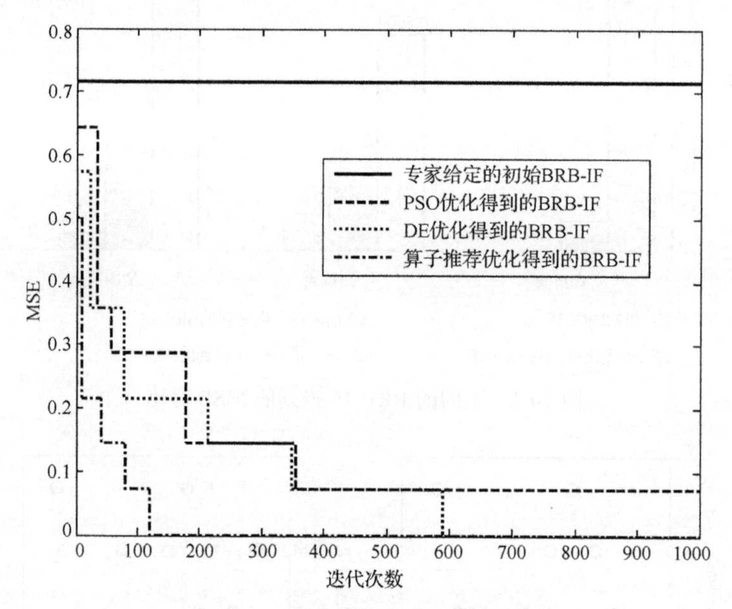

图 10.4　不同演化算法的进化曲线

根据图 10.4 可知，在最初的一定代数之中(200 代之内)，PSO 的优化效率更高；在优化中期(200～600 代)，二者优化效率相当；在优化后期(600～1000 代)，DE 能够取得更优的结果。因此，总体而言，DE 的优化效果优于 PSO。由于算子推荐策略综合了两个优化算法的优势，因此在优化初期即取得了较好的优化结果，在 100 代之内就取得了与 PSO 在 600 代时取得的效果，在 200 代之内，即可取得更优的优化效果。

图 10.5 进一步对比了采用算子推荐策略得到的误差(MSE)以及对应的种群大小。可以发现，在优化最初期(10 代之内)，PSO 的优化效果更好，此时分配给 PSO 的种群略大于分配给 DE 的种群；但是，随着优化过程进一步进行，在 50 代之内，采用算子推荐策略即可得非常好的优化结果，MSE 可以降低到 0.2 之内；在 50 至 100 代之间，DE 的种群大于 40，PSO 的种群小于 40，MSE 降低至 0.1 之内；当达到 100 代之后，算子推荐策略即可以取得最优解，此时 DE 的种群大于 60，PSO 的种群小于 20。这与图 10.3 取得的结果也是一致的。

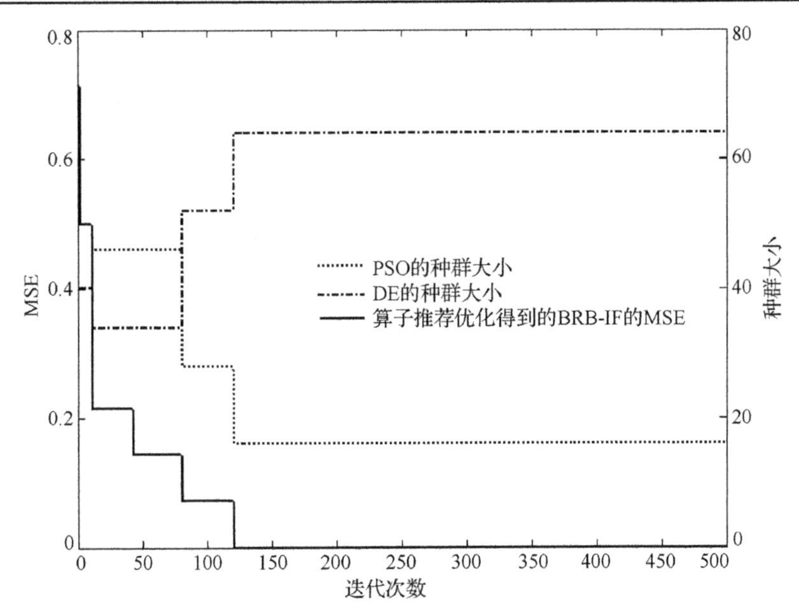

图 10.5　MSE 与 PSO/DE 的算子推荐的种群大小

10.4.6　神经网络计算结果

由于神经网络已经广泛用于多传感器信息融合问题，因此本小节也采用神经网络开展对比研究。本小节采用的神经网络模型中包括 3 个输出，其中每一个输出对应一个等级，如果不能识别出来，则输出为“unknown”。本节采用 MATLAB 的 newcf 工具箱，相关参数设置如下：

(1) 隐含层数为 1；

(2) 节点数为 10；

(3) 代数为 5000；

(4) 目标值为 3×10^{-8}；

(5) 中间层神经元为 15；

(6) 中间层神经元函数为 tansig；

(7) 输出层神经元函数为 logsig；

(8) 训练函数为 trainscg。

该模型合计运行 30 次，每次运行 500 代，最终面向训练集都取得 100%识别精度(MSE=0)。图 10.6 给出了一次运行到 182 代达到终止条件的示例，通过该演化曲线可以发现，神经网络可以较快地建立面向训练集的模型。但是，测试集取得的结果远劣于训练集取得的结果：30 次运行得到的最优解面向测试集得到的误差为 0.6667，即有三分之二的测试数据(12 组测试数据中 8 组没有识别出来)没有识别出来。这有可能是由于训练数据相对较少，因此完全根据数据来建立神经网络并进行训练所得到的模型对于训练集易出现过拟合(30 次实验中面向训练数据都很快就达到了 100%精度)，这样一来，对于测试集就易出现过高的误差。

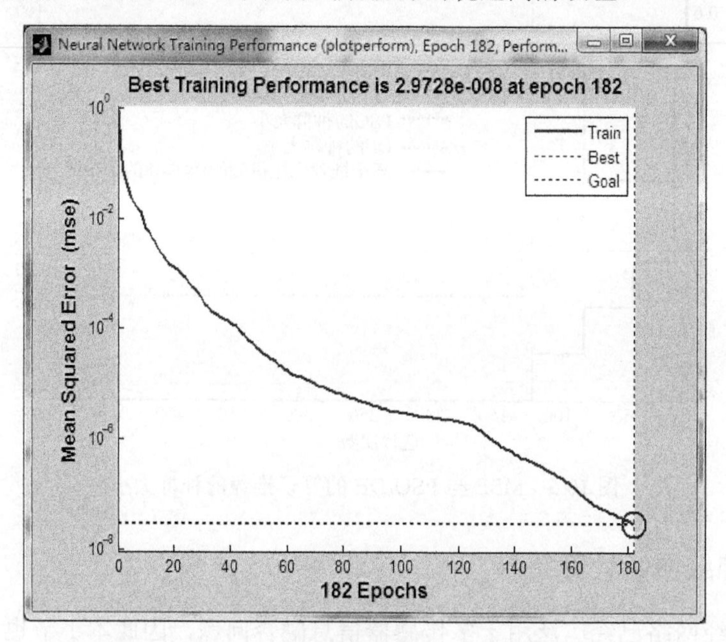

图 10.6　神经网络运行的演化曲线

(Train 为训练误差、Best 为最优误差、Goal 为目标误差)

表 10.7 进一步给出了采用不同的置信规则库模型和神经网络模型(面向测试集)得到的结果，其中对比了误差(MSE)的最小值、均值和方差。基于表 10.7 可以发现，采用神经网络方法所取得的解最劣，PSO 和 DE 所取得解方差较为接近，DE 所得到的结果更占优势，采用算子推荐策略得到的结果在最小值、均值和方差等方面均得到最优解(比其他三个方法得到结果的方差小两个数量级)，也说明采用算子推荐策略的方法具有较优的稳定性。

表 10.7　不同 BRB-IF 下测试数据集的 MSE

方法	测试数据集的 MSE		
	最小值	平均值	方差
专家给定初始 BRB-IF	0.5000	—	—
PSO 更新 BRB-IF	0.2500	0.2783	7.8324×10^{-3}
DE 更新 BRB-IF	0.0833	0.0934	8.3521×10^{-3}
算子推荐 BRB-IF	0	0.0211	3.2634×10^{-5}
神经网络	0.6667	0.7389	7.0562×10^{-3}

10.5　结　论

多传感器信息融合问题在实际中面临多方面的挑战，如信息类型多源、信息不完备、需要处理专家领域知识等。为了更好地解决这些问题，本章提出了综合采用算子推荐策略的置信规则库建模方法。该方法一方面既具有置信规则库的优势，又具有面向多种类型知识集成能力和能够直接与专家以及决策者对接；另一方面由于采用了算子推荐策略，因此能够自动选择优化效果最好的演化算法，能够更加高效地综合利用多种演化算法的优势，优化效率更高。

与神经网络，以及由专家初始化、由 PSO 和 DE 分别优化得到的置信规则库相比，采用算子推荐策略得到的优化方法效果最优，且优化效率最高。在下一步研究中，可以在建模时考虑更多因素，使模型更加符合实际情况；同时也可以考虑更多演化算法，以更有效地体现算子推荐策略的优化能力；还可以面向更多实例开展分析，以进一步验证提出方法的有效性。

参考文献

[1] Ahlberg S, Hörling P, Johansson K, et al. An information fusion demonstrator for tactical intelligence processing in network-based defense[J]. Information Fusion, 2007, 8(1): 84-107.

[2] Banerjee T P, Das S. Multi-sensor data fusion using support vector machine for motor fault detection[J]. Information Sciences, 2012, 217: 96-107.

[3] Cai B, Liu Y, Fan Q, et al. Multi-source information fusion based fault diagnosis of ground-source heat pump using Bayesian network[J]. Applied Energy, 2014, 114: 1-9.

[4] Carpenter G A, Martens S, Ogas O J. Self-organizing information fusion and hierarchical knowledge discovery: A new framework using ARTMAP neural networks[J]. Neural Networks, 2005, 18(3): 287-295.

[5] Khaleghi B, Khamis A, Karray F O, et al. Multisensor data fusion: A review of the state-of-the-art[J]. Information Fusion, 2013, 14(1): 28-44.

[6] Leung Y, Ji N N, Ma J H. An integrated information fusion approach based on the theory of evidence and group decision-making[J]. Information Fusion, 2013, 14(4): 410-422.

[7] Liggins M, Hall D, Llinas J. Handbook of Multisensor Data Fusion: Theory and Practice[M]. Hoboken: CRC Press, 2017.

[8] Niu G, Han T, Yang B S, et al. Multi-agent decision fusion for motor fault diagnosis[J]. Mechanical Systems and Signal Processing, 2007, 21(3): 1285-1299.

[9] Zhu D, Gu W. Sensor fusion in integrated circuit fault diagnosis using a belief function model[J]. International Journal of Distributed Sensor Networks, 2008, 4(3): 247-261.

第 11 章 并发故障诊断

一般面向复杂系统的建模和故障诊断仅针对一种故障模式，但是长期处于复杂工况运行，尤其是恶劣的复杂工况运行下的复杂系统也有可能同时发生多种故障，即耦合并发故障或并发故障。本章首先基于置信规则库提出一种面向并发故障的诊断方法，该方法采用两个核心策略，一是采用可变权重(以不同大小的权重值来表示各属性与不同故障模式之间的关联关系)，二是权衡分析(以多种故障模式诊断结果的置信度值之间的差值来表示对于多种故障模式的诊断)；然后以某柴油机并发故障诊断为例开展示例验证，并与单独建立多个置信规则库模型、采用 SVM 和神经网络方法所取得的结果进行对比分析，结果表明，本章提出的方法可以有效地实现并发故障诊断。同时，本章在示例对比部分也采用了交集置信规则库。

11.1 问 题 描 述

11.1.1 复杂系统耦合并发故障

复杂系统的耦合并发故障是指两个或两个以上的故障相互关联并同时发生。耦合并发故障诊断的复杂性源于其不确定性，即与指示因素(indicator，即输入信息的属性)关联的不确定性、诊断结果的不确定性以及人为干预带来的不确定性。以船用柴油机故障诊断为例，由于船舶在海上航行时间较长，海水中的泥沙、灰尘等固体污染物会与润滑油发生混合，造成润滑油污染，因此润滑油中的硅元素(Si)会明显增加[1]。随着润滑油的循环，这些固体污染物将积聚在摩擦副中，导致摩擦副的异常磨损。同时随着船用柴油机的使用，磨损故障越来越严重。主轴承比其他摩擦副对外界固体污染物更敏感，因此主轴承会发生异常磨损，导致反映主轴承磨损的主导元素铅(Pb)也增加。

耦合并发故障诊断需要应对以下挑战。

挑战 1：指示因素与耦合并发故障之间存在复杂的相关性。每个故障都与一个或多个指示因素有关，单个因素也可能与多个故障有关，在如此复杂的条件下，很难对耦合并发故障做出准确的诊断。例如，铁(Fe)、硅和铅等元素都与气缸套故障有关，而铅元素也是主轴承故障的主要因素。虽然单个故障的指示因素比较清楚，但诊断耦合并发故障时，很难确定并分配指示因素的权重。

挑战 2：多个单一故障的耦合并发故障组合数量呈指数增长。若存在 n 个单一故障，则可能的故障组合数量为 2^n-1。例如，假设所有单个故障都可能同时发生，那么具有 4、5 和 6 个单一故障的系统将具有 15、31、63 可能的耦合并发故障组合。当有过多的单个故障时要枚举所有可能的并发故障组合是不太可能的。

挑战 3：评估过程应该对专家和决策者开放，以便他们能够做出全面和可理解的决策。换言之，诊断方法必须是可解释的白盒方法而不是黑盒方法，尤其是当决策完全取决于他们对并发故障诊断过程的理解并且涉及巨大的经济甚至战略问题，这一点就更加重要。

11.1.2　当前方法及其不足

到目前为止，来自不同背景的许多研究人员提出了多种故障诊断方法。

(1)基于统计分析的方法[2-4]是故障诊断中最常用的方法之一。其中，统计过程控制通过计算观察值与正常状态标准值之间的偏差来确定设备状态；广泛使用的聚类分析方法，使用多种方法来计算距离，如欧氏距离、马氏距离、Kullback-Leibler(KL)距离、贝叶斯(Bayes)距离等；支持向量机(SVM)是在统计学习理论和结构风险最小化的基础上发展的，在处理具有非线性和高维特性的问题方面具有优势，在故障诊断中得到了很好的应用。基于统计分析的方法需要大量的样本来支持统计分析的数学假设。

(2)基于模型的诊断方法[5,6]。基于模型的诊断方法与其他方法相比具有较高的诊断精度。对船用柴油机来说，通过建立船用柴油机气缸、进排气系统、喷油系统等主要系统的仿真模型，开发了基于模型的诊断方法。其中观测数据样本作为诊断方法的输入，残值作为识别船用柴油机健康状态的输出。在许多实际条件下，特别是对于复杂的非线性系统如船用柴油机，建立精确的物理或数学模型是十分困难的。因此，基于模型的诊断方法的应用是非常有限的，因为它需要对实际系统有一个非常清晰的数学理解。

(3)基于人工智能的方法[7-15]。基于人工智能算法的故障诊断方法不需要精确的诊断对象的物理或数学模型，相比之下这些方法更加灵活。常用的方法之一是人工神经网络(ANN)，该方法已成功开发并应用于许多故障诊断问题。但人工神经网络本质上是一种黑盒方法，在推断过程中无法直接接触到专家和决策者。因此，提出了其他基于专家系统的方法，如模糊集理论[16]等。基于专家系统的方法可以模拟和推断人类的思考和决策过程，并保持其透明度。更多的研究人员还开发了其他基于机器学习和/或专家系统的方法，如证据理论。另外可以将多种方法结合起来，形成新的混合方法，如人工神经网络和模糊专家系统相结合，形成新的混合方法。

11.2　基于置信规则库的并发故障诊断方法

11.2.1　核心概念

本节提出的基于置信规则库的并发故障预测方法基于以下两点假设。

假设 1：并发故障与一个或多个影响因素相关，且各影响因素均与任一故障相关。

假设 2：很难获取有关并发故障是否发生的先验知识。

基于以上两点假设，提出包含两个策略的基于置信规则库的并发故障预测方法：属性权重策略和权衡分析策略，如图 11.1 所示。

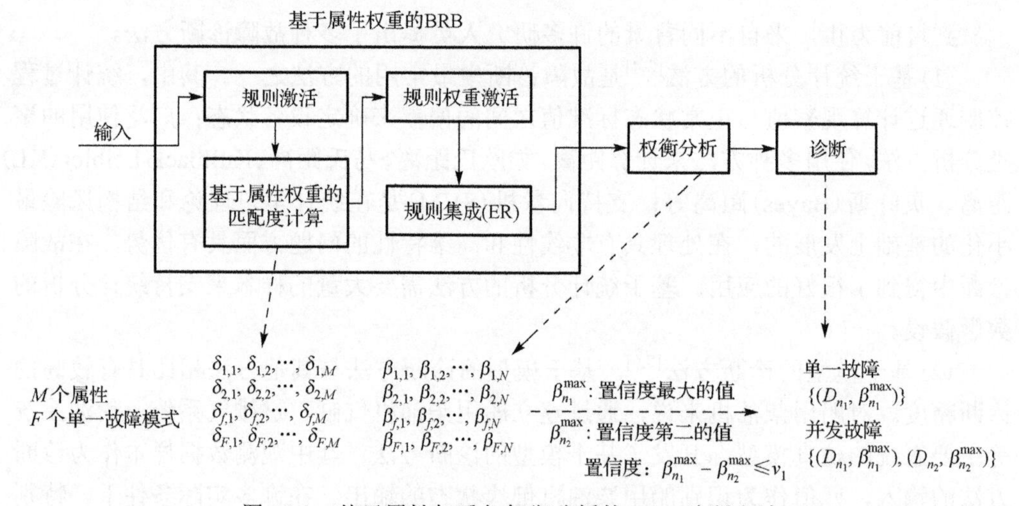

图 11.1　基于属性权重与权衡分析的 BRB 诊断方法

该方法中的属性权重策略主要针对假设 1。在该策略中，不同前提属性具有不同权重 $\delta_{f,m}$ 以表征其与特定故障的关系，相应地，模型中可以保留所有权重。换言之，最终的模型包含所有前提属性，每个前提属性的权重表征其与不同故障的关联关系。

该方法中的权衡分析策略主要针对假设 2。在该策略中，每一个故障诊断结果都具有相关置信度，而最终的结果以基于面向不同故障的最大置信度 $\beta_n^{\max}$ 的权衡分析结果来确定。通过对比预设阈值，小于该特定阈值的前若干个结果 $\{(D_{n_1},\beta_{n_1}^{\max}),(D_{n_2},\beta_{n_2}^{\max})\}$ 即为最终的并发故障诊断结果。

同时，本节还将考虑在多重假设情况下开展研究。针对假设 1，将考虑不同的情况，即等属性权重假设(假设所有属性的权重为 1，即不考虑属性权重)、固定属性权重(假设相关性较强的属性权重为 1，相关性较弱的属性权重为 0.1)和优化属性权重(将属性权重作为优化参数进行优化)。同时，还分别采用交集和并集置信规则库进行建模。

尤其需要指出的是，文献[1]中也采用了置信规则库来进行并发故障预测。二者最大的区别在于，文献[1]中采用了多个子置信规则库进行建模，其中每个子置信规则库中仅保留了与单一故障相关的前提属性。相对而言，本方法采用单个置信规则库的同时也保留所有前提属性，但使用不同属性权重来代表该属性与不同故障的相互关联关系，如图 11.2 所示。

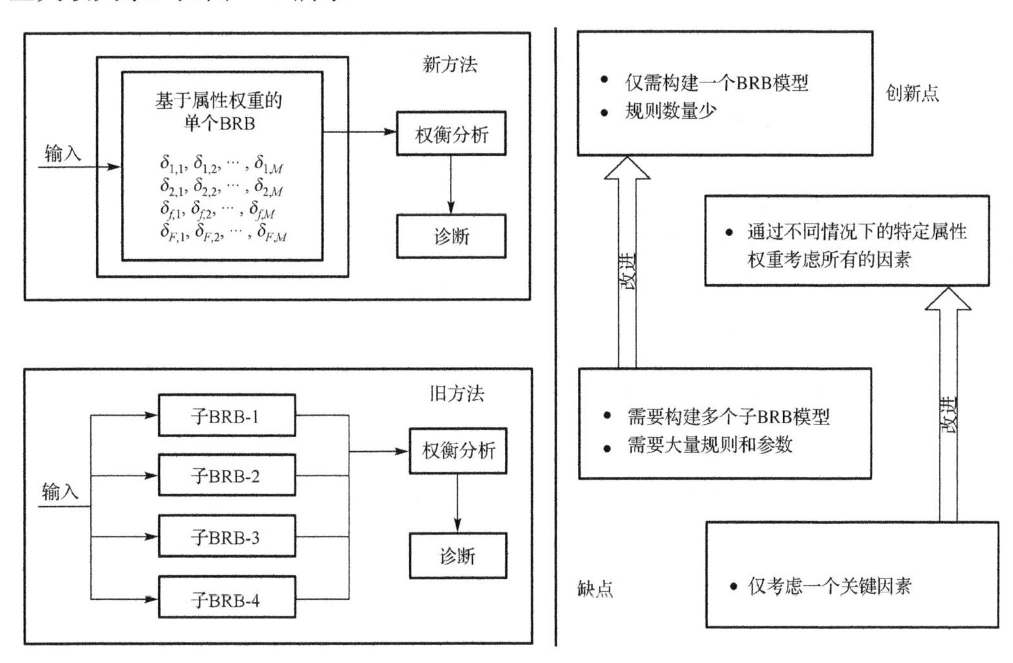

图 11.2　基于置信规则库的并发故障预测方法对比
（上部表示本节提出的方法，下部表示文献[1]中提出的方法）

需要强调的是，当采用并集置信规则库时，所需要的规则数量更少，即待优化参数将更少，这将进一步降低优化资源需求，因此更具有实际上的可操作性。

11.2.2　三种属性权重策略

对于第 f 个故障模式，假设第 m 个前提属性的权重为 $\delta_{f,m}(f=1,\cdots,F;m=1,\cdots,M)$，对于每种故障模式，用不同的属性权重来表示前提属性与这种故障模式的相关性，即同一前提属性与不同的故障模式相关性不同，则对应属性权重不同，如图 11.3 所示。

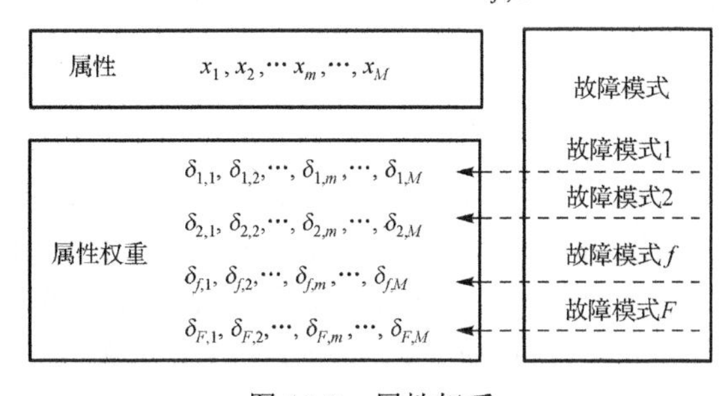

图 11.3　属性权重

通过 3 种策略，即等属性权重、固定属性权重和优化属性权重，来对比检验这一假设是否正确。

策略一：等属性权重，即所有前提属性都具有相同的权重$\delta_{1,m}=\cdots=\delta_{f,m}=1$。等属性权重不考虑各属性与故障模式之间的关系。

策略二：固定属性权重，即与故障模式相关性高的前提属性设定为较大的权重$\delta_{f,r}=1,r\in[1,M]$；相关性低的前提属性设定较小的权重，本节中$\delta_{f,r_l}=0.1,r_l\in[1,M]$。对于第$f$个故障模式，同时满足$x_{f,r}\cup x_{f,r_l}=\bigcup_{m=1}^{M}x_m, x_{f,r}\cap x_{f,r_l}\neq\varnothing$。本策略中的固定属性权重(0.1)是根据领域专家的建议确定的。

策略三：优化属性权重，即与故障模式相关性低或不相关的前提属性设定较小的但限定一定区间的权重$\delta_{f,r_l}\in[0,0.2]$，并将其作为优化参数进行优化，其他与故障模式相关性高的前提属性仍旧设定为较大的权重$\delta_{f,r}=1$。策略中属性权重所属区间的上限设置为 0.2 的原因是策略二中固定属性权重设置为 0.1，因此在策略三中设置其为 0.1 的两倍是比较恰当的。

11.2.3　优化模型与优化算法

为了更加充分地进行对比和验证，本节同时采用交集和并集 BRB 进行建模。交集 BRB 和并集 BRB 的优化模型是一致的，但是优化算法中的推理过程是不同的。本节中取均方误差(error)作为优化目标函数，模型中需要被优化的参数包括前提属性的参考值A_m^k，规则权重θ_k，后项属性置信度$\beta_{n,k}$和属性权重$\delta_{f,m}$，优化模型如式(11.1)：

$$\min \quad E(A_m^k,\theta_k,\beta_{n,k},\delta_{f,m}) \tag{11.1a}$$

$$\text{s.t.}\begin{cases}\text{lb}_m\leqslant A_m^k\leqslant \text{ub}_m & (11.1\text{b})\\ A_m^p=\text{lb}_m & (11.1\text{c})\\ A_m^q=\text{ub}_m & (11.1\text{d})\\ 0<\theta_k\leqslant 1 & (11.1\text{e})\\ 0\leqslant\beta_{n,k}\leqslant 1 & (11.1\text{f})\\ \sum_{n=1}^{N}\beta_{n,k}\leqslant 1 & (11.1\text{g})\\ \delta_{f,m}=1,0.1\text{ 或 }0<\delta_{f,m}\leqslant 0.2 & (11.1\text{h})\end{cases}$$

其中，$k=1,\cdots,K;n=1,\cdots,N;m=1,\cdots,M;p\neq q\in[1,\cdots,M]$。式(11.1b)～式(11.1d)中 lb_m 和 ub_m 分别是前提属性A_m^k的最小值和最大值；式(11.1e)与式(11.1f)分别表示规则初始权重和结论的置信度属于区间(0,1]和[0,1]；式(11.1g)表示结论的置信度和不能大于 1；式(11.1h)表示属性权重根据不同的策略取值不同。具体而言，当采用策略 1(等属性权重)时，$\delta_{f,m}=1$；当采用策略 2(固定属性权重)时，$\delta_{f,m}=1,0.1$；当采用策略 3(优化属性权重)时，$0<\delta_{f,m}\leqslant 0.2$。

优化算法采用差分进化算法(DE)为优化引擎，包括以下步骤。

步骤 1：参数初始化。

对 BRB 和 DE 的某些参数，包括 BRB 中专家给出的一些初始规则以及一些约束，DE 中的代数、个体数等进行初始化。

步骤 2：优化操作。

包括变异、交叉，操作细节应参考具体的演化算法。

步骤 3：适应度计算。

步骤 3.1：BRB 推理。交集 BRB 推理见本书第 1.2.2 节，并集 BRB 推理见本书第 3.3 节。

步骤 3.2：ER 推理。见本书第 1.3.3 节。

步骤 3.3：计算误差。

对于总的 I 个输入，误差是由每一个输入 i 对应的模型估计输出 $\text{output}_{i,\text{estimated}}$ 与实际输出 $\text{output}_{i,\text{actual}}$ 间的误差之和，如式(11.2)和式(11.3)：

$$E = \sum_{i=1}^{I} \text{error}_i \tag{11.2}$$

$$\text{error}_i = \begin{cases} 1, & \text{output}_{i,\text{estimated}} \neq \text{output}_{i,\text{actual}} \\ 0, & \text{output}_{i,\text{estimated}} = \text{output}_{i,\text{actual}} \end{cases} \tag{11.3}$$

步骤 4：选择。

选择适应度值较小的个体进入下一代。

步骤 5：优化停止。

如果没有达到停止标准，则转到步骤 2；若达到停止标准，则对应的最小均方误差的个体为最优解。

11.2.4　基于权衡分析的并发故障诊断决策

针对多个并发故障，每个故障模式都对应不同的属性权重，因此根据不同的属性权重可以得到不同的故障诊断结果，多组属性权重也就对应多组故障诊断结果。权衡分析多组故障诊断结果即可得出并发故障诊断结果。以上权衡分析策略如图 11.4 所示。

步骤 1：执行多故障诊断。

分别针对不同故障进行诊断，得到不同故障的诊断结果 $\beta_{f,1},\beta_{f,2},\cdots,\beta_{f,n},\cdots,\beta_{f,N}$，即每一个故障模式下都能得到一组不同故障诊断结果的置信度组合，共计 F 组。

步骤 2：得出多故障诊断结果。

对于第 f 个故障模式，若 $\beta_f^{\max} = \max_{n=1}^{N}\{\beta_{f,n}\}$，则诊断结果将是第 $n_f \in (1,\cdots,N)$ 个故障模式，注意第 n_f 个故障模式并不一定代表第 f 个故障模式。

步骤 3：对故障诊断结果置信度排序。

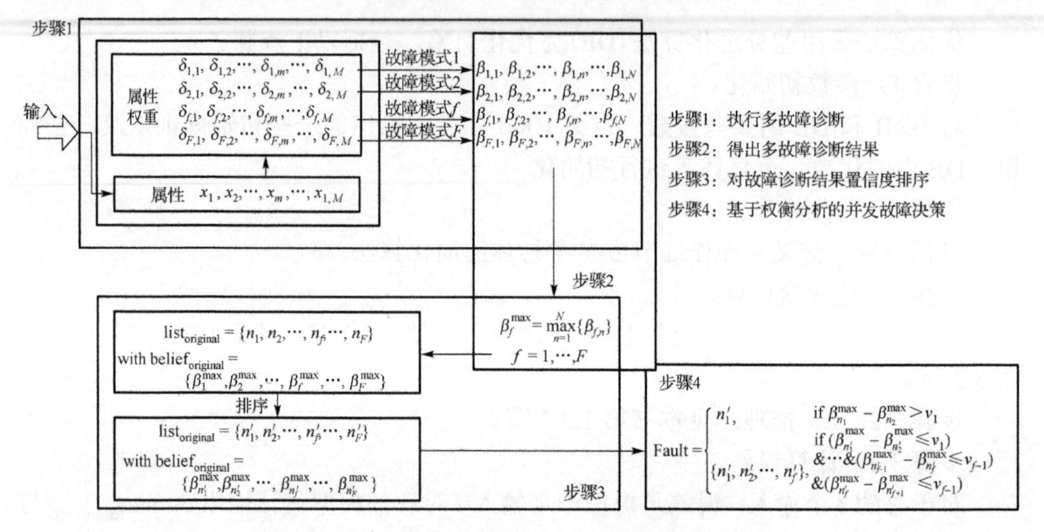

图 11.4　基于权衡分析的 BRB 并发故障诊断决策

对多个故障模式的诊断结果列表进行排序，并删除重复的故障模式。由不同故障模式组成的初始列表为 $\text{list}_{\text{original}}=\{n_1,n_2,\cdots,n_f,\cdots,n_F\}$，对每种故障模式的置信度诊断为 $\text{belief}_{\text{original}}=\{\beta_1^{\max},\beta_2^{\max},\cdots,\beta_f^{\max},\cdots,\beta_F^{\max}\}$，对其按照置信度降序排序，则故障模式列表为 $\text{list}_{\text{sorted}}=\{n_1',n_2',\cdots,n_f',\cdots,n_F'\}$，对应的置信度列表为 $\text{belief}_{\text{sorted}}=\{\beta_{n_1'}^{\max},\beta_{n_2'}^{\max},\cdots,\beta_{n_f'}^{\max},\cdots,\beta_{n_F'}^{\max}\}$。

所有重复的故障诊断结果只保留其置信度最大的故障模式，经过排序后的故障模式及其置信度列表小于或等于初始的故障模式及其置信度列表，即 $\text{list}_{\text{sorted}}\subseteq\text{list}_{\text{original}}$，$\text{belief}_{\text{sorted}}\subseteq\text{belief}_{\text{original}}$。

步骤 4：基于权衡分析的并发故障诊断。

预设阈值 $v_1,\cdots,v_f,\cdots,v_F$ 来区别多种故障模式，相邻故障模式之间的置信度非常接近即差值小于预设阈值，则判定为并发故障模式。

当排序后的故障模式列表 $\text{list}_{\text{sorted}}$ 中第一个与第二个故障模式之间的置信度差值大于 v_1 时，即 $\beta_{n_1'}^{\max}-\beta_{n_2'}^{\max}>v_1$，诊断结果为仅存在第一个故障模式，即单故障模式。

当排序后的故障模式列表 $\text{list}_{\text{sorted}}$ 中前两个故障模式之间的置信度值差值小于等于 v_1 且第二个与第三个故障模式之间的置信度差值大于 v_2 时，即 $\beta_{n_1'}^{\max}-\beta_{n_2'}^{\max}\leqslant v_1\&\beta_{n_2'}^{\max}-\beta_{n_3'}^{\max}>v_2$，诊断结果为前两个故障模式同时存在，即为并发故障模式，其中第一个故障模式为主要故障，第二个故障模式为次要故障。以此类推，完成整个并发故障诊断过程。

11.2.5　并发故障诊断方法

基于 BRB 的并发故障诊断方法包括以下 5 个步骤，如图 11.5 所示。

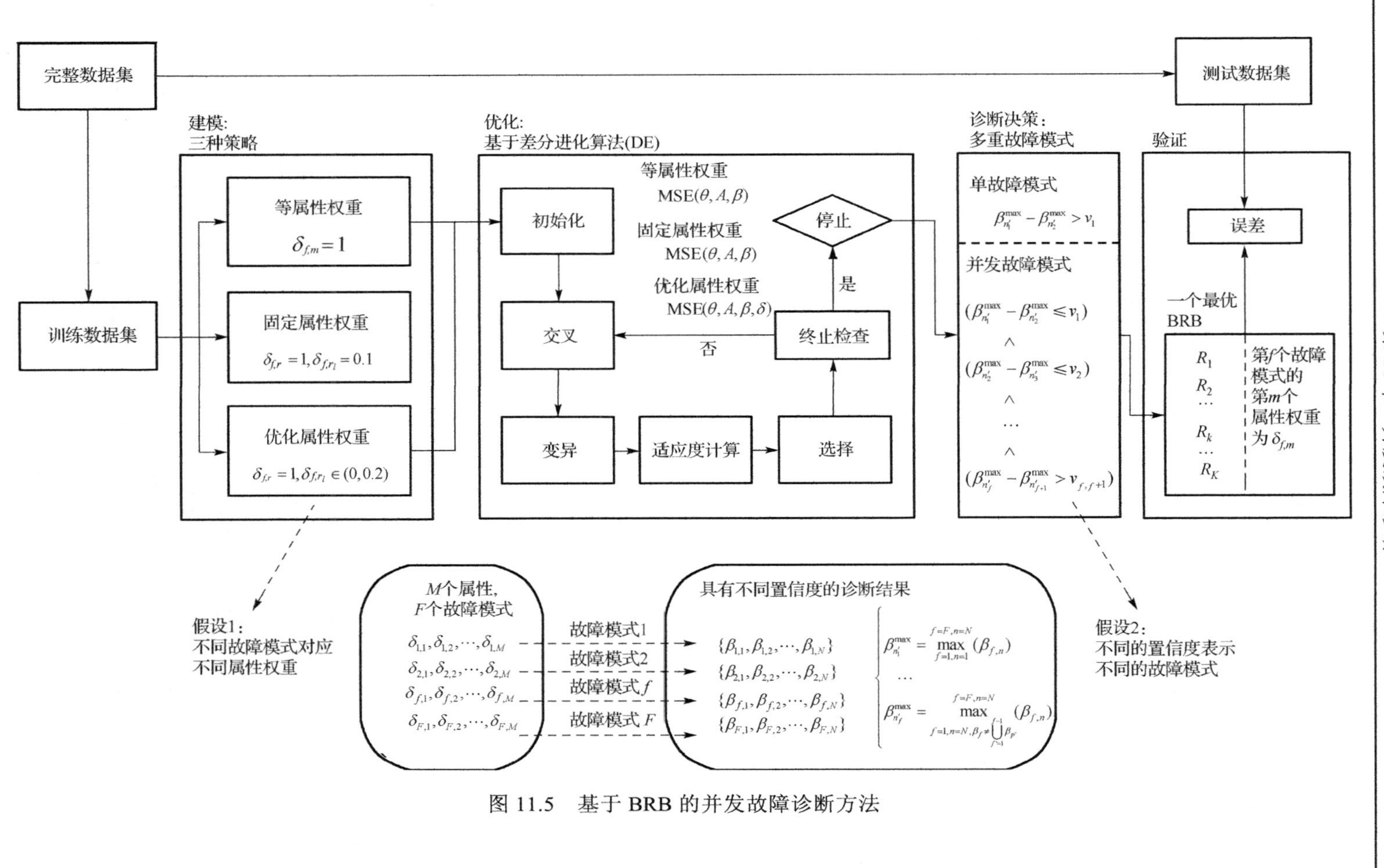

图 11.5　基于 BRB 的并发故障诊断方法

步骤 1：初始化。

将初始数据集的大部分作为训练数据集，其余部分作为测试数据集。

步骤 2：建模。

以属性权重为指标对不同的故障模式进行建模，采用 3 种策略进行对比，即等属性权重(所有属性都具有相同的权重)、固定属性权重(按照属性与故障相关性高低设置属性大小)和优化属性权重(将属性权重作为优化参数进行优化)。

步骤 3：优化。

采用差分进化算法(DE)作为优化引擎，对数据进行初始化之后，利用给定的交叉算子和变异算子对数据进行交叉变异处理，计算处理后的适应度，选择合适的子代，检测结果直到满足设定停止条件才停止循环。

步骤 4：诊断决策。

首先执行多故障诊断，得到多故障诊断结果，通过对多故障诊断结果置信度排序和权衡分析后进行决策。

步骤 5：验证。

通过使用优化后的带有属性权重 BRB，计算测试数据集误差，进而验证模型准确性。

11.3 示 例 分 析

11.3.1 问题背景

本节以面向吸盘号挖泥船的柴油机并发故障诊断开展示例验证。吸盘号挖泥船主要清理河流底部的淤泥，并将其移至岸边，如图 11.6(a)所示。吸盘号的动力来源

(a) (b)

图 11.6 吸盘号挖泥船及其柴油机油液采集装置

是柴油机，其包括多个磨损部组件。当其长期运行时，尤其当处于恶劣条件下时，极易造成部组件出现磨损故障。为了更加精确地进行故障诊断，需要精确测量相关元素的含量，图 11.6(b)给出了吸盘号柴油发动机的油液采集装置。

更具体而言，一种故障模式往往与多种故障特征相关，而单个故障特征也往往与多个故障模式相关，这是典型的“多对多”关系。更为关键的是，随着船只在多种复杂工况下使用频率更高，多种故障模式很有可能同时发生，即并发故障。如活塞和活塞环部件的故障则很有可能同时发生。表 11.1 给出了各故障与相关元素的关联关系。

表 11.1　故障与要素的关联关系

项目	磨损部件	材料	主要元素
故障 1	主轴承	ZQPb30，S45C	Pb
故障 2	活塞环	合金铸铁	Si，Fe，Al
故障 3	活塞	ZL108	Al
故障 4	缸套	HT 25-47	Fe，Si，Pb

在文献[1]中，通过面向四种故障建立相应的子置信规则库，并对比不同子置信规则库对于该特定故障的判别来判定是否发生了并发故障。因此，不仅需要建立不同的子置信规则库，不同子置信规则库的置信结构也不相同(不同故障关联的元素不同)。相对而言，本节仅需要建立一个单一的置信规则库，且该置信规则库中包含所有属性。同时，在文献[1]中仅采用了交集置信规则库，而本节中将同时采用交集和并集置信规则库来进行对比分析。

11.3.2　交集置信规则库评估结果

附录 E 中给出了具有等属性权重、固定属性权重和优化属性权重的交集 BRB 规则(81 条规则)。表 11.2 给出了优化属性权重的交集 BRB 所对应的属性权重。

表 11.2　采用优化属性权重策略交集 BRB 的优化属性权重

故障编号	属性权重			
	Fe	Al	Pb	Si
1	0.1879	0.0409	1.0000	0.0261
2	1.0000	1.0000	0.0171	1.0000
3	0.0719	1.0000	0.0066	0.1455
4	1.0000	0.1378	1.0000	1.0000

表 11.3 对比了采用不同策略交集 BRB 的并发故障诊断结果误差，可以发现采用优化属性权重策略的交集 BRB 取得了 100%的诊断精度。

表 11.3　采用不同策略交集 BRB 的并发故障诊断结果误差

不同策略交集 BRB	误差
等属性权重交集 BRB	1.1118×10^{-1}
固定属性权重交集 BRB	6.5789×10^{-3}
优化属性权重交集 BRB	0

11.3.3　并集置信规则库评估结果

表 11.4～表 11.6 给出了采用不同策略的并集置信规则库。

表 11.4　采用等属性权重策略的并集置信规则库

规则编号	权重	前提属性				故障诊断结果				
		Fe	Al	Pb	Si	正常	故障 1	故障 2	故障 3	故障 4
1	0.8449	12.5000	2.9000	2.0000	1.6000	0.6439	0.0484	0.1868	0.0360	0.0848
2	0.1461	25.5770	12.6401	6.8897	9.7877	0.0164	0.0364	0.1895	0.5958	0.1618
3	0.0742	53.2569	3.6401	7.0469	27.4833	0.2695	0.1926	0.0859	0.3281	0.1238
4	0.7690	70.7621	11.1673	16.2752	48.2614	0.0264	0.6690	0.2308	0.0071	0.0668
5	0.4867	85.3000	26.4000	18.5000	52.3000	0.0402	0.1053	0.0598	0.6486	0.1462

表 11.5　采用固定属性权重策略的并集置信规则库

规则编号	权重	前提属性				故障诊断结果				
		Fe	Al	Pb	Si	正常	故障 1	故障 2	故障 3	故障 4
1	0.4256	12.5000	2.9000	2.0000	1.6000	0.4262	0.0165	0.1758	0.2175	0.1640
2	0.4528	23.3816	17.0492	7.3878	24.3427	0.0124	0.0778	0.2252	0.4864	0.1982
3	0.4168	21.7541	10.1109	5.0578	14.5702	0.3124	0.0583	0.2125	0.0679	0.3490
4	0.5046	37.5932	2.9570	9.6819	37.1675	0.2124	0.3306	0.2933	0.0423	0.1214
5	0.5552	85.3000	26.4000	18.5000	52.3000	0.0428	0.4162	0.1572	0.0823	0.3014

表 11.6　采用优化属性权重策略的并集置信规则库

规则编号	权重	前提属性				故障诊断结果				
		Fe	Al	Pb	Si	正常	故障 1	故障 2	故障 3	故障 4
1	0.7527	12.5000	2.9000	2.0000	1.6000	0.6124	0.0241	0.3260	0.0228	0.0147
2	0.7904	79.1605	8.3362	10.3888	34.8672	0.0176	0.5559	0.2182	0.0278	0.1806
3	0.7440	45.9268	14.0284	5.8260	16.7553	0.2310	0.0159	0.1212	0.2501	0.3818
4	0.4537	25.5521	14.4698	8.4055	5.2350	0.0359	0.0335	0.4066	0.3891	0.1349
5	0.3970	85.3000	26.4000	18.5000	52.3000	0.0698	0.1931	0.0659	0.2579	0.4134

表 11.7 给出了采用优化属性权重策略的并集置信规则库的优化属性权重。由

表 11.2 和表 11.7 中属性权重大小可以直接反映属性与特定故障模式的相关性高低，可知优化后的权重与设置的固定属性权重(0.1)十分接近。

表 11.7　采用优化属性权重策略的并集置信规则库(表 11.4)的优化属性权重

故障编号	属性权重			
	Fe	Al	Pb	Si
1	0.1318	0.0950	1.0000	0.0934
2	1.0000	0.0417	1.0000	1.0000
3	0.0377	1.0000	0.1695	0.1492
4	1.0000	1.0000	0.0452	1.0000

表 11.8 对比了采用不同策略并集 BRB 的并发故障诊断结果误差。相对而言，略逊于表 11.3 给出的交集 BRB 所取得的结果，采用优化属性权重策略的并集 BRB 得到的结果最优(约 1.3158×10^{-2})。

同时需要注意的是并集 BRB 仅需要 5 条规则，而交集 BRB 则需要 81 条规则。并集 BRB 大大减少了规则数量，因此对于建模和优化过程也有较大优势。

表 11.8　采用不同策略并集 BRB 的并发故障诊断结果误差

不同策略并集 BRB	误差
等属性权重并集 BRB	3.3553×10^{-1}
固定属性权重 BRB	2.6316×10^{-2}
优化属性权重 BRB	1.3158×10^{-2}

11.3.4　结果对比与讨论

表 11.9 对比了不同策略的交集 BRB 和并集 BRB 得出的结果。

表 11.9　不同策略的交集 BRB 和并集 BRB 得出的结果

方法	规则数	数据集类型	最小值	均值	方差	最优解
等属性权重交集 BRB	81	训练集	7.2000×10^{-2}	2.6667×10^{-1}	1.0577×10^{-2}	1.1118×10^{-1}
		测试集	7.4074×10^{-2}	3.2963×10^{-1}	1.9711×10^{-2}	
固定属性权重交集 BRB	81	训练集	0	3.6129×10^{-3}	4.1978×10^{-5}	6.5789×10^{-3}
		测试集	3.7037×10^{-2}	1.0514×10^{-1}	2.1122×10^{-3}	
优化属性权重交集 BRB	81	训练集	0	2.7429×10^{-3}	4.1197×10^{-5}	0
		测试集	0	1.1640×10^{-1}	2.9164×10^{-3}	
等属性权重并集 BRB	5	训练集	2.8000×10^{-1}	4.4640×10^{-1}	9.7047×10^{-3}	3.3553×10^{-1}
		测试集	3.3333×10^{-1}	5.4603×10^{-1}	2.3670×10^{-2}	

续表

方法	规则数	数据集类型	最小值	均值	方差	最优解
固定属性权重并集 BRB	5	训练集	0	1.0825×10^{-1}	8.0185×10^{-3}	2.6316×10^{-2}
		测试集	7.4074×10^{-2}	2.1296×10^{-1}	1.0531×10^{-2}	
优化属性权重并集 BRB	5	训练集	0	1.0448×10^{-1}	6.2278×10^{-3}	1.3158×10^{-2}
		测试集	0	2.3569×10^{-1}	1.2330×10^{-2}	

根据表 11.9 给出的对比结果，可得到如下结论。

(1)优化属性权重的交集 BRB 得到的结果最好。优化属性权重的交集 BRB 达到了 100%的准确率，固定属性权重的交集 BRB(6.5789×10^{-3})，固定属性的并集 BRB(2.6316×10^{-2})。优化属性权重的并集 BRB(1.3158×10^{-2})的准确率也非常高，但是交集 BRB 需要更多的规则(81 条)，提高建模准确性的同时增加了建模复杂度，并集 BRB 需要的规则较少(仅 5 条)，建模难度和复杂度相对较低。

(2)相比等属性权重和固定属性权重，优化属性权重的交集和并集 BRB 都得到了非常好的结果。这是因为优化属性权重的 BRB 具有较多的优化变量，因此其得到更准确的模型可能性也更大，而固定属性权重的 BRB 中的优化变量相对少一些。但是无论是交集还是并集的 BRB，固定属性权重和优化属性权重得到的结果都比较接近，这一方面证明 BRB 具有强大的建模能力，另一方面也是由于初始权重设置为 0.1 与优化后的属性权重比较接近。

(3)交集 BRB 整体优于并集 BRB，显然是由于交集 BRB 中的规则(81 条规则)较多，显著多于并集 BRB(5 条规则)，二者的模型复杂度的显著差别导致了模型建模精度的差别。

(4)对比结果的方差可知交集 BRB 得到的结果具有较高的稳定性(方差较小)。这同样是由于其规则数量较多(交集 BRB 具有 81 条规则，而并集 BRB 仅包含 5 条规则)，能够更好地建模复杂系统的行为。

综合以上结果可知交集 BRB 的精度和稳定性都优于并集 BRB，优化属性权重优于固定属性权重，更优于等属性权重。这一结果验证了本章提出的可变属性权重的必要性。同时，虽然交集 BRB 都优于并集 BRB，但是其优势并不显著；如果考虑模型复杂度，则并集 BRB 中的规则数量显著少于交集 BRB，因此并集 BRB 也具有较强优势。

表 11.10 进一步对比了采用不同方法得到的结果。其中第 2～7 行给出了本节方法的结果，第 8 行给出了文献[1]给出的结果，第 9 和 10 行给出了神经网络的结果，第 11 和 12 行给出了 SVM 的结果。对比结果表明，具有固定属性权重和优化属性权重的交集或并集 BRB 都能够得到比较好的结果，尤其是具有优化属性权重的交集 BRB 能够取得 100%的精度。

表 11.10 采用不同方法得到的结果

序号	方法	规则数	误差	识别错误数
1	等属性权重交集 BRB	81	1.1184×10^{-1}	17
2	固定属性权重交集 BRB	81	6.5789×10^{-3}	1
3	优化属性权重交集 BRB	81	0	0
4	等属性权重并集 BRB	5	3.3553×10^{-1}	51
5	固定属性权重并集 BRB	5	2.6316×10^{-2}	4
6	优化属性权重并集 BRB	5	1.3158×10^{-2}	2
7	多个子 BRB	44	2.6316×10^{-2}	4
8	神经网络(四个子系统)	—	3.2895×10^{-2}	5
9	神经网络(六输出)	—	2.6316×10^{-2}	4
10	SVM(四个子系统)	—	3.9474×10^{-2}	6
11	SVM(六输出)	—	1.9737×10^{-2}	3

11.4 结　　论

针对复杂系统在不确定性条件下的并发故障诊断问题，本章提出了一种新的基于属性权重和权衡分析的 BRB 诊断方法。在所提出的方法中，使用属性权重的方式构造单个综合的 BRB 模型;属性权重大小反映了其与单个特定故障模式相关性的高低，采用等属性权重、固定属性权重和优化属性权重三种策略进行比较验证。通过相邻故障模式的置信度与预设阈值的比较，对并发故障进行了权衡分析。以某柴油机的并发故障检测为例开展了示例研究。结果表明，具有属性权重(固定为 0.1 或作为优化参数)的交集或并集 BRB 与以前的研究以及其他方法相比，取得了非常好的结果。未来还需要通过更多的实证研究来验证提出的基于 BRB 的并发故障诊断方法的可行性。

参 考 文 献

[1] Xu X J, Yan X P, Sheng C X, et al. A Belief rule-based expert system for fault diagnosis of marine diesel engines[J]. IEEE Transactions on Systems, Man, and Cybernetics: Systems, 2017: 1-17.

[2] 李晗, 萧德云. 基于数据驱动的故障诊断方法综述[J]. 控制与决策, 2011, 26(1): 1-9, 16.

[3] 杨明明. 大型风电机组故障模式统计分析及故障诊断[D]. 北京: 华北电力大学, 2009.

[4] Hage J A, Najjar M E, Pomorski D. Multi-sensor fusion approach with fault detection and exclusion based on the Kullback-Leibler divergence: Application on collaborative multi-robot

system[J]. Information Fusion, 2017, 37: 61-76.

[5] Rauber T W, Boldt F A, Varejao F M, et al. Heterogeneous feature models and feature selection applied to bearing fault diagnosis[J]. IEEE Transactions on Industrial Electronics, 2015, 62(1): 637-646.

[6] Czech P, Wojnar G, Burdzik R, et al. Application of the discrete wavelet transform and probabilistic neural networks in IC engine fault diagnostics[J]. Journal of Vibroengineering, 2014, 16(4): 1619-1639.

[7] Denoeux T. 40 years of Dempster-Shafer theory[J]. International Journal of Approximate Reasoning, 2016, 19: 1-6.

[8] Fu C, Yang J B, Yang S L. A group evidential reasoning approach based on expert reliability[J]. European Journal of Operational Research, 2015, 246(3): 886-893.

[9] Katsoulakos P S, Newland J, Stansfield J T, et al. Monitoring, databases and expert systems in the development of engine fault diagnostics[J]. British Journal of Nondestructive Testing, 1988, 30(4): 263-273.

[10] Lawrence J. Introduction to Neural Networks[M]. Nevada City: California Scientific Software Press, 1994.

[11] Meskin K, Khorasani K, Rabbath C A. A hybrid fault detection and isolation strategy for a network of unmanned vehicles in presence of large environmental disturbances[J]. IEEE Transactions on Control Systems Technology, 2010, 18(6): 1422-1430.

[12] Peng H, Wang J, Perez-Jimenez M J, et al. Fuzzy reasoning spiking neural P system for fault diagnosis[J]. Information Sciences, 2013, 235: 106-116.

[13] Tasdemir S, Saritas I, Ciniviz M, et al. Artificial neural network and fuzzy expert system comparison for prediction of performance and emission parameters on a gasoline engine[J]. Expert Systems with Applications, 2011, 38(11): 13912-13923.

[14] Vanini Z N S, Khorasani K, Meskin N. Fault detection and isolation of a dual spool gas turbine engine using dynamic neural networks and multiple model approach[J]. Information Sciences, 2014, 259: 234-251.

[15] Witten I H, Frank E, Hall M A, et al. Data Mining: Practical Machine Learning Tools and Techniques[M]. 4th ed. San Francisco: Morgan Kaufmann, 2016.

[16] Zadeh L A. Fuzzy sets[J]. Information and Control, 1965, 8(3): 338-353.

第 12 章　基于数字孪生与置信规则库的建筑沉降约减方法

相对于之前各章中仅将置信规则库应用于面向各类实际问题的建模，本章将进一步延伸，基于置信规则库建立数字孪生(digital twin，DT)模型，通过分析置信规则库的解析推理过程，定量计算各输入参数对输出的贡献程度，识别并优化关键参数，达到控制模型输出的目的。最后通过隧道施工过程中对建筑沉降约减的实际应用问题开展验证研究。

12.1　问 题 描 述

12.1.1　建筑物沉降

近年来，随着我国城市化的不断发展，城市轨道交通密集建设，迅速发展。地铁工程的大规模修建在给城市交通带来便利的同时，也给城市发展带来了安全、环境等问题，其中，建筑物沉降(settlement)是地铁盾构隧道挖掘导致的一种主要的建筑物损毁形式[1]。在盾构隧道施工过程中，隧道附近的土层受施工影响发生变形从而引起地表沉降，进而也导致周边建筑物发生不均匀沉降，当沉降过大时会导致建筑物产生裂缝甚至发生倾斜倒塌，从而严重威胁建筑物使用安全，影响居民正常生活，并造成巨大经济损失。因此，研究盾构隧道对建筑物沉降的影响，并对建筑物沉降进行控制,具有十分重要的意义。

12.1.2　当前方法及不足

影响建筑物沉降的因素众多，包括：隧道的设计方案、地质条件(如土层损失、土体应力状态变化等)、建筑物自身特性(如建筑物刚度等)、施工的方案设计、施工参数的设定与控制等。欧阳文彪等[2]在分析盾构施工对周围建筑安全影响时，考虑了建筑物刚度的影响，构建了沉降计算公式。丁祖德等[3]分析了隧道与建筑物成不同夹角时，建筑物的变形沉降情况。姜忻良等[4]基于 ANSYS 计算分析了隧道-土体-结构的共同作用,分析了盾构施工下穿建筑物时引发的建筑物沉降和内力变化情况。近年来，国内外较多专家和学者对施工参数与建筑物沉降之间的关系进行了一系列深入研究[5-7]。研究表明，隧道施工参数对建筑物的沉降具有重要影响，通过对隧道施工参数，如刀盘扭矩、刀盘转速等进行调整，可以在施工过程中实现对建筑物沉降的有效控制。

考虑到建筑物沉降带来的巨大危害，需要对建筑物沉降进行密切监测，并及时合理地调整施工参数以尽可能降低施工所带来的沉降效应。但是由于施工参数与建筑物沉降之间存在复杂的非线性关系，施工参数众多，难以通过明确的解析式对施工参数和沉降之间的关系进行描述，并且难以有效调整施工参数，因此降低建筑物沉降的关键问题之一是识别关键参数，进而通过调整和优化关键影响因素来降低沉降值。因此，需要对两者之间的潜在关系进行建模，并对待调整的施工参数进行约减，从中识别关键参数(即对沉降影响最为明显的参数)进行调整。通过此模型自适应地、明确可解释的、智能化地对施工参数进行调整，从而将建筑物沉降控制在合理的范围内。

数字孪生(DT)为解决上述关键问题提供了有效可行的方法。DT 指的是采用先进建模手段对工业、设计等复杂系统进行建模仿真，然后开展如状态监控、实验操作、模拟运行等虚拟仿真操作。DT 自 2003 年提出以来，经过多年的发展，由于具有较好的兼容性和可拓展性，已经在多个领域得到了广泛应用[8]。DT 要求根据实际问题的具体需求来选择恰当的仿真建模工具，使得所建模型具有良好的可扩展性。当采用 DT 自适应地控制建筑物沉降时，DT 中的算法模型应能够辨识影响沉降的关键施工参数并对其进行优化，其中，关键施工参数为优化后对降低建筑物沉降贡献最大的参数。通过两种建模方法可以确定待优化的关键施工参数：方法一是采用基于仿真的敏感性分析，即采用某一算法模型随机模拟各施工参数对建筑物沉降的影响，确定需要优化调整的参数。该方法可采用白箱或黑箱模型，但是不能生成一个确定的结果，进而引入过多的不确定性，因为每一次仿真运行的结果是随机不确定的[9]。方法二是采用解析可导的算法确定需要进一步被优化的关键施工参数。该方法能够得到一个确定的结果，不会引入不必要的不确定性，但是该方法的关键在于选择一个合适的透明的白箱模型，只有这样才能够为进一步的解析分析提供理论支撑。

作为一种具有统一置信结构的专家系统，置信规则库是一种白箱模型，其建模与推理过程均为解析过程，结果具有较强的可解释性；同时，BRB 还具有较强的非线性仿真能力，能够较好地建模复杂系统中的非线性关系。自提出以来已经成功应用于对可解释性和非线性建模有较高要求的多个理论和实际问题[10]。因此，基于 BRB 模型，能够建立多个施工参数与建筑物沉降之间的复杂非线性关系，同时通过计算可得对输出影响最大的输入特征参数，这些输入特征参数将作为对建筑物沉降具有重要影响的关键施工参数，并通过对其进行优化来自适应地将沉降量控制在合理范围内。

基于上述分析，本章将 BRB 作为 DT 模型的建模算法，提出了一种具有可解释性的 DT-BRB 模型来对关键施工参数进行调节和优化，从而达到控制或降低建筑物沉降的目的。首先，利用实际采集的数据样本，基于 BRB 建立 DT 模型，建立施工参数与建筑物沉降之间的非线性映射关系，并通过模型训练和优化提高虚拟模型对实际问题的建模精度。第二，通过 BRB 中的解析推理、规则集成和统一效用计算，量化每一个输入特征(即施工参数)对输出的贡献程度，并选取贡献较大的输入特征作为关键施工参数。第三，采用数据驱动的方法对关键施工参数进行局部优化，将局部优化之后得到的关键施工参数与其他固定因素一起作为输入特征再输入到数字孪生模型中，进而自适应地控制建筑物沉降量。以上三个步骤中，第一步与第三步分别为全局优化和局部优化，当前在复杂系统建模领域已经有许多方法可以满足这一需求。但是第二步要求所采用的方法必须是解析可见的，因此黑箱方法将不再具有可用性，如神经网络等。本节 BRB 的推理和建模过程均可见，可以根据其推理过程中的规则激活、规则集成与结果归一化等三个过程分别识别出各施工参数对于建筑沉降值的贡献推理过程，这是本章的主要理论创新点。其中第二和第三步可根据实际工程需求进行单次优化或迭代优化。基于 DT-BRB 的建筑物沉降控制方法是纯数据驱动的方法，降低了施工参数调节过程中对主观经验的依赖，其透明的推理过程能够为决策者提供更为可靠的施工参数调节方案。

12.2　基于置信规则推理的数字孪生建模

12.2.1　数字孪生

自 DT 提出以来，已经引起了多个不同领域研究人员的广泛关注。DT 最初是为了解决工业工程问题被提出的[8]，随后其逐渐发展为理论模型与实际系统间的一个虚拟接口，为决策者提供更为准确合理的辅助决策[11]。通过 DT 模型，理论公式等被扩展到多个领域，如信息科学、工程学、数据处理和计算机科学等。虽然尚缺乏统一的关于 DT 的定义，但是它已经成功应用到多个领域，解决了一系列的复杂问题，如产品设计、设备故障预测与健康管理、结构健康监测等[8]。

多个不同领域的研究表明 DT 由多个元素构成，三维尺度上包括物理模型、虚拟模型和模型间的联系，五维尺度上包括物理模型、虚拟模型、模型间的联系、数据和服务[8]。通常认为 DT 通过数据和模型将物理模型与理论模型相连接，面向不同应用的 DT 模型的构成元素不同，因此 DT 模型具有优越的适用性和可扩展性。在近期的研究和实际应用中，不同的算法被应用到 DT 模型中以满足不同实际问题的需求，如支持向量机(SVM)和人工神经网路(ANN)等[12]，同时也可以针对实际问题定制化地设计相应算法或模型，在满足实际应用的同时，保证 DT 模型的适用性。

为了实现对建筑物沉降的自适应控制，不仅要求模型能够精确建模多影响因素与建筑物沉降之间的关系，还要求能够基于 DT 模型进行解析分析，从而识别出对控制建筑物沉降贡献最大的关键参数。考虑到 DT 模型可以继承其采用的算法的特性，因此 DT 模型需要选择白箱算法以达到自适应控制沉降量的目的。在已有研究中，通常采用基于仿真的敏感性分析辨识关键参数[9]，但是每次仿真结果是随机且不同的，因此该方法不能为决策者提供一种确定的参数控制方案，并且引入了过多的不确定性。相比之下，在 DT 模型中采用白箱模型，通过解析算法计算之后生成一个确定的参数控制方案可以辅助决策者有效地实现沉降量的自适应控制。

12.2.2　基于置信规则推理的数字孪生建模框架

基于置信规则推理的数字孪生建模框架主要包括以下三个步骤，如图 12.1 所示。首先采用置信规则推理方法建立数字孪生模型，这一步的目的是确保建立的模型能够高精度模拟多因素对于建筑物沉降情况的影响情况；然后识别关键参数，这一步的目的是基于置信规则库推理过程并通过解析算法获得各参数对建筑物沉降程度的贡献水平；最后对关键参数进行局部优化，这一步的目的是约减建筑物沉降值，即从原始沉降值(original settlement，Soriginal)约减到新的沉降值(reduced settlement，Sreduced)。

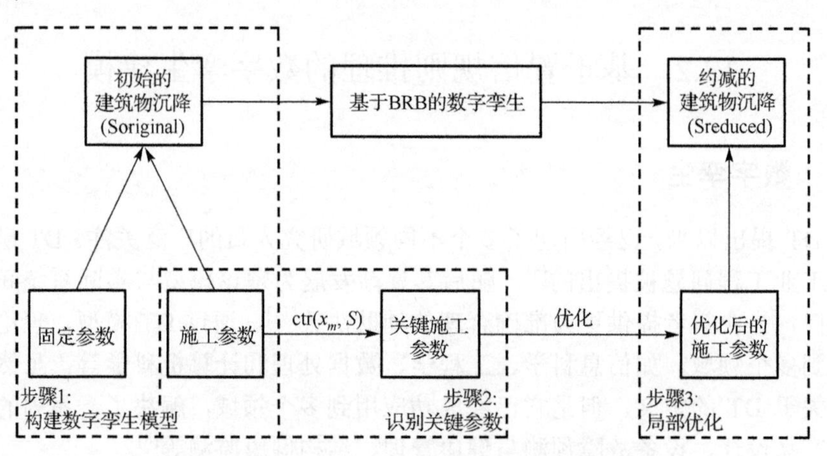

图 12.1　基于 DT-BRB 的建筑物沉降控制模型

步骤 1：数字孪生建模。

将工程实际中采集到的数据样本划分为训练样本集和测试样本集，并基于训练数据集建立初始 DT-BRB 模型。为了进一步提升 DT-BRB 模型的准确性，建立优化模型对初始 DT-BRB 模型进行全局优化。具体地，将真实建筑物沉降量与模型预测沉降量间的差值最小化，并将其作为优化目标函数，对 DT-BRB 模型的参数，包括置信规则库中各个前提属性参考值、规则初始权重、结论中各输出等级的置信度进行全局优化。利用测试样本集对优化后的 DT-BRB 模型性能进行验证。本步骤具体内容详见 12.2.3 节。

步骤 2：关键参数识别。

在上一步建立的基于置信规则库的数字孪生基础上，基于其推理过程计算各参数对建筑物沉降的贡献程度。根据置信规则推理过程，从规则激活、规则集成与结果归一化等 3 个步骤逐级计算各输入参数对激活规则的贡献程度、激活规则对集成规则的贡献程度，以及集成规则对归一化结果的贡献程度。综合三者的结果即可获得各参数对建筑物沉降水平的贡献程度，根据相关标准识别影响建筑物沉降的关键参数。该步骤所进行的解析追溯基于置信规则推理模型作为白箱系统这一特点，具体内容详见 12.2.4 节。

步骤 3：关键参数优化。

在步骤 1 获得数字孪生模型的基础上，建立以步骤 2 识别的关键参数为决策变量的优化模型，将建筑物沉降量最小化作为优化目标函数，对关键参数进行优化。通过演化算法对优化模型进行求解。该步骤所进行的优化仅面向步骤 2 中识别出的输入数据中的关键参数，其优化过程属于局部优化，本步骤具体内容详见 12.2.5 节。

12.2.3 数字孪生建模

将隧道设计、地质情况、施工参数和建筑状态作为输入，以建筑沉降值为输出，建立基于置信规则库的数字孪生模型。

步骤 1.1：将实际施工过程中采集的反映隧道设计、地质情况、施工参数、建筑状态与建筑物沉降之间关系的数据样本划分为训练样本集和测试样本集。

步骤 1.2：综合运用专家经验知识，并对训练数据进行统计分析构建初始 DT-BRB 模型。确定每一个输入特征的参考等级及其量化值，根据输入特征与建筑物沉降量之间的映射关系，建立置信规则库。

步骤 1.3：建立初始 DT-BRB 模型的优化模型。将训练样本集中真实建筑物沉降量与 DT-BRB 模型预测沉降量间的均方误差 MSE 作为优化目标函数，将每一个输入特征的参考等级参考值 A_m^k、规则初始权重 θ_k 和输出沉降等级对应的置信度 $\beta_{n,k}$ 作为优化参数，如式(12.1)所示。

$$\min \quad \text{MSE} = \frac{1}{P}\sum_{p=1}^{P}(S_{p,\text{estimated}} - S_{p,\text{actual}})^2 \tag{12.1a}$$

$$\text{s.t.}\begin{cases} \text{lb}_m \leqslant A_m^k \leqslant \text{ub}_m & (12.1\text{b}) \\ 0 < \theta_k \leqslant 1 & (12.1\text{c}) \\ 0 \leqslant \beta_{n,k} \leqslant 1 & (12.1\text{d}) \\ \sum_{n=1}^{N}\beta_{n,k} = 1 & (12.1\text{e}) \end{cases}$$

其中，$S_{p,\text{estimated}}=\sum_{n=1}^{N}U(D_n)\beta_n$，$U(D_n)$ 和 β_n 分别为模型输出中建筑物沉降量的第 n 个等级的效用值和置信度；$S_{p,\text{actual}}$ 为训练集中沉降量的真实值；P 表示数据集的大小。式(12.1b)～(12.1e)表示优化模型的约束条件，其中式(12.1b)表示第 m 个输入特征的上下限，式(12.1c)表示规则权重应当在(0,1]内，式(12.1d)表示每一个沉降等级的置信度应在[0,1]内，且一条规则中所有等级的置信度之和等于 1，当规则中存在未知信息时，$\sum_{n=1}^{N}\beta_{n,k}<1$。

步骤 1.4：优化模型求解。步骤 1.3 中建立的优化模型可以通过多种算法进行求解，如梯度下降法，进化算法中的遗传算法、差分进化算法、粒子群算法等。

步骤 1.5：模型验证。利用测试样本集对优化后的 DT-BRB 性能进行验证。

本节从建立优化模型到提出优化模型求解算法本质上都与第 7 章所提出的置信规则库参数优化方法是一致的。

12.2.4　关键参数识别

根据置信规则库的推理激活过程，深入分析置信规则推理的 3 个关键步骤，在此基础上通过计算一个或多个输入特征参数 I_m^p 对输出 S_p（如沉降量）的贡献程度 $\text{ctr}(I_m^p,S_p)$ 对 DT-BRB 模型中的关键参数进行识别，$\text{ctr}(I_m^p,S_p)$ 主要包含 3 个部分：①输入特征 I_m^p 对激活规则 R_k 的贡献程度 $\text{ctr}(I_m^p,R_k)$；②激活规则 R_k 对集成规则中各等级的置信度值 β_n 的贡献程度 $\text{ctr}(R_k,\beta_n)$；③集成规则中各等级的置信度值 β_n 对输出 S_p 的贡献程度 $\text{ctr}(\beta_n,S_p)$。综合以上结果可得到 $\text{ctr}(I_m^p,S_p)$，并可根据不同准则筛选关键影响因素(步骤 2.9)。图 12.2 给出了关键参数辨识中各贡献程度间的相互关系。

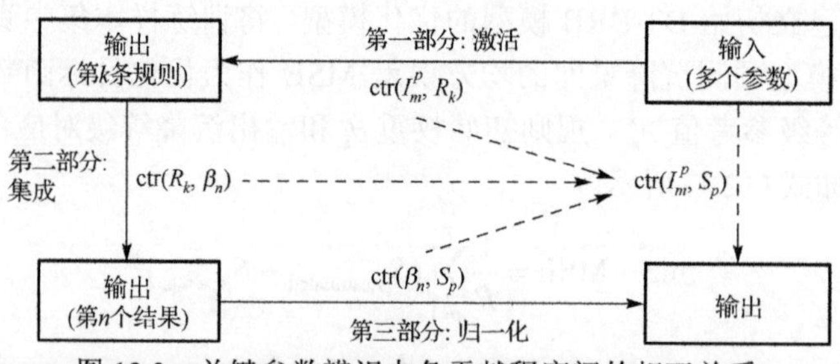

图 12.2　关键参数辨识中各贡献程度间的相互关系

步骤 2.1：计算输入样本中第 m 个输入特征与置信规则库中第 k 条规则的匹配度 α_m^k，并集成为第 k 条规则的集成匹配度 α^k。

步骤 2.2：计算输入特征 I_m^p 对激活规则 R_k 的贡献程度 $\text{ctr}(I_m^p,R_k)$，如式(12.2)：

$$\text{ctr}(I_m^p,R_k)=\frac{\alpha_m^k}{\alpha^k}\tag{12.2}$$

其中，α_m^k 与 α^k 在步骤 2.1 中得到。

步骤 2.3：计算第 k 条置信规则的激活权重。根据步骤 2.1 中得到的第 k 条规则的集成匹配度 α^k，集成为第 k 条规则的激活权重 $w_{k,\text{activated}}$，并综合其初始权重 θ_k，获得第 k 条规则的综合权重 w_k。

步骤 2.4：计算建筑物沉降的置信分布。根据第 k 条规则的综合权重 w_k 以及置信规则结果部分的置信度分布 $\{(D_n,\beta_{n,k})\}$，综合集成为具有相同置信分布的建筑沉降结果 $\{(D_n,\beta_n)\}$。

步骤 2.5：分别对第 n 条规则的权重和置信度等级求导数。在假设不存在缺失信息的情况下，$\sum_{n=1}^{N}\beta_{n,k}=1$，ER 算法可转换为

$$\beta_n=\frac{f(w_k,\beta_{n,k})}{g(w_k,\beta_{n,k})}=\frac{\prod_{k=1}^{K}(w_k\beta_{n,k}+1-w_k)-\prod_{k=1}^{K}(1-w_k)}{\sum_{n=1}^{N}\prod_{k=1}^{K}(w_k\beta_{n,k}+1-w_k)-N\prod_{k=1}^{K}(1-w_k)} \tag{12.3}$$

其中

$$f(w_k,\beta_{n,k})=\prod_{k=1}^{K}(w_k\beta_{n,k}+1-w_k)-\prod_{k=1}^{K}(1-w_k) \tag{12.4}$$

$$g(w_k,\beta_{n,k})=\sum_{n=1}^{N}\prod_{k=1}^{K}(w_k\beta_{n,k}+1-w_k)-N\prod_{k=1}^{K}(1-w_k) \tag{12.5}$$

根据式(12.3)，对 w_k 与 $\beta_{n,k}$ 分别求偏导数，即获得 w_k 与 $\beta_{n,k}$ 对 β_n 的贡献程度：

$$\begin{cases}\dfrac{\partial\beta_n}{\partial w_k}=\dfrac{\partial f}{\partial w_k}\times\dfrac{1}{g}-\dfrac{f}{g^2}\times\dfrac{\partial g}{\partial w_k}\\[2ex]\dfrac{\partial\beta_n}{\partial\beta_{n,k}}=\dfrac{\partial f}{\partial\beta_{n,k}}\times\dfrac{1}{g}-\dfrac{f}{g^2}\times\dfrac{\partial g}{\partial\beta_{n,k}}\end{cases} \tag{12.6}$$

其中

$$\begin{cases}\dfrac{\partial f}{\partial w_k}=(\beta_{n,k}-1)\prod\limits_{k'=1,k'\neq k}^{K}(w_{k'}\beta_{n,k'}+1-w_{k'})+\prod\limits_{k'=1,k'\neq k}^{K}(1-w_{k'})\\[2ex]\dfrac{\partial f}{\partial\beta_{n,k}}=w_k\prod\limits_{k'=1,k'\neq k}^{K}(w_{k'}\beta_{n,k'}+1-w_{k'})\\[2ex]\dfrac{\partial g}{\partial w_k}=\sum\limits_{n=1}^{N}[(\beta_{n,k}-1)\prod\limits_{k'=1,k'\neq k}^{K}(w_{k'}\beta_{n,k'}+1-w_{k'})]+N\prod\limits_{k'=1,k'\neq k}^{K}(1-w_{k'})\\[2ex]\dfrac{\partial g}{\partial\beta_{n,k}}=w_k\prod\limits_{k'=1,k'\neq k}^{K}(w_{k'}\beta_{n,k'}+1-w_{k'})\end{cases} \tag{12.7}$$

步骤 2.6：计算激活规则 R_k 对集成规则中各等级的置信度值 β_n 的贡献程度 $\mathrm{ctr}(R_k,\beta_n)$。由于基于 ER 算法的规则集成过程属于非线性过程，同时 w_k 与 $\beta_{n,k}$ 对 β_n 的贡献也是非线性和不相关的，因此基于全概率公式得到第 k 条激活规则对集成规则中各等级的置信度值 β_n 的贡献程度。

$$\mathrm{ctr}(R_k,\beta_n)=\frac{\partial\beta_n}{\partial w_k}+\frac{\partial\beta_n}{\partial\beta_{n,k}}-\frac{\partial\beta_n}{\partial w_k}\times\frac{\partial\beta_n}{\partial\beta_{n,k}} \tag{12.8}$$

其中，$\dfrac{\partial\beta_n}{\partial w_k}$ 与 $\dfrac{\partial\beta_n}{\partial\beta_{n,k}}$ 在步骤 2.5 中得到。

步骤 2.7：计算各等级的置信度值 β_n 对归一化结果的贡献程度 $\mathrm{ctr}(\beta_n,S_p)$。在获得建筑物沉降置信度分布的结果 $\{(D_n,\beta_n)\}$ 后，在第 n 个等级的效用值为 $U(D_n)$ 的情况下，输出结果也可以转换为连续的建筑沉降值 $\sum_{n=1}^{N}U(D_n)\beta_n$。基于此，可以获得集成规则对建筑物沉降量的贡献程度：

$$\mathrm{ctr}(\beta_n,S_p)=\frac{U(D_n)\beta_n}{\sum_{n=1}^{N}U(D_n)\beta_n} \tag{12.9}$$

其中，$U(D_n)$ 和 β_n 分别表示第 n 个等级效用值和其对应的置信度。

步骤 2.8：综合贡献度 $\mathrm{ctr}(I_m^p,S_p)$ 计算。综合步骤 2.2、步骤 2.6 和步骤 2.7 得到的结果，可以得到输入中特征参数 I_m^p 对输出 S_p 的贡献程度：

$$\mathrm{ctr}(I_m^p,S_p)=\mathrm{ctr}(I_m^p,R_k)\mathrm{ctr}(R_k,\beta_n)\mathrm{ctr}(\beta_n,S_p) \tag{12.10}$$

步骤 2.9：选择关键参数。

根据输入特征对输出的贡献对输入特征进行排序，在此基础上依据不同准则选择关键参数，如累积贡献度超过 80%或贡献度最大的特征作为影响输出的关键参数。

12.2.5　关键参数优化

本步骤中仅针对步骤 2 中识别的关键参数 I_m 进行优化，主要分为两步。

步骤 3.1：优化模型的决策变量为 I_m，优化目标函数为最小化建筑物沉降量 $S(I_m)$，由于仅对关键参数进行优化，因此约束条件也仅针对关键参数进行设置，优化模型为

$$\min \quad S(I_m) \tag{12.11}$$

$$\text{s.t.} \quad \mathrm{lb}_m \leqslant I_m \leqslant \mathrm{ub}_m \tag{12.12}$$

其中，式(12.12)表示输入中的第 m 个特征应在其上下限之内。

步骤 3.2：对关键参数优化模型进行求解。采用演化算法对步骤 3.1 中的优化模型进行求解。与步骤 1 中的模型相比，该模型显然仅属于局部优化，初始种群仅需要包含待优化的关键参数，在适应度函数计算阶段，将优化后的参数与固定的参数共同作为输入计算适应度。由于关键参数的优化属于局部优化，可预见其将具有较高的优化效率。

本节所建立的优化模型从原理上来说也与 12.2.3 节和第 7 章的内容一致，但具体的决策变量和优化目标不同。

12.3　隧道施工过程中的建筑物沉降控制

12.3.1　问题背景

在隧道施工过程中，影响建筑物沉降的因素主要包括四类：隧道设计参数、地质条件、施工参数和建筑物自身状态，如图 12.3 所示。基于对各类影响因素的认知和工程实践经验可知，隧道设计参数、地质条件和建筑物自身状态通常是预先设定或由客观实际所决定，通常是固定不可调整的。隧道施工参数是在施工过程中，施工人员根据自身经验和其他三类因素综合考虑确定的，可以根据施工情况自适应地调节以降低建筑物的沉降量或将其控制在安全范围内。

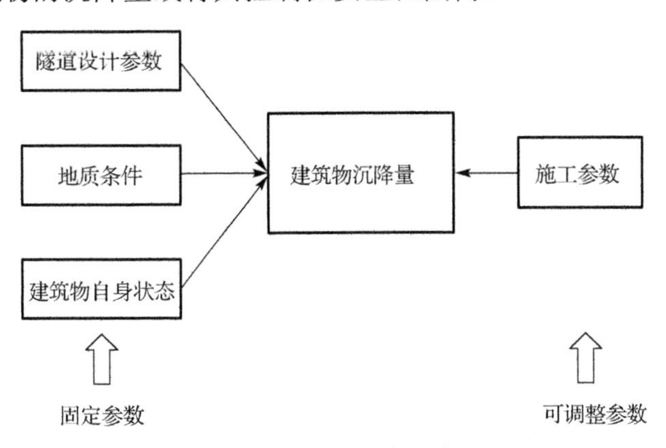

图 12.3　影响建筑物沉降的主要因素

本节以武汉市地铁系统为研究对象，基于网页版的早期预警系统收集了 2004—2017 年间的 500 组数据样本，并将其构建为样本集[13]。每一个样本包含隧道设计参数、地质条件、施工参数和建筑物自身状态四类影响因素共 16 个特征参数，以及其对应的建筑物沉降量，其中隧道设计参数包含特征参数 x_1(隧道覆盖厚度)和 x_2(覆盖跨度比)；地质条件包含特征参数 x_3(土体内摩擦角)、x_4(土壤压缩模量)和 x_5(土壤黏结力)；施工参数包含特征参数 x_6(掘进速度)、x_7(刀盘转矩)、x_8(盾构推力)、x_9(刀盘转速)、x_{10}(土仓压力)和 x_{11}(灌浆体积)；建筑物自身状态包含特征参数 x_{12}(相对水平距离)、x_{13}(相对垂直距离)、x_{14}(相对纵向距离)、x_{15}(建筑物基桩完整性)和x_{16}(建筑物完好状态)。

12.3.2 数字孪生模型建立

基于 12.2 节所述数字孪生建模方法，DT-BRB 模型输入共包含 16 个特征参数。通过对采集的 500 个样本进行统计分析，16 个特征参数的上限(ub)和下限(lb)如表 12.1 所列。

表 12.1　输入特征参数的上限和下限

特征	x_1/m	x_2	x_3/(°)	x_4/MPa	x_5/MPa	x_6/(mm/min)	x_7/bar	x_8/kN
lb	5.00	0.00	10.00	5.00	10.00	20.00	1204.00	5026.00
ub	30.00	5.00	22.00	45.00	30.00	70.00	3893.00	15993.00
特征	x_9/(r/min)	x_{10}/bar	x_{11}/m^3	x_{12}/m	x_{13}/m	x_{14}/m	x_{15}	x_{16}
lb	0.50	0.50	1.50	0.00	−1.00	0.00	65.00	65.00
ub	3.50	3.50	10.00	1.43	0.40	48.63	94.81	94.96

DT-BRB 模型的输出建筑物沉降量的下限和上限分别为−17.5mm 和−1.6mm，将建筑物沉降量划分为 5 个参考等级，如式(12.13)所示，每一参考等级对应的效用值分别为−18mm、−13mm、−9mm、−5mm 和−1mm。

$$\{(\text{Low}(L), \text{LowMedium}(\text{LM}), \text{Medium}(M), \text{MediumHigh}(\text{MH}), \text{High}(H)\} \tag{12.13}$$

500 个数据样本中，前 400 个样本被用作训练样本集，剩余 100 个样本作为测试样本集。根据步骤 1.3 所述对 DT-BRB 模型进行优化，其中，置信规则库的规则上限数量为 5，初始种群个数为 20，遗传代数为 500。MSE 作为优化目标函数，优化过程循环进行 30 次。30 次优化过程中，测试样本的 MSE 最小值、平均值和方差分别为 5.9265，7.0273 和 0.0986，结果表明所建 DT-BRB 模型具有较高稳定性。表 12.2 列出了优化后最小 MSE 对应的 DT-BRB。图 12.4(a)给出了优化后的 DT-BRB 模型对建筑物沉降量的估计值和真实值的对比，图 12.4(b)为两者之间的误差。从图 12.4 可以看出，优化后的 DT-BRB 模型能够准确预测大多数样本中的建筑物沉降量，预测误差很小，结果表明本节所建 DT-BRB 模型具有很好的建筑物沉降量预测能力。

表 12.2　优化后的 DT-BRB 模型置信规则库

规则编号	权重	隧道设计		地质条件		
		x_1	x_2	x_3	x_4	x_5
1	0.54	5.00	0.00	10.00	5.00	10.00
2	1.00	5.05	4.06	17.22	41.47	10.56

续表

规则编号	权重	隧道设计		地质条件		
		x_1	x_2	x_3	x_4	x_5
3	0.73	29.95	4.06	10.81	10.30	12.33
4	0.95	14.19	4.36	14.54	44.91	12.28
5	0.02	30.00	5.00	22.00	45.00	30.00
	施工参数					
规则编号	x_6	x_7	x_8	x_9	x_{10}	x_{11}
1	20.00	1204.00	5026.00	0.50	0.50	1.50
2	24.04	2623.60	15775.48	3.49	1.79	1.52
3	20.10	3323.63	11781.19	2.23	3.07	3.57
4	67.27	1739.24	11797.52	0.74	3.03	6.85
5	70.00	3893.00	15993.00	3.50	3.50	10.00
	建筑物自身状态					
规则编号		x_{12}	x_{13}	x_{14}	x_{15}	x_{16}
1		0.00	−1.00	0.00	65.00	65.00
2		4.99	−0.21	133.02	91.43	74.95
3		0.12	−0.78	132.65	91.46	65.22
4		0.04	−0.73	103.04	75.54	89.91
5		5.00	3.49	150.00	95.00	95.00
结果						
规则编号		L	LM	M	MH	H
1		0.30	0.46	0.01	0.23	0.00
2		0.03	0.15	0.07	0.27	0.48
3		0.00	0.02	0.13	0.43	0.42
4		0.81	0.17	0.00	0.00	0.01
5		0.00	0.30	0.01	0.35	0.34

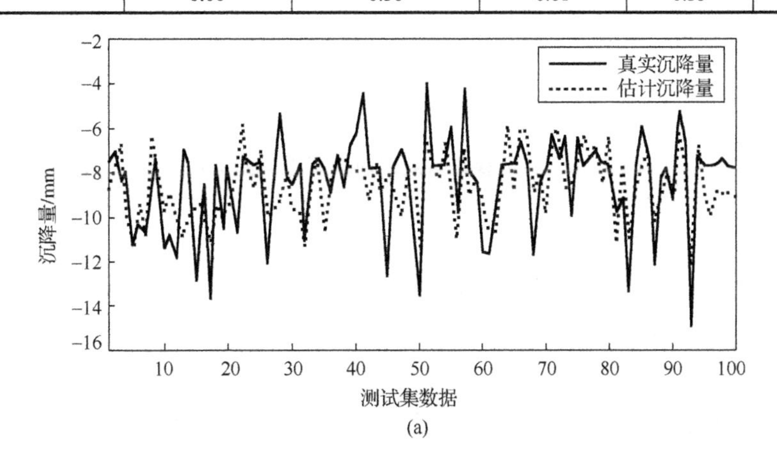

(a)

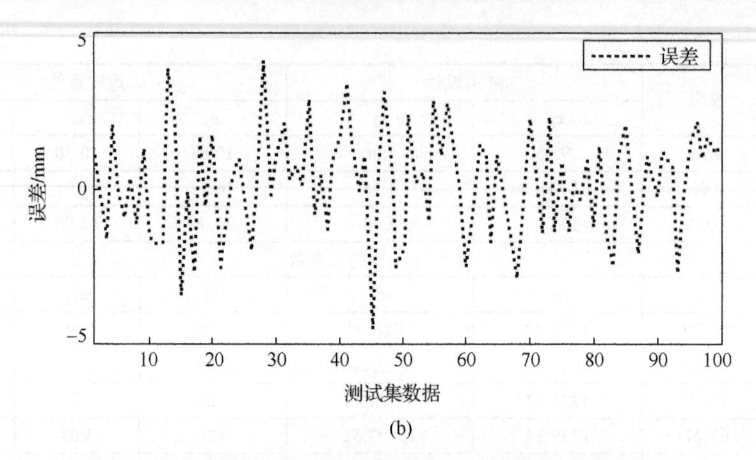

图 12.4　测试样本集对优化后 DT-BRB 模型的性能测试

12.3.3　关键参数识别

在建立优化后的 DT-BRB 模型后，需要根据 12.2 节所述步骤对影响建筑物沉降的关键参数进行辨识。通过 12.3.1 节的问题分析可知，在影响建筑物沉降的四类因素中，只有施工参数可以自适应性地进行调整，因此本节在进行关键参数识别时会计算每一参数对建筑物沉降量的贡献，但是重点关注施工参数 $x_6 \sim x_{11}$。

选取测试样本集中第一个样本说明关键参数的识别，该样本中施工参数为 $(x_6,37.7875)$，$(x_7,2800.5)$，$(x_8,5520.1)$，$(x_9,3.2484)$，$(x_{10},2.7099)$ 和 $(x_{11},4.1271)$。该样本对应的真实建筑物沉降量为 7.6707mm，根据表 12.2 所列置信规则库，由优化后的 DT-BRB 模型得到的建筑物沉降等级置信度分布为 $((L,0.1773),(\mathrm{LM},0.1479),(M,0.0579),(\mathrm{MH},0.2372),(H,0.3797))$，其对应的建筑物沉降量为−7.2010mm。

根据步骤 2.1 和步骤 2.2，该样本中 6 个施工参数与置信规则库 5 条规则中的输入前提属性的集成匹配度如表 12.3 所示。根据式(12.2)，表 12.4 列出了每一施工参数对置信规则库中每一规则的贡献程度。

表 12.3　施工参数与规则前提属性的集成匹配度

规则编号	匹配度						集成匹配度
	x_6	x_7	x_8	x_9	x_{10}	x_{11}	
1	0	0	0.93	0	0	0	1.03
2	0.68	0.75	0	0.81	0.26	0	5.64
3	0	0.25	0.07	0.19	0	0.83	2.97
4	0.32	0	0	0	0.74	0.17	4.35
5	0	0	0	0	0	0	2.00

表 12.4　每个施工参数对每一规则的贡献程度

规则编号	x_6	x_7	x_8	x_9	x_{10}	x_{11}
1	0.00	0.00	0.90	0.00	0.00	0.00
2	0.12	0.13	0.00	0.14	0.05	0.00
3	0.00	0.09	0.02	0.07	0.00	0.28
4	0.07	0.00	0.00	0.00	0.17	0.04
5	0.00	0.00	0.00	0.00	0.00	0.00

由于计算时考虑了全部 16 个输入特征的贡献程度，表 12.3 和表 12.4 仅列出了可调整的施工参数与规则前提属性的集成匹配度和对每一规则的贡献程度，所以并不是表 12.3 中的集成匹配度大，其对规则的贡献程度就一定大。例如，施工参数 x_8 在规则 1 中与相应的前提属性匹配度为 0.93，使得其对规则 1 的贡献度高达 90%，与其对比，施工参数 x_9 在规则 2 中与相应的前提属性匹配度为 0.81，虽然匹配度也比较高，但其对规则 2 的贡献程度仅为 0.14。

根据步骤 2.3～步骤 2.6，置信规则库中 5 条规则的综合权重 $w_k(k=1,\cdots,5)$ 和输出结果置信度 $\beta_{n,k}(n=1,\cdots,5;k=1,\cdots,5)$ 对集成规则（即建筑物沉降的置信度分布）的求偏导结果如表 12.5 和表 12.6 所示。

表 12.5　规则综合权重 w_k 的求偏导结果

规则编号	L	LM	M	MH	H
1	0.04	0.24	0.04	0.03	0.27
2	0.51	0.01	0.02	0.13	0.35
3	0.31	0.15	0.06	0.23	0.17
4	0.74	0.05	0.07	0.29	0.43
5	0.23	0.10	0.04	0.12	0.05

表 12.6　输出结果置信度 $\beta_{n,k}$ 的求偏导结果

规则编号	L	LM	M	MH	H
1	0.03	0.03	0.03	0.03	0.03
2	0.51	0.46	0.48	0.43	0.37
3	0.13	0.13	0.13	0.12	0.12
4	0.22	0.29	0.30	0.31	0.31
5	0.00	0.00	0.00	0.00	0.00

根据表 12.5 和表 12.6 的求偏导结果，利用 12.2.4 小节中步骤 2.6 中式(12.8)，可以得到规则库中每一条规则对集成规则的贡献程度，如表 12.7 所示。

表 12.7 每一条规则对集成规则的贡献程度

规则编号	L	LM	M	MH	H
1	0.07	0.27	0.07	0.05	0.29
2	0.76	0.47	0.49	0.51	0.59
3	0.40	0.26	0.18	0.33	0.27
4	0.80	0.32	0.35	0.51	0.60
5	0.23	0.10	0.04	0.12	0.05

根据步骤 2.7 中式(12.9)可得集成规则对建筑物沉降量的贡献程度(表 12.8)，根据步骤 2.8 中式(12.10)，综合表 12.4、表 12.7 和表 12.8 的结果，可得到每一输入特征参数对建筑物沉降的贡献程度，其中施工参数包含的 6 个特征参数对建筑物沉降的贡献程度如表 12.9 所示。

表 12.8 集成规则对建筑物沉降的贡献程度

项目	$L(-18)$	LM(−13)	$M(-9)$	MH(−5)	$H(-1)$
置信度	0.27	0.15	0.05	0.21	0.32
置信度×效用值	−4.94	−1.94	−0.46	−1.04	−0.32
贡献度	0.57	0.22	0.05	0.12	0.04

表 12.9 施工参数对建筑物沉降的贡献程度

参数	x_6	x_7	x_8	x_9	x_{10}	x_{11}
ctr/%	26.59	19.56	2.10	21.18	26.75	3.83

由表 12.9 可以看出，施工参数 x_{10} 和 x_6 对建筑物沉降的贡献度最大，分别为 26.75%和 26.59%，其次为 x_9 贡献度为 21.18%，因此影响第一个样本的建筑物沉降量的关键参数为 x_{10}、x_6 和 x_9。随机选取多个样本重复上述关键参数识别的过程，表 12.10 列出了样本 1、6、12 和 18 的关键参数组合。

表 12.10 不同样本的关键参数贡献程度

样本	参数	贡献	总和
1	(x_{10},x_6,x_9)	(0.2675,0.2659,0.2118)	0.7452
6	(x_6,x_7)	(0.3632,0.2628)	0.6260
12	(x_6)	(0.6136)	0.6136
18	(x_{11},x_7,x_6,x_8)	(0.2008,0.1944,0.1857,0.1844)	0.7653

对测试样本集中的 100 个样本进行关键参数识别并对结果进行统计分析可知，100 个测试样本中，识别出的关键参数平均值为 2.71 个。图 12.5(a)和图 12.5(b)分别列出了每个输入被识别为关键参数的频数统计和关键参数个数的频数统计。从

图 12.5 中可以看出，共 95(=2+31+62)个样本仅需要调节 3 个或 3 个以下的关键参数，只有 5 个样本需要对 4 个关键参数进行调节以控制建筑物沉降量。

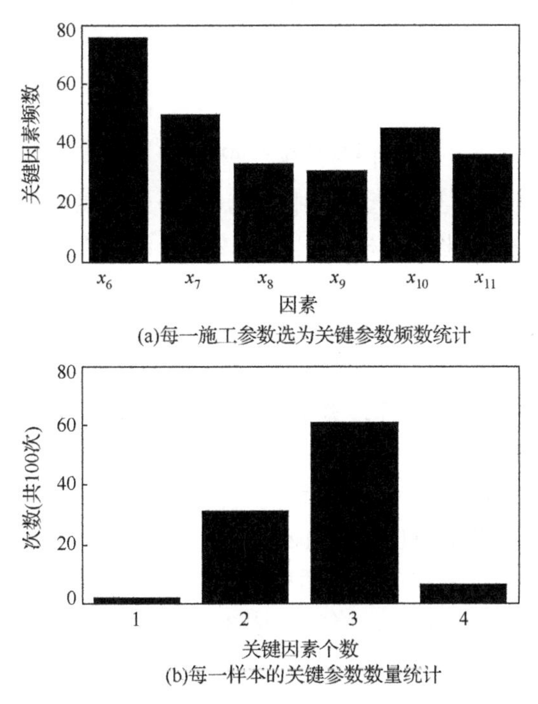

(a)每一施工参数选为关键参数频数统计

(b)每一样本的关键参数数量统计

图 12.5　测试样本关键参数识别结果

如前所述，隧道设计参数、地质条件和建筑物自身状态所包含的 10 个特征参数也会对建筑物沉降有所贡献，但在后续的关键参数优化中是固定不变的。表 12.11 列出了第一个样本四类特征参数的贡献度和整个测试样本集的四类特征参数平均贡献度。从表 12.11 可以看出，对第一个样本，建筑物自身状态对沉降量的贡献最大，施工参数次之；对整个样本集，施工参数贡献最大，贡献度为 41.45%。

表 12.11　四类参数对建筑物沉降量的贡献度占比

参数类型	隧道设计	地质条件	施工参数	建筑物自身状态
特征参数	$x_1 \sim x_2$	$x_3 \sim x_5$	$x_6 \sim x_{11}$	$x_{12} \sim x_{16}$
贡献度/%	12.99	8.92	37.60	40.49
平均贡献度/%	13.99	12.61	41.45	31.95

12.3.4　关键参数优化

仍以第一个样本为例来说明关键参数优化过程。12.3.3 节得到的关键参数包括 x_6、x_9 和 x_{10}，将其作为优化模型的决策变量，而该目标函数的目标为求使得建筑物

沉降 $S(I_m)$ 值最小。优化模型如下：

$$\min \quad S(I_{10}, I_6, I_9) \tag{12.14a}$$

$$\text{s.t.} \begin{cases} \text{lb}_{10} \leqslant I_{10} \leqslant \text{ub}_{10} & (12.14\text{b}) \\ \text{lb}_6 \leqslant I_6 \leqslant \text{ub}_6 & (12.14\text{c}) \\ \text{lb}_9 \leqslant I_9 \leqslant \text{ub}_9 & (12.14\text{d}) \end{cases}$$

其中，式(12.14b)～(12.14d)表示输入中的第 m 个前提属性应在其上下限之内。与12.2.2 节中的 DT-BRB 优化模型相比，显然该模型仅属于局部优化，可预见其将具有较高的优化效率。

根据 12.2.5 节中的步骤 3.2，采用遗传算法对关键参数的局部优化模型进行求解，其中初始种群个数为 20，遗传代数为 500，整个优化过程循环进行 30 次。对样本一中的关键参数进行优化后，建筑物的沉降量从原来的–7.6707mm 降低到–7.2010mm，降低了 6.12%。

图 12.6(a)给出了对 100 个测试样本的关键参数进行优化后，降低后的建筑物沉降量和原始建筑物沉降量的对比，图 12.6(b)为沉降量下降比例。从图 12.6 中可以看出对关键施工参数进行调整可以自适应地明显降低建筑物的沉降量，平均沉降量从–8.4289mm 降低到–5.6010mm，降幅高达 33.55%。

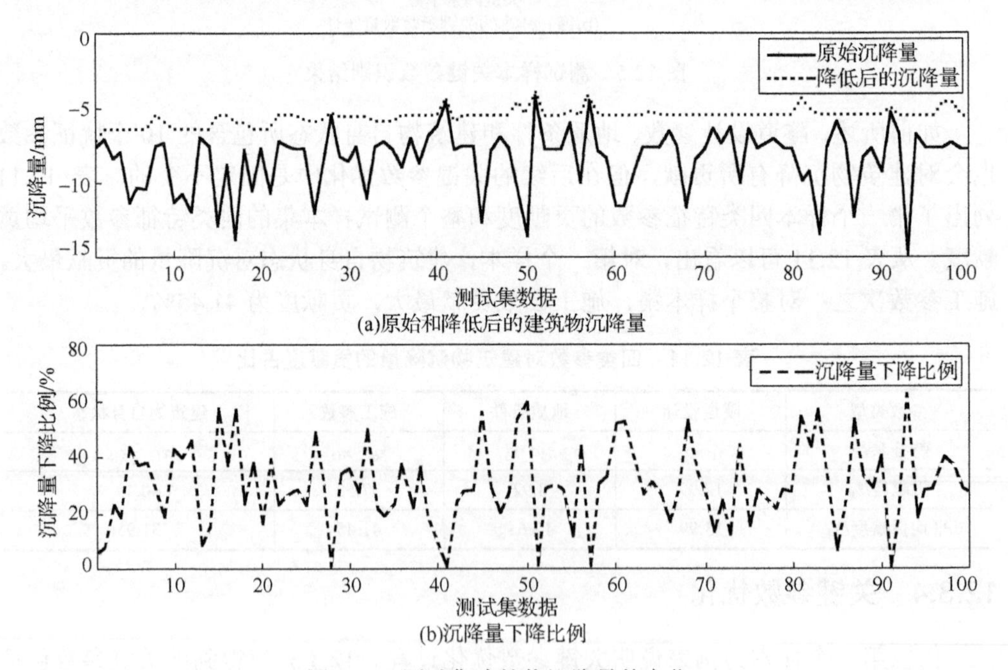

图 12.6　测试集建筑物沉降量的变化

12.4 结果分析

本节进一步分析了采用不同的关键参数确定准则选取影响沉降量的关键施工参数，主要包括：选择贡献率最大的施工参数，选择累积贡献率大于 60%的施工参数和累积贡献率大于 80%的施工参数。表 12.12 列出了部分测试样本在 3 种不同的标准下需要被优化的关键施工参数及其贡献度。

表 12.12 不同标准下部分测试样本的关键施工参数及贡献度

标准	测试数据编号	关键参数	贡献率/%
贡献率最大的施工参数	1	x_{10}	26.74
	2	x_{10}	28.15
	3	x_{10}	31.72
	…	…	…
	100	x_6	23.34
累积贡献率大于 60%的施工参数	1	x_{10}，x_6，x_9	74.51
	2	x_{10}，x_6，x_7	68.89
	3	x_{10}，x_8，x_6	87.06
	…	…	…
	100	x_6，x_7，x_9	65.65
累积贡献率大于 80%的施工参数	1	x_{10}，x_6，x_9，x_7	94.07
	2	x_{10}，x_6，x_7，x_{11}	81.98
	3	x_{10}，x_8，x_6	87.06
	…	…	…
	100	x_6，x_7，x_9，x_{10}	83.73

根据表 12.12 和表 12.13，当只选择贡献度最大的施工参数进行优化时，100 个测试样本中，关键施工参数对沉降量的贡献度变动范围为[19.12%,87.45%]，平均贡献度为 32.18%；选择累积贡献度为 60%的施工参数作为关键参数优化时，贡献度的变动范围为[60.59%,91.24%]，平均贡献度为 71.57%；当选择累积贡献度为 80%的施工参数作为关键参数时，贡献度的变动范围为[80.29%,97.59%]，平均贡献度为 87.72%。若将累积贡献度 100%的参数作为关键施工参数，则所有施工参数均需被优化。

表 12.13 不同关键施工参数选择标准下建筑物沉降量下降对比(沉降变化量初值为–8.4289mm)

标准	平均贡献率/%	平均施工参数个数	沉降变化量/mm	平均沉降降低百分比/%
贡献率最大的施工参数	32.18	1	–6.2004	26.44
累积贡献率大于 60%的施工参数	71.57	2.71	–5.6100	33.44
累积贡献率大于 80%的施工参数	87.72	3.71	–5.5048	34.69
全部优化	100	6	–4.9223	41.40

图 12.7 给出了多种关键施工参数选择标准下，对关键施工参数优化后建筑物沉降量的变化趋势。从图 12.7 中可以看出，优化的关键施工参数越多，建筑物沉降量下降得越多，沉降量控制效果越明显(表 12.13)。根据表 12.13 所列结果可知，当仅优化一个关键施工参数(贡献度最大的施工参数)时，关键参数对沉降量的平均贡献度为 32.18%，通过关键施工参数优化，沉降量下降 26.44%。如果采用累积贡献度大于 60%作为标准，则关键施工参数对沉降量的平均贡献度为 71.57%，通过对关键施工参数的调整可以降低 33.44%的沉降量。若以累积贡献度大于 80%作为选择依据，则关键施工参数的平均贡献度为 87.72%，可以降低 34.69%的沉降量。若对 6 个施工参数全部进行优化，则可以降低 41.4%的建筑物沉降。

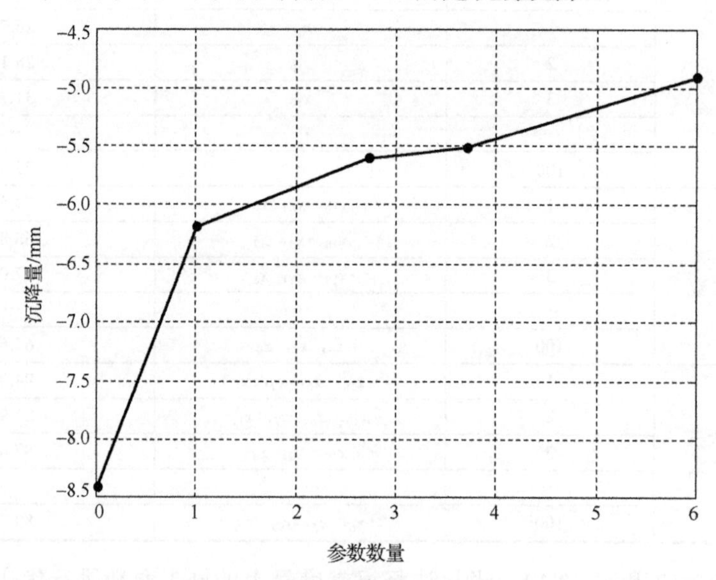

图 12.7　优化的关键施工参数数量与建筑物沉降的关系

通过对上述结果进行分析可知：

(1)将累积贡献率 60%作为选择依据最为合适，因为该准则下的平均关键施工参数为 2.71 个，从 1 个关键参数增加到 2.71 个关键参数可以降低 7%的建筑物沉降，而从 2.71 个关键参数增加到 3.71 个关键参数(累积贡献率大于 80%为依据时)，建筑物沉降量仅降低了 1.55%。

(2)在关键参数优化过程中，无需对关键参数采用迭代优化的策略，即不需要对全部施工参数进行优化。从图 12.8 可知，随着优化的施工参数的增加，建筑物沉降量越来越小，但是当优化参数超过 2.71 个时，沉降量下降速率变慢。另外，从表 12.13 中可以看出即使对 6 个施工参数全部进行优化，建筑物沉降量为 41.4%，与优化 2.71 个关键参数(累积贡献率大于 60%为依据时)仅增加约 8%。考虑到调整的参数越多，计算复杂性越大，所以无须进行迭代优化。

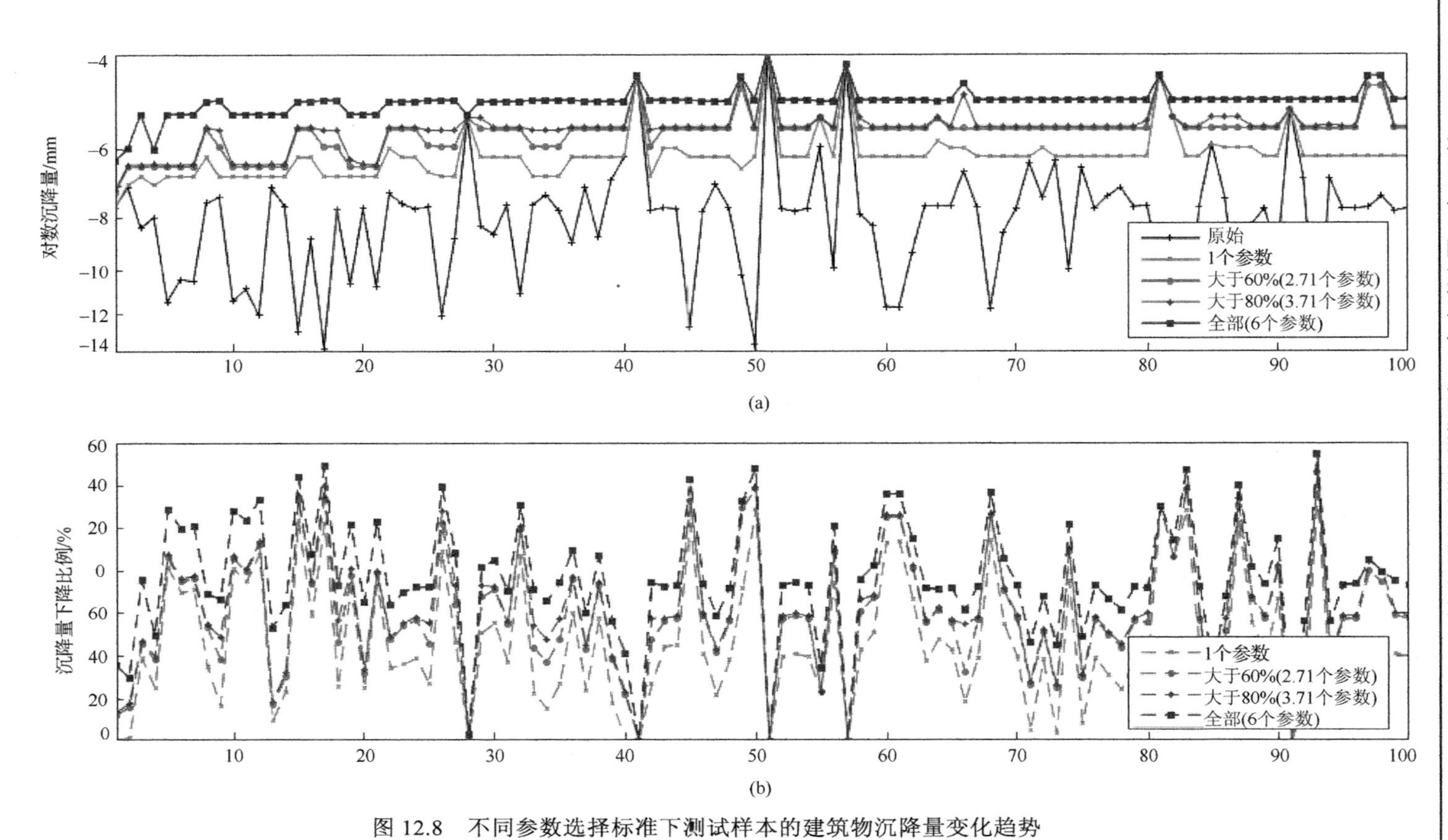

图 12.8　不同参数选择标准下测试样本的建筑物沉降量变化趋势

12.5　结　论

本章提出了一种基于 BRB 算法的数字孪生模型，实现地铁隧道施工过程中对建筑物沉降的控制。该模型充分利用了 BRB 作为白箱算法的优势，对影响建筑物沉降的关键参数进行了识别并对其进行优化。

该方法主要分为 3 个步骤。首先将影响建筑物沉降的多种特征参数作为 BRB 的输入，通过 BRB 推理得到建筑物的沉降量。然后对 BRB 的推理过程进行定量分析，识别影响建筑物沉降的关键特征因素。最后，对关键施工参数进行优化从而实现建筑物沉降的降低与控制。虽然该方法的第一步和第三步可采用多种其他的算法，但是本节所提方法与其他方法的关键区别在于第二步中能够对模型进行直观的解析可导计算，这也是本章的最大贡献，即将 BRB 白箱模型应用于数字孪生建模。通过实际应用案例验证了模型的有效性。结果表明本章所提方法能够有效对影响建筑物沉降的关键施工参数进行辨识，并且通过对关键施工参数的优化，建筑物沉降量可下降 26.44%～41.4%。

在今后的研究中，应通过更多的实际应用案例验证模型的有效性，并基于该模型开发相关软件系统以满足工程实际的需求。

参 考 文 献

[1] 李科委. 地铁盾构隧道下穿建筑物施工影响规律与风险分析[D]. 大连: 大连交通大学, 2018.

[2] 欧阳文彪, 丁文其, 谢东武. 考虑建筑刚度的盾构施工引致沉降计算方法[J]. 地下空间与工程学报, 2013, 9(1): 155-160.

[3] 丁祖德, 彭立敏, 施成华. 地铁隧道穿越角度对地表建筑物的影响分析[J]. 岩土力学, 2011, 32(11): 3387-3392.

[4] 姜忻良, 崔奕, 赵保建. 盾构隧道施工对邻近建筑物的影响[J]. 天津大学学报, 2008, (6): 725-730.

[5] 黄宏伟, 臧小龙. 盾构隧道纵向变形性态研究分析[J]. 地下空间, 2002, (3): 244-251, 283.

[6] Jeon J S, Martin C D, Chan D H, et al. Predicting ground conditions ahead of the tunnel face by vector orientation analysis[J]. Tunnelling and Underground Space Technology, 2005, 20(4): 344-355.

[7] 卢鹏. 南宁地铁盾构隧道施工引起邻近建筑物沉降预测及控制研究[D]. 南宁: 广西大学, 2017.

[8] Li C Z, Mahadevan S, Ling Y, et al. Dynamic Bayesian network for aircraft wing health monitoring digital twin[J]. AIAA Journal, 2017, 55(3): 930-941.

[9] Wang L J, Chen C L P, Li H Y. Event-triggered adaptive control of saturated nonlinear systems with time-varying partial state constraints[J]. IEEE Transactions on Cybernetics, 2020, 50(4): 1485-1497.

[10] Yang J B, Liu J, Wang J, et al. Belief rule-base inference methodology using the evidential reasoning approach-RIMER[J]. IEEE Transactions on Systems, Man, and Cybernetics, Part A: Systems and Humans, 2006, 36(2): 266-285.

[11] Tao F, Zhang H, Liu A, et al. Digital twin in industry: State-of-the-art[J]. IEEE Transactions on Industrial Informatics, 2019, 15(4): 2405-2415.

[12] Bachelor G, Brusa E, Ferretto D, et al, Model-based design of complex aeronautical systems through digital twin and thread concepts[J]. IEEE Systems Journal, 2019, 14(2): 1568-1579.

[13] Boscardin M D, Cording E J. Building response to excavation-induced settlement[J]. Journal of Geotechnical Engineering, 1989, 115(1): 1-21.

第 13 章 基于混合置信规则库的铁路运输安全性评估

本章首先分析铁路运输安全性评估问题的特点，进一步分析当前研究方法的不足；接着提出基于混合置信规则库的铁路运输安全性评估方法，其中包括混合置信规则库建模和推理方法；然后以成渝区域铁路运输安全性评估为示例开展分析，分别面向既有线和高铁建立相应模型和开展安全性评估分析，通过对比历史事故记录来验证铁路运输安全性评估结果，深入分析影响铁路运输安全性的深层次因素；最后对比日本和加拿大的铁路运输安全性报告来说明方法和安全性评估结果的有效性。

13.1 铁路运输安全性评估问题分析

相比公路运输，铁路运输的运量更大；相比航空运输，铁路运输的成本更低；相比航海运输，铁路运输更加快捷。因此铁路运输作为一种重要的交通运输方式，具有其独特的优势，对于经济发展和社会交流至关重要。铁路运输的安全性是确保安全运送旅客和货物到达目的地的根本保证，众多铁路工作者和决策者都致力于确保和提升铁路运输的安全性水平。铁路运输的安全性评估直接关系到铁路运输的正常运行，并间接影响国计民生和社会稳定。但是，铁路运输的安全性评估问题仍然面临众多挑战。

首先，需要考虑多种类型的影响因素。进行铁路运输安全性评估需要考虑多种来源和类型的影响因素，包括环境、设备、管理、乘客以及事故等。这些因素可能具有不同特征，如环境因素中的降雨量、能见度等多是定量的数值型指标，管理因素中的员工技能水平、事故救援能力等多是定性的语义型指标。

其次，需要考虑各种因素之间的关联关系。不同指标之间可能处于共同作用关系(交集假设)，或分别作用关系(并集假设)，或是处于更加复杂的混合假设关系(交集与并集共存)。拟建立的安全性评估模型需要能够建模各因素之间的多种复杂关联关系。

最后，安全性评估模型应当是公开的、可解释的。这主要有两方面原因，一是专家知识往往是安全性评估过程的重要输入，二是评估过程与结果需要具有可追溯性和可解释性以便于决策者更好地理解评估结果。只有这样，该评估模型和结果才是可接受的，专家和决策者才能够制定更为平衡的决定。

综合来看，铁路运输安全性评估中蕴含着大量的不确定性，这些不确定性来源于复杂的影响因素，根本来源在于从历史记录和专家中提取的数据和知识往往具有不完备性和信息缺失。各影响因素的复杂关系又进一步加剧了铁路运输安全性评估的不确定性。同时由于评估模型需要是公开的和可解释的，这对于评估方法也提出了更高的要求。

13.2　当前研究方法

铁路运输的安全性评估方法主要包括以下几种。

(1) 定性方法[1]。定性方法包括头脑风暴法、问卷调查法，以及层次分析法等多准则决策方法等。定性方法一般易受到主观因素影响而出现偏差。例如，采用会议评审形式判定运输安全性，采用问卷调查收集技术人员信息等。

(2) 定量方法[2]。定量方法一般基于数据和解析过程，相对而言，定量方法一般较为客观而更具可靠性。尤其当原始数据较为完整时，定量方法可以免于受人的主观因素的影响。但是在实际情况下，尤其当面向复杂大系统时，往往难以采集大系统层面的数据，且这些数据往往具有缺失和不完备的特征。例如，相对而言容易确定面向铁路机车或货车、客车的车厢安全性评价，或面向铁路信号系统的安全性评价，但是如何面向一条铁路线以及区域铁路开展安全性评估是十分困难的：其中既包含线路又包括站点，既横跨城市又跨越较长时期。

(3) 基于仿真的方法[3]。仿真方法适用于需要对铁路运输过程进行动态建模的情况，其优势在于能够以动态视角展示铁路运输的过程。但是，仿真模型的建模过程也需要很多信息，如详细的解析约束条件，这些信息往往难以直接获得，同时仿真模型的评估结果也具有不确定性，往往难以解释，因此难以满足铁路运输安全性评估问题的需求。

(4) 基于网络模型的方法[4,5]。由于铁路运输自然形成网络，因此如果将铁路站点视为节点，将各站点之间的连接铁路线路视为边，则网络模型可自然用于铁路运输过程建模。需要注意的是，基于网络模型的方法一般适用于较为复杂的结构，如面向全国或者国际背景的铁路或其他运输网络，但是成渝区域中仅包含两条铁路线路和十几个节点，若采用网络模型则略显不足。

(5) 面向故障的方法[6-8]。铁路线路或设备故障可用于评估铁路系统的安全性水平，面向故障的评估方法包括故障树等。可以认为面向故障的方法采用的是一种“外部”视角，而本章拟讨论的铁路运输安全性评估问题需要更为全面和综合的视角。

(6) 基于专家系统的方法[9-12]。专家系统方法可以更好地表达和建模多源信息，因此已经广泛应用于安全性和风险评估，这类方法包括模糊集、贝叶斯网络和神经网络方法等。当应用专家系统方法时需要根据具体问题的特点进行改造以增强其适用性。

(7) 混合方法[13,14]。对于需要处理多种类型指标的复杂系统，往往需要综合多种方法而提出相应的混合方法。混合方法的优势在于其能够应对结构十分复杂的问题，但是劣势在于其适用性和可移植性较差。

因此，多种方法往往具有不同的特点和适用性，而对于其他复杂系统往往需要进行调整和改进。为了更好地解决铁路运输安全性评估问题，本章将在交集与并集置信规则库的基础上，进一步提出基于混合置信规则库建模与推理的铁路运输安全性评估问题。

13.3　混合置信规则库建模与推理方法

13.3.1　混合置信规则库

定义 13.1　属性组合

属性组合指的是在同一假设下相互之间具有较强关联关系的多个前提属性的集合。

在铁路运输安全性评估中，部分属性之间具有较强的关联关系，例如，在夏季较强降雨(rain)和风(wind)之间就具有较强的关联关系，此时有如下交集规则：

$$
\begin{aligned}
&R_1: \text{if} \quad (\text{rain is mild}) \wedge (\text{wind is strong}) \\
&\quad\ \text{then} \ \{(\text{caution}, 30\%), (\text{severe}, 70\%)\} \ \text{with} \ \theta_1 = 1 \\
&R_2: \text{if} \quad (\text{rain is medium}) \wedge (\text{wind is strong}) \\
&\quad\ \text{then} \ \{(\text{severe}, 100\%)\} \ \text{with} \ \theta_2 = 1 \\
&R_3: \text{if} \quad (\text{rain is heavy}) \wedge (\text{wind is strong}) \\
&\quad\ \text{then} \ \{(\text{severe}, 100\%)\} \ \text{with} \ \theta_3 = 1 \\
&R_4: \text{if} \quad (\text{rain is heavy}) \wedge (\text{wind is mild}) \\
&\quad\ \text{then} \ \{(\text{caution}, 20\%), (\text{severe}, 80\%)\} \ \text{with} \ \theta_4 = 1 \\
&R_5: \text{if} \quad (\text{rain is heavy}) \wedge (\text{wind is medium}) \\
&\quad\ \text{then} \ \{(\text{severe}, 100\%)\} \ \text{with} \ \theta_5 = 1
\end{aligned}
\tag{13.1}
$$

式(13.2)给出了满足并集假设关系的属性组合示例：

$$
\begin{aligned}
&R_6: \text{if} \quad (\text{earthquake is true}) \vee (\text{landslide is true}) \\
&\quad\ \text{then} \ \{(\text{severe}, 100\%)\} \ \text{with} \ \theta_6 = 1
\end{aligned}
\tag{13.2}
$$

定义 13.2　混合规则

混合规则指的是一条规则之中具有多种假设关系(不同属性组合满足不同假设关系，但同一属性组合中属性满足单一假设关系)。式(13.3)给出了混合规则的基本形式：

$$
\begin{aligned}
&R_k: \text{if} \quad ((x_1 \ \text{is} \ A_1^k) \vee (x_2 \ \text{is} \ A_2^k)) \wedge \cdots \wedge ((x_{M-1} \ \text{is} \ A_{M-1}^k) \vee (x_M \ \text{is} \ A_M^k)), \\
&\quad\ \text{then} \ \{(D_1, \beta_{1,k}), \cdots, (D_N, \beta_{N,k}) \ \text{with rule weight} \ \theta_k, \ \text{attribute weight} \ \delta_m
\end{aligned}
\tag{13.3}
$$

以下规则给出了混合规则的示例：

$$\begin{aligned}
&R_7: \text{if} \quad (\text{earthquake is false}) \wedge ((\text{rain is medium}) \vee (\text{wind is mild})) \\
&\quad \text{then} \ \{(\text{severe}, 10\%), (\text{caution}, 50\%), (\text{safe}, 40\%)\} \quad \text{with } \theta_7 = 0.7 \\
&R_8: \text{if} \quad (\text{earthquake is true}) \wedge ((\text{rain is medium}) \vee (\text{wind is mild})) \\
&\quad \text{then} \ \{(\text{severe}, 100\%)\} \quad \text{with } \theta_8 = 1 \\
&R_9: \text{if} \quad (\text{earthquake is true}) \vee ((\text{rain is heavy}) \wedge (\text{wind is medium})) \\
&\quad \text{then} \ \{(\text{severe}, 90\%), (\text{caution}, 10\%)\} \quad \text{with } \theta_9 = 0.8
\end{aligned} \tag{13.4}$$

定义 13.3 混合 BRB

混合 BRB 中的规则不一定全部是混合置信规则，混合 BRB 可以有多种组成形式，包括：

(1) 由多条混合置信规则组成，即规则库中的所有置信规则都是混合置信规则，没有单独的交集或并集置信规则；

(2) 由多条交集与并集置信规则组成，即规则库中没有一条是混合置信规则，但是既有交集置信规则，也有并集置信规则，这样的规则库也定义为混合置信规则库；

(3) 由多条混合置信规则与交集置信规则组成，即规则库中不全是混合置信规则，也包含交集置信规则，但是不存在并集置信规则；

(4) 由多条混合置信规则与并集置信规则组成，即规则库中不全是混合置信规则，也包含并集置信规则，但是不存在交集置信规则；

(5) 由多条混合置信规则与交集和并集置信规则组成，即规则库中不全是混合置信规则，也包含交集和并集置信规则。

由规则 7～9 组成的规则库即为混合 BRB，由规则 1～6 组成的规则库也可以称为混合 BRB。

混合 BRB 具有以下特征。

(1) 一条混合规则可以与多条交集或并集规则相关，但是并不直接相等。这是由于不同规则建立的动机并不相同，实际上，这也是采用不同类型规则的根本原因。

例如式 (13.5) 中的混合置信规则 R_{10} 可以与两条交集置信规则 $R_{10\text{-}1}$ 和 $R_{10\text{-}2}$ 相关：

$$\begin{aligned}
&R_{10}: \text{if } (\text{earthquake is true}) \wedge ((\text{rain is medium}) \vee (\text{wind is mild})), \\
&\quad \text{then } \{(\text{severe}, 100\%)\} \text{ with } \theta_{10} = 1 \\
&R_{10\text{-}1}: \text{if } (\text{earthquake is true}) \wedge (\text{rain is medium}), \\
&\quad \text{then } \{(\text{severe}, 100\%)\} \text{ with } \theta_{10\text{-}1} = 1 \\
&R_{10\text{-}2}: \text{if } (\text{earthquake is true}) \wedge (\text{wind is mild}), \\
&\quad \text{then } \{(\text{severe}, 100\%)\} \text{ with } \theta_{10\text{-}2} = 1
\end{aligned} \tag{13.5}$$

其中，规则 R_{10} 表示当地震 (earthquake) 发生时，前提属性雨的参考值为中等 (medium) 或者风的参考值为小(mild)时，即雨或风的条件仅需满足一个，则结论等级为 severe 的置信度为 100%。

规则 R_{10} 可以与另外两条交集置信规则相关，即规则 $R_{10\text{-}1}$ 和 $R_{10\text{-}2}$，但是不相等，规则 $R_{10\text{-}1}$ 表示，当地震发生时，前提属性雨的参考值为中等时，则结论等级为 severe 的置信度为 100%；规则 $R_{10\text{-}2}$ 表示，当地震发生时，风的参考值为小，则结论等级为 severe 的置信度为 100%。

一条混合置信规则也可以与多条并集规则相关，如式(13.6)中混合置信规则 R_{11} 可以与三条并集置信规则 $R_{11\text{-}1}$、$R_{11\text{-}2}$、$R_{11\text{-}3}$ 相关：

$$\begin{aligned}
&R_{11}: \text{if (earthquake is true)} \vee \text{(landslide is true)} \vee \text{(karst is true)},\\
&\quad \text{then}\{(\text{severe}, 100\%)\} \text{ with } \theta_{11} = 1\\
&R_{11\text{-}1}: \text{if (earthquake is true)} \vee \text{(landslide is true)},\\
&\quad \text{then}\{(\text{severe}, 100\%)\} \text{ with } \theta_{11\text{-}1} = 1\\
&R_{11\text{-}2}: \text{if (landslide is true)} \vee \text{(karst is true)},\\
&\quad \text{then}\{(\text{severe}, 100\%)\} \text{ with } \theta_{11\text{-}2} = 1\\
&R_{11\text{-}3}: \text{if (earthquake is true)} \vee \text{(karst is true)},\\
&\quad \text{then}\{(\text{severe}, 100\%)\} \text{ with } \theta_{11\text{-}3} = 1
\end{aligned} \tag{13.6}$$

其中，规则 R_{11} 表示当有地震或滑坡(landslide)或泥石流(karst)等灾害发生时，结论等级为 severe 的置信度为 100%。

混合置信规则 R_{11} 可以与 3 条并集置信规则相关，即规则 $R_{11\text{-}1}$、$R_{11\text{-}2}$ 和 $R_{11\text{-}3}$，但是不相等，规则 $R_{11\text{-}1}$ 表示当有地震或滑坡发生时，结论等级为 severe 的置信度为 100%；规则 $R_{11\text{-}2}$ 表示当有滑坡或泥石流发生时，结论等级为 severe 的置信度为 100%；规则 $R_{11\text{-}3}$ 表示当有地震或泥石流发生时，结论等级为 severe 的置信度为 100%。

(2) 混合规则中包含导向性假设(prevailing assumption)。如果将属性组合视为“集成属性(integrated attribute)”，则混合规则中的属性组合也可视为一种特殊的“属性”。换言之，混合规则中具有一种导向性假设。例如式(13.7)中的规则 R_{12}：

$$\begin{aligned}
&R_{12}: \text{if (earthquake is true)} \vee ((\text{rain is heavy}) \wedge (\text{wind is medium})),\\
&\quad \text{then}\{(\text{severe}, 90\%), (\text{caution}, 10\%)\} \text{ with } \theta_{12} = 0.8
\end{aligned} \tag{13.7}$$

其中，规则 R_{12} 表示当地震发生时，前提属性雨的参考值是大(heavy)且风的参考值是中，结论等级为 severe 的置信度为 90%，结论等级为 caution 的置信度为 10%。规则 R_{12} 中的前提属性雨和风作为交集属性组合成为天气属性，即集成属性。规则 R_{12} 中的导向性假设就是地震与天气属性之间的“并集假设”。

(3) 混合规则可以视为一个多层 BRB(multi-layer BRB)。在将属性组合视为“集成属性”的同时也默认一个属性组合为一个小型的 BRB，此时一条混合规则为一个多层 BRB。根据这一特征，可以更清晰地发现混合规则中必然包含一个单一的导向性假设。

例如，式(13.8)中的混合置信规则 R_{13} 可以视为一个多层置信规则库，将地震和滑坡视为灾害因素的“集成属性”，将雨和风也视为天气因素的“集成属性”：

$$R_{13}: \text{if } ((\text{earthquake is false}) \wedge (\text{landslide is false})) \wedge ((\text{rain is mild}) \vee (\text{wind is mild})) \\ \text{then } \{(\text{safe}, 100\%)\} \text{ with } \theta_{13} = 1 \tag{13.8}$$

以混合置信规则 R_{13} 举例说明，第一层置信规则库有两个部分，灾害因素部分的前提属性为地震和滑坡，参考值为是(true)和否(false)，结论部分则是灾害因素的评估等级，规则如式(13.9)中 r_1：

$$r_1: \text{if } (\text{earthquake is false}) \wedge (\text{landslide is false}), \\ \text{then } \{(\text{safe}, 100\%)\} \text{ with } \theta_{r1} = 0.7 \tag{13.9}$$

天气因素部分的前提属性为雨和风，参考值为小/中/大，结论部分则是天气因素的评估等级，规则如式(13.10)中 r_2：

$$r_2: \text{if } (\text{rain is mild}) \vee (\text{wind is mild}), \\ \text{then}\{(\text{safe}, 100\%)\} \text{ with } \theta_{r2} = 0.8 \tag{13.10}$$

第二层置信规则库的前提属性是灾害(disaster)和天气(weather)，参考值是第一层置信规则库的结论部分，即灾害和天气的评估等级，第二层置信规则库的结论部分则表示环境方面的整体评估等级，如式(13.11)中 r_3：

$$r_3: \text{if } (\text{disaster is safe}) \wedge (\text{weather is safe}), \\ \text{then } \{(\text{safe}, 100\%)\} \text{ with } \theta_{r3} = 0.8 \tag{13.11}$$

如上所述，混合置信规则 R_{13} 可以视为一个两层交集置信规则库。若是多层置信规则库，要分别对第一层两个小型规则库进行建模推理，之后对其结果在第二层进行建模推理，得到综合结果。混合置信规则库则仅需一次建模和推理过程，如图 13.1 所示。

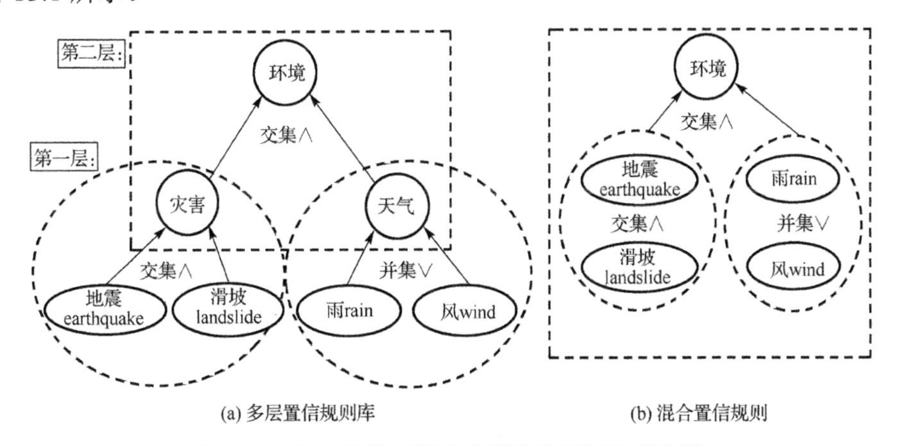

图 13.1　混合置信规则和多层置信规则库示意图

由此可知，混合置信规则可等同于“多层置信规则库”的原因是一条混合置信规则与多条单一假设下的规则相关，使用其构建规则库可减少规则数量。注意，这种“等同”并不是一般意义上的“等同”，当输入信息完全一样的时候，并不能保证输出完全一致，还需要考虑其他输入因素以及规则权重等参数，所以一条混合置信规则和多层置信规则库两者表达的意义是不一样的。在实际的复杂系统建模问题中，使用混合置信规则库或者多层置信规则库，最重要的原则是与实际问题保持一致，这也是提出混合置信规则库的动机和目的。

13.3.2 混合置信规则库应用的可行性分析

本节主要讨论将混合 BRB 应用于铁路运输安全性评估的可行性。假设铁路运输安全性评估中需要重点从 5 个方面进行考虑(混合 BRB 中的属性)：A_1、A_2、A_3、A_4与A_5，评估结果为三个等级(混合 BRB 中的安全性等级 safe、caution 与 severe)或分数。

此时，可建立如下的交集规则：

$$\begin{aligned}R_{14}:\text{if}\quad &(A_1 \text{ is safe})\wedge(A_2 \text{ is safe})\wedge(A_3 \text{ is safe})\wedge(A_4 \text{ is safe})\wedge(A_5 \text{ is safe}),\\ &\text{then }\{(\text{safe},100\%)\}\ \text{ with }\ \theta_{14}=1\end{aligned} \tag{13.12}$$

其中，当所有属性都评价为 safe 时，整体的安全性等级评估为 safe，该条规则的权重为 1。

还可建立如下并集规则：

$$\begin{aligned}R_{15}:\text{if}\quad &(A_1 \text{ is severe})\vee(A_2 \text{ is severe})\vee(A_3 \text{ is severe})\vee(A_4 \text{ is severe})\vee(A_5 \text{ is severe}),\\ &\text{then }\{(\text{severe},100\%)\}\ \text{ with }\ \theta_{15}=1\end{aligned} \tag{13.13}$$

其中，当所有属性任一评价为 severe 时，整体的安全性等级评估为 severe，该条规则的权重为 1。

亦可以建立如下混合规则：

$$\begin{aligned}R_{16}:\text{if}\quad &((A_1 \text{ is safe})\wedge(A_2 \text{ is safe})\wedge(A_3 \text{ is safe}))\wedge((A_4 \text{ is caution})\vee(A_5 \text{ is caution}))\\ &\text{then }\{(\text{safe},20\%),(\text{caution},70\%),(\text{severe},10\%)\}\quad \text{with }\ \theta_{16}=1\end{aligned} \tag{13.14}$$

其中，当属性 A_1、A_2和 A_3均评价为 safe，且 A_4或 A_5评价为 caution 时，整体的安全性评估结果为$\{(\text{safe},20\%),(\text{caution},70\%),(\text{severe},10\%)\}$，该条规则的权重为 1。

如果评估结果需要用分数而非等级表示时，可以为不同等级赋予效用值，再综合集成即可。假设 safe、caution 和 severe 的效用值分别为 100、80 和 0，则 R_{14}～R_{16}的评估结果也可以表示为

$$\begin{aligned}U(R_{14})&=100\times100\%=100\\ U(R_{15})&=0\times100\%=0\\ U(R_{16})&=100\times20\%+80\times70\%+0\times10\%=76\end{aligned} \tag{13.15}$$

因此，混合 BRB 可以包含多条混合规则，如 R_{14}～R_{16}。如果以将铁路运输安全性评估问题的多个方面或因素建模为 BRB 中的前提属性，则 BRB 规则可以用来建模历史数据与专家知识，相应的规则激活和集成过程可以用来表征安全性评估过程，同时评估结果可以用等级或分数来表示。

13.3.3　混合置信规则库推理方法

混合 BRB 的推理分为以下 4 个步骤。

步骤 1：单个前提属性的匹配度计算。

假设某混合规则中包含 M 个前提属性，且 m=1。

步骤 1.1：如果第 m 个前提属性的输入信息 x_m 为离散值，进入步骤 1.2；如果输入信息 x_m 为语义值，进入步骤 1.3。

步骤 1.2：当输入信息 x_m 为离散值时（假设第 m 个前提属性包含 $|A_m|$ 个离散参考值），则输入与第 m 个前提属性的匹配度计算见本书第 3.3.2 节。

步骤 1.3：当输入信息 x_m 是语义值时，可直接得到相似度。例如，衡量降雨量有 3 个参考值，大、中和小，对于任何输入必是其一。特殊情况如$\{(\text{大},20\%),(\text{中},80\%)\}$，则有 $\varphi(\text{rain},\text{heavy})=0.2,\varphi(\text{rain},\text{medium})=0.8$ 。

步骤 1.4：输入信息 x_m 对于第 k 条规则中第 m 个前提属性的匹配程度为

$$\alpha_m^k=\frac{\varphi_m}{\sum\limits_{m=1}^{M}\varphi_m}\varepsilon_m \tag{13.16}$$

其中，ε_m 表示第 m 个前提属性的输入信息 x_m 的置信度。

步骤 2：混合规则的匹配度计算。

假设在混合规则中有 G 个前提属性组，初始 g=1。

步骤 2.1：对于第 g 个前提属性组，当其为交集假设时，进入步骤 2.2，当其为并集假设时，进入步骤 2.3。

步骤 2.2：交集假设下属性匹配度为

$$\alpha_{k,g}=\prod_{m=1}^{M}(\alpha_m^k)^{\bar{\delta}_m},\bar{\delta}_m=\frac{\delta_m}{\max\limits_{m=1}^{M}\{\delta_m\}} \tag{13.17}$$

其中，δ_m 表示第 m 个前提属性的初始权重，因此 $\bar{\delta}_m$ 为该属性的相对权重，通常情况下假设各属性的相对权重相等，即 $\delta_m=1$，此时 $\bar{\delta}_m=1$。

步骤 2.3：在并集假设下属性的匹配度为

$$\alpha_{k,g}=\sum_{m=1}^{M}(\alpha_m^k)^{\bar{\delta}_m},\bar{\delta}_m=\frac{\delta_m}{\max\limits_{m=1}^{M}\{\delta_m\}} \tag{13.18}$$

其中，在不考虑属性权重的情况下，也有 $\delta_m = \overline{\delta}_m = 1$。

步骤 2.4：如果 $g=G$，转到步骤 2.5；否则，$g=g+1$，进入步骤 2.1。

步骤 2.5：通过导出每个前提属性组的匹配度，根据该规则的其余假设计算第 k 条规则的综合匹配度。

交集假设下的综合匹配度为

$$\alpha_g = \prod_{g=1}^{G} (\alpha_{k,g}) \tag{13.19}$$

并集假设下的综合匹配度为

$$\alpha_g = \sum_{g=1}^{G} (\alpha_{k,g}) \tag{13.20}$$

步骤 3：权重计算。

对于 K 条激活规则，其中第 k 条规则的激活权重计算如下：

$$w_k = \frac{\theta_k \alpha_g}{\sum_{k=1}^{K} \theta_k \alpha_k} \tag{13.21}$$

其中，$\theta_k (k=1,2,\cdots,K)$ 是第 k 条规则的初始权重。显然 $w_k \in [0,1], k=1,2,\cdots,K$。

步骤 4：使用 ER 算法(见本书第 1.3.3 节)对激活规则进行集成。

当要求安全性评估结果为数值时，可以为不同等级 D_n 赋予效用值 $U(D_n)$，有：

$$U = \sum_{n=1}^{N} U(D_n) \beta_n \tag{13.22}$$

需要注意的是，式(13.17)和式(13.19)的使用条件为相关属性之间为交集关系且不相关，而式(13.18)和式(13.20)的使用条件为相关属性之间为并集关系且互不交叉。

13.3.4 基于混合置信规则库的铁路运输安全性评估方法

基于混合置信规则库的铁路运输安全性评估方法包括以下 5 个步骤。

步骤 1：问题分析与建模。

采集拟分析地区的铁路运输现状相关信息，分析对安全性产生影响的方面，并分解为相关因素；采集历史数据和专家知识，建立置信评估框架，为置信规则库建模进行知识准备。

步骤 2：建立混合置信规则库模型。

根据相关数据和知识明确关键参数，分别针对不同线路建立混合置信规则库模型。

步骤 3：基于混合置信规则库的安全性评估。

根据不同线路安全性评估模型，采集相关信息，识别当前铁路线路的状态，基于提出的安全性评估方法开展推理与分析。

步骤 4：验证安全性评估结果。

面向不同线路得出评估结果，对照不同线路的历史事故和故障情况，验证建立模型和提出安全性评估方法的安全性评估结论。

步骤 5：结果讨论与分析。

深入分析不同影响因素对于安全性评估结果的影响与关联情况，对比铁路安全性历史报告，分析与验证安全性评估模型与结论。

13.4　成渝区域铁路安全性评估示例分析

13.4.1　成渝铁路安全性评估指标分析

成渝区域主要包括成都地区与重庆地区，本节重点分析成渝之间的两条铁路线路的安全性评估问题，如图 13.2 所示。

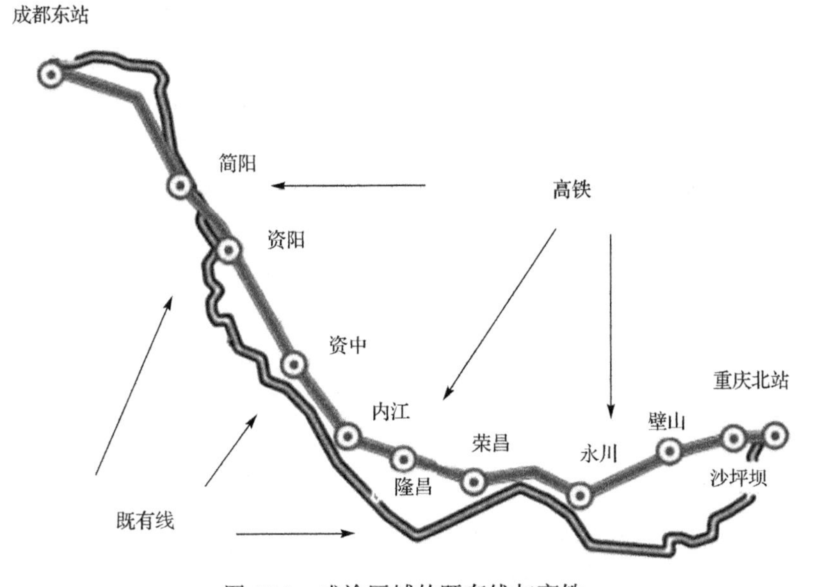

图 13.2　成渝区域的既有线与高铁

以成渝区域既有线和高铁为背景，从环境、设备、管理、承载和事故五个方面进行分析。环境方面主要是指气候条件(包括夏季的雨和风，冬季的雾和霜冻)和灾害性事件(包括地震、滑坡、泥石流等)；设备方面主要是指机车、车辆、轨道、信号系统和受电弓等的机械和电气故障；管理方面主要是指铁路的人员素质、维护、跨部门沟通和铁路闭塞等方面；承载因素主要是乘客和货物超载情况；事故因素主要是指事故的预防、减少和事故发生后的救援能力。显然，以上五个方面以及相关因素都是互相关联的(并非数学上的相关性)。举例来说，如果铁轨或信号系统有所损坏，则整体的安全性水平必然有所降低；如果遭遇恶劣气象条件，铁轨或信号系统可能进一步损坏，则整体安全性可能进一步恶化。如果维修得当，则整体水平还可以进一步提升。

13.4.2 面向既有线的混合置信规则库建模

本节将安全性评估结果分为 safe(安全)、caution(较安全)、extreme caution(临界安全)、severe(危险)和 extreme severe(非常危险)。从 5 个方面影响因素给出既有线和高铁构造混合 BRB 模型的规则。表 13.1 给出了面向既有线的混合置信规则库。

1) 环境

环境方面主要考虑一般气象条件(冬季主要考虑雾和霜冻，夏季主要考虑雨和风)和恶劣气象条件(由于成渝地区多山，主要考虑地震、滑坡、泥石流、火灾等)两方面。若遭遇任一恶劣气象情况(地震、滑坡、泥石流、火灾)，则整体评估结果为 severe。一般情况下，列车需要停车以待新的通知；如果没有任何新的恶劣气象情况发生，则评估结果为 safe。雾和霜冻一般发生于冬天。如果雾和霜冻情况都比较轻微(mild)，则环境情况为 safe；如果雾或霜冻一种为轻微(mild)，一种为中等(caution)，则环境情况 caution；如果二者为中等及以上(caution 或 severe)，则环境情况为 severe。雨和风一般发生于夏天。如果雨和风的情况都比较轻微(mild)，则环境情况为 safe；如果雨或风一种为轻微(mild)，一种为中等(caution)，则环境情况 caution；如果二者为中等及以上(caution 或 severe)，则环境情况为 severe。

2) 设备

设备方面主要考虑机车、车辆、铁轨、信号、受电弓等方面。如果所有方面都正常(normal)，则整体为 safe。如果机车或车辆为中等(medium)且铁轨/信号/受电弓为正常(normal)，则整体为 safe。如果机车且车辆为中等(medium)且铁轨/信号/受电弓为正常(normal)，则整体为 caution。如果机车、车辆、铁轨、信号、受电弓等任一为故障(fault)，则整体为 severe。如果铁轨、信号或受电弓为中等(medium)，且均不为 severe，则整体为 caution。

3) 管理

管理方面包括员工素质、维护、沟通以及闭塞情况等四个因素。如果员工素质、维护、沟通、闭塞情况等四个因素均为良好(good)或完好(intact)，则整体情况为 safe；如果员工素质为低(low)，或者维护情况为差(poor)，或者沟通能力为差(poor)，或者闭塞情况为 broken，则整体情况为 severe；如果维护情况为 medium，且员工素质/沟通能力为 good 或 medium 且闭塞情况为 intact，则整体情况为 caution。如果员工素质或者沟通能力为 good，其他为 medium 且闭塞情况为 intact，且维护能力为 good，则整体情况为 safe；如果员工素质与沟通能力为 medium，且闭塞情况为 intact，且维护能力为 good，则整体情况为 caution。

4) 承载

如果乘客载客能力为 normal 或 medium，且货物装载能力为 normal，则整体情况为 safe；如果乘客载客能力为 normal/medium，且货物装载能力为 medium，则整体情况为 caution；如果乘客载客能力或货物装载为 severe，则整体情况为 severe；

5) 事故

如果所有因素均为良好 good，则整体情况为 safe；如果事故预防、减少或救援能力为较差 severe，则整体情况为 severe；如果事故救援为 good/medium，且事故预防或事故减少能力为 medium，则整体情况为 caution；如果事故救援能力、事故预防或事故减少能力为 medium，则整体情况为 safe。

6) 综合

如果所有因素均为 safe，则整体为 safe。如果环境、设备和管理方面为 safe，乘客为 caution 且事故为 safe，或承载为 safe 且事故为 caution，则整体为 safe。

如果环境、设备和管理因素为 safe，承载与事故为 caution/severe，则整体为 safe。

如果环境、设备或管理因素中任一为 caution，其他两个因素为 safe(无论承载与事故因素评定为何等级)，则整体为 caution。

如果环境、设备与管理中任两个因素为 caution 而另一个因素为 safe(无论承载与事故因素评定为何等级)，则整体为 extreme caution。

如果环境、设备或管理因素中任一为 severe，其他两个因素为 safe(无论承载与事故因素评定为何等级)，则整体为 extreme caution。

如果环境、设备与管理为 severe、caution 和 safe(无关任一因素评为任何等级，亦无论承载与事故因素评定为何等级)，则整体为 severe。

如果环境、设备与管理中任两个(或三个)因素为 severe(无论承载与事故因素评定为何等级)，则整体为 extreme severe。

表 13.1　既有线混合置信规则库

规则编号	w	if	then
1	1	(earthquake is true) ∨ (landslide is true) ∨ (karst is true) ∨ (fire is true)	(severe,100%)
2	1	(earthquake is false) ∧ (landslide is false) ∧ (karst is false) ∧ (fire is false)	(safe,100%)
3	1	(fog is mild) ∧ (frost is mild)	(safe,100%)
4	1	(fog is medium) ∧ (frost is mild)	(caution,100%)
5	1	(fog is mild) ∧ (frost is medium)	(caution,100%)
6	1	(fog is medium) ∧ (frost is medium)	(caution,100%)
7	1	(fog is severe) ∨ (frost is severe)	(severe,100%)
8	1	(rain is mild) ∧ (wind is mild)	(safe,100%)

续表

规则编号	*w*	if	then
9	1	(rain is medium) ∧ (wind is mild)	(caution,100%)
10	1	(rain is mild) ∧ (wind is medium)	(caution,100%)
11	1	(rain is medium) ∧ (wind is medium)	(caution,100%)
12	1	(rain is heavy) ∨ (wind is strong)	(severe,100%)
13	1	(loco is normal) ∧ (car is normal) ∧ (rail is normal) ∧(signal is normal) ∧ (bow is normal)	(safe,100%)
14	1	(loco is medium) ∧ (car is normal) ∧ (rail is normal) ∧(signal is normal) ∧ (bow is normal)	(safe,100%)
15	1	(loco is normal) ∧ (car is medium) ∧ (rail is normal) ∧(signal is normal) ∧ (bow is normal)	(safe,100%)
16	1	(loco is medium) ∧ (car is medium) ∧(rail is normal) ∧ (signal is normal) ∧ (bow is normal)	(caution,100%)
17	1	(loco is fault) ∨ (car is fault) ∨ (rail is fault) ∨(signal is fault) ∨ (bow is fault)	(severe,100%)
18	1	(rail is medium) ∧ (signal is safe/medium) ∧ (bow is safe/medium)	(caution,100%)
19	1	(rail is safe/medium) ∧ (signal is medium) ∧ (bow is safe/medium)	(caution,100%)
20	1	(rail is safe/medium) ∧ (signal is safe/medium) ∧ (bow is medium)	(caution,100%)
21	1	(staff is good) ∧ (maintenance is good) ∧ (commu is good) ∧(enclosure is intact)	(safe,100%)
22	1	(staff is low) ∨ (maintenance is poor) ∨ (commu is poor) ∨(enclosure is broken)	(severe,100%)
23	1	(staff is good/medium) ∧ (maintenance is medium) ∧(commu is good/medium) ∧ (enclosure is intact)	(caution,100%)
24	1	(staff is medium) ∧ (maintenance is good) ∧ (commu is good) ∧(enclosure is intact)	(safe,100%)
25	1	(staff is good) ∧ (maintenance is good) ∧ (commu is medium) ∧(enclosure is intact)	(safe,100%)
26	1	(staff is medium) ∧ (maintenance is good) ∧ (commu is medium) ∧(enclosure is intact)	(caution,100%)
27	1	(passengers is normal/medium) ∧ (freight is normal)	(safe,100%)
28	1	(passengers is normal/medium) ∧ (freight is medium)	(caution,100%)
29	1	(passengers is severe) ∨ (freight is severe)	(severe,100%)
30	1	(prevention is safe) ∧ (reduction is safe) ∧ (rescue is safe/medium)	(safe,100%)
31	1	(prevention is severe) ∨ (reduction is severe) ∨ (rescue is severe)	(severe,100%)
32	1	(prevention is medium) ∧ (reduction is good/medium) ∧(rescue is good/medium)	(caution,100%)
33	1	(prevention is good/medium) ∧ (reduction is medium) ∧(rescue is good/medium)	(caution,100%)
34	1	(prevention is good/medium) ∧ (reduction is good/medium) ∧(rescue is medium)	(caution,100%)

续表

规则编号	w	if	then
35	1	(envir is safe)∧(equip is safe)∧(mang is safe) ∧(pass is safe)∧(acc is safe)	(safe,100%)
36	1	(envir is safe)∧(equip is safe)∧(mang is safe)) ∧((pass is caution)∧(acc is safe)	(safe,100%)
37	1	(envir is safe)∧(equip is safe)∧(mang is safe)) ∧((pass is safe)∧(acc is caution)	(safe,100%)
38	1	(envir is safe)∧(equip is safe)∧(mang is safe) ∧((pass is caution)∧(acc is caution))	(caution,100%)
39	1	(envir is safe)∧(equip is safe)∧(mang is safe) ∧((pass is severe)∨(acc is severe))	(caution,100%)
40	1	(envir is caution)∧(equip is safe)∧(mang is safe)	(caution,100%)
41	1	(envir is safe)∧(equip is caution)∧(mang is safe)	(caution,100%)
42	1	(envir is safe)∧(equip is safe)∧(mang is caution)	(caution,100%)
43	1	(envir is caution)∧(equip is caution)∧(mang is safe)	(extreme caution,100%)
44	1	(envir is safe)∧(equip is caution)∧(mang is caution)	(extreme caution,100%)
45	1	(envir is caution)∧(equip is safe)∧(mang is caution)	(extreme caution,100%)
46	1	(envir is severe)∧(equip is safe)∧(mang is safe)	(extreme caution,100%)
47	1	(envir is safe)∧(equip is severe)∧(mang is safe)	(extreme caution,100%)
48	1	(envir is safe)∧(equip is safe)∧(mang is severe)	(extreme caution,100%)
49	1	(envir is safe)∧(equip is caution)∧(mang is severe)	(severe,100%)
50	1	(envir is caution)∧(equip is safe)∧(mang is severe)	(severe,100%)
51	1	(envir is safe)∧(equip is severe)∧(mang is caution)	(severe,100%)
52	1	(envir is caution)∧(equip is severe)∧(mang is safe)	(severe,100%)
53	1	(envir is severe)∧(equip is safe)∧(mang is caution)	(severe,100%)
54	1	(envir is severe)∧(equip is caution)∧(mang is safe)	(severe,100%)
55	1	(envir is severe)∧(equip is severe)	(extreme severe,100%)
56	1	(equip is severe)∧(mang is severe)	(extreme severe,100%)
57	1	(envir is severe)∧(mang is severe)	(extreme severe,100%)

13.4.3　面向高铁的混合置信规则库建模

本节面向高铁构建混合置信规则库，面向分别从环境、设备、管理、承载、事故预防与处理能力和综合等方面来分析如何逐条建立规则。表 13.2 给出了面向既有线的混合置信规则库。

1) 环境

环境方面主要考虑一般气象条件(冬季主要考虑雾和霜冻，夏季主要考虑雨和风)和恶劣气象条件(由于成渝地区多山，主要考虑地震、滑坡、泥石流、火灾等)两方面。

如果遭遇任一恶劣气象情况(地震、滑坡、泥石流和火灾)，则整体评估结果为severe。一般情况下，列车需要停车以待新的通知；如果没有任何新的恶劣气象情况发生，则评估结果为 safe。雾和霜冻一般发生于冬天。如果雾和霜冻情况都比较轻微(mild)，则环境情况为 safe；如果雾或霜冻一种为轻微(mild)，一种为中等(medium)，则环境情况 caution；如果二者为中等及以上(caution 或 severe)，则情况更为复杂。雨和风一般发生于夏天。如果雨和风的情况都比较轻微(mild)，则环境情况为 safe；其他情况更为复杂。

2) 设备

设备方面主要考虑机车、车辆、铁轨、信号、受电弓等方面。如果所有方面都正常(normal)，则整体为 safe。如果机车或车辆为中等(medium)且铁轨/信号/受电弓为正常(normal)，则整体为 caution。其他情况均为 severe。

3) 管理

管理方面包括员工素质、维修、沟通以及闭塞情况等四个因素。如果员工素质/维修/沟通/闭塞情况等四个因素均为良好 good 或完好 intact，则整体情况为 safe；如果员工素质为 medium，且维修情况/沟通能力/闭塞情况为良好 good 或完好 intact，则整体情况为 caution；其他情况均为 severe。

4) 承载

高铁上仅有旅客，当旅客为 normal/medium/severe，则整体情况为 safe/caution/(safe, caution)。

5) 事故预防与处理能力

如果所有因素均为良好 good/medium，则整体情况为 safe；如果事故预防、减少或救援能力为较差 severe，则整体情况为 severe；如果事故救援为 good/medium，且事故预防或事故减少能力中任一能力为 medium，则整体情况为 caution。

6) 综合

当环境、设备与管理因素为 safe/medium 时，如果承载与事故为 safe/medium，则整体情况为 safe；如果承载与事故中任一因素或二者均为 severe，则整体情况为 caution。如果环境、设备与管理中任一因素为 severe 而其他两个因素为 safe 或 medium，而承载与事故为 safe/medium，则整体为 extreme caution。如果环境、设备与管理中任一因素为 severe 而其他两个因素为 safe 或 medium，而承载与事故为 severe，则整体为 severe。如果环境、设备与管理中超过两个因素为 severe，而无论承载与事故为何等级，则整体为 extreme caution。

表 13.2　面向高铁安全性评估的混合置信规则库

规则编号	w	if	then
1	1	(earthquake is true)∨(landslide is true)∨(karst is true)∨(fire is true)	(severe,100%)

续表

规则编号	w	if	then
2	1	(earthquake is false)∧(landslide is false)∧(karst is false)∧(fire is false)	(safe,100%)
3	1	(fog is mild)∧(frost is mild)	(safe,100%)
4	1	(fog is medium)∧(frost is mild)	(caution,100%)
5	1	(fog is mild)∧(frost is medium)	(caution,100%)
6	1	(fog is severe)∧(frost is mild)	(caution,20%),(severe,80%)
7	1	(fog is mild)∧(frost is severe)	(caution,40%),(severe,60%)
8	1	(fog is medium/severe)∧(frost is medium/severe)	(severe,100%)
9	1	(rain is mild)∧(wind is mild)	(safe,100%)
10	1	(rain is medium/heavy)∧(wind is mild)	(caution,100%)
11	1	(rain is mild/medium)∧(wind is medium)	(caution,100%)
12	1	(rain is mild)∧(wind is strong)	(caution,50%),(severe,50%)
13	1	(rain is medium)∧(wind is strong)	(caution,60%),(severe,40%)
14	1	(rain is heavy)∧(wind is medium)	(caution,60%),(severe,40%)
15	1	(rain is heavy)∧(wind is strong)	(severe,100%)
16	1	(loco is normal)∧(car is normal)∧(rail is normal) ∧(signal is normal)∧(bow is normal)	(safe,100%)
17	1	(loco is medium)∧(car is normal)∧(rail is normal) ∧(signal is normal)∧(bow is normal)	(caution,100%)
18	1	(loco is normal)∧(car is medium)∧(rail is normal) ∧(signal is normal)∧(bow is normal)	(caution,100%)
19	1	(loco is medium)∧(car is medium)	(severe,100%)
20	1	(rail is medium)∨(signal is medium)∨(bow is medium)	(severe,100%)
21	1	(loco is fault)∨(car is fault)∨(rail is fault) ∨(signal is fault)∨(bow is fault)	(severe,100%)
22	1	(staff is good)∧(maintenance is good) ∧(commu is good)∧(enclosure is intact)	(safe,100%)
23	1	(staff is medium)∧(maintenance is good) ∧(commu is good)∧(enclosure is intact)	(caution,100%)
24	1	(staff is low)(maintenance is medium/poor) ∨(commu is medium/poor)∨(enclosure is intact/broken)	(severe,100%)
25	1	(passengers is normal)	(safe,100%)
26	1	(passengers is medium)	(caution,100%)
27	1	(passengers is severe)	(safe,50%),(caution,50%)
28	1	(prevention is good)∧(reduction is good)∧(rescue is good/medium)	(safe,100%)
29	1	(prevention is severe)∨(reduction is severe)∨(rescue is severe)	(severe,100%)
30	1	(prevention is good)∧(reduction is medium) ∧(rescue is good/medium)	(caution,100%)

续表

规则编号	w	if	then
31	1	(prevention is medium) ∧ (reduction is good) ∧(rescue is good/medium)	(caution,100%)
32	1	(prevention is medium) ∧ (reduction is medium) ∧(rescue is good/medium)	(caution,100%)
33	1	((envir is safe/medium) ∧ (equip is safe/medium) ∧ (mang is safe/medium)) ∧(pass is safe/medium) ∧ (acc is safe/medium)	(safe,100%)
34	1	((envir is safe/medium) ∧ (equip is safe/medium) ∧ (mang is safe/medium)) ∧(pass is severe) ∨ (acc is severe)	(caution,100%)
35	1	((envir is severe) ∧ (equip is safe/caution) ∧ (mang is safe/caution)) ∧((pass is safe/caution) ∧ (acc is safe/caution))	(extreme severe,100%)
36	1	((envir is safe/caution) ∧ (equip is severe) ∧ (mang is safe/caution)) ∧((pass is safe/caution) ∧ (acc is safe/caution))	(extreme severe,100%)
37	1	((envir is safe/caution) ∧ (equip is safe/caution) ∧ (mang is severe)) ∧((pass is safe/caution) ∧ (acc is safe/caution))	(extreme caution,100%)
38	1	((envir is severe) ∧ (equip is safe/caution) ∧ (mang is safe/caution)) ∧((pass is severe) ∨ (acc is severe))	(severe,100%)
39	1	((envir is safe/caution) ∧ (equip is severe) ∧ (mang is safe/caution)) ∧((pass is severe) ∨ (acc is severe))	(severe,100%)
40	1	((envir is safe/caution) ∧ (equip is safe/caution) ∧ (mang is severe)) ∧((pass is severe) ∨ (acc is severe))	(severe,100%)
41	1	(envir is severe) ∧ (equip is severe)	(extreme severe,100%)
42	1	(equip is severe) ∧ (mang is severe)	(extreme severe,100%)
43	1	(envir is severe) ∧ (mang is severe)	(extreme severe,100%)

13.4.4 安全性评估结果分析

为了进行更加全面的既有线和高铁之间的安全性评估，需要收集相关数据和信息。其中环境因素(包括降雨量、风速、霜冻情况和由雾而导致的能见度下降)以及相关灾害信息情况(泥石流、山体滑坡等)通过成都市气象局、重庆市气象局等采集，地震信息通过中国地震局采集得到。其他信息来源于成渝区域铁路既有线和高铁相关站历史数据和工作人员的问卷调查。整体采集得到的信息时间跨度为2017-01-01～2018-08-30。

图 13.3 和表 13.3 对比了既有线和高铁的安全性评估结果。如图 13.3 和表 13.3 所示，成渝区域高铁相比于既有线安全性更高。具体而言，在本节分析的 20 个月合计 608 天中，既有线评估结果为安全的有 441 天(72.53%)，高铁有 552 天(90.79%)。同时，既有线有两天(0.33%)被评估为非常危险，14 天(2.3%)被评为危险，而高铁则无一天评估为非常危险，仅有两天(0.33%)评估为危险。

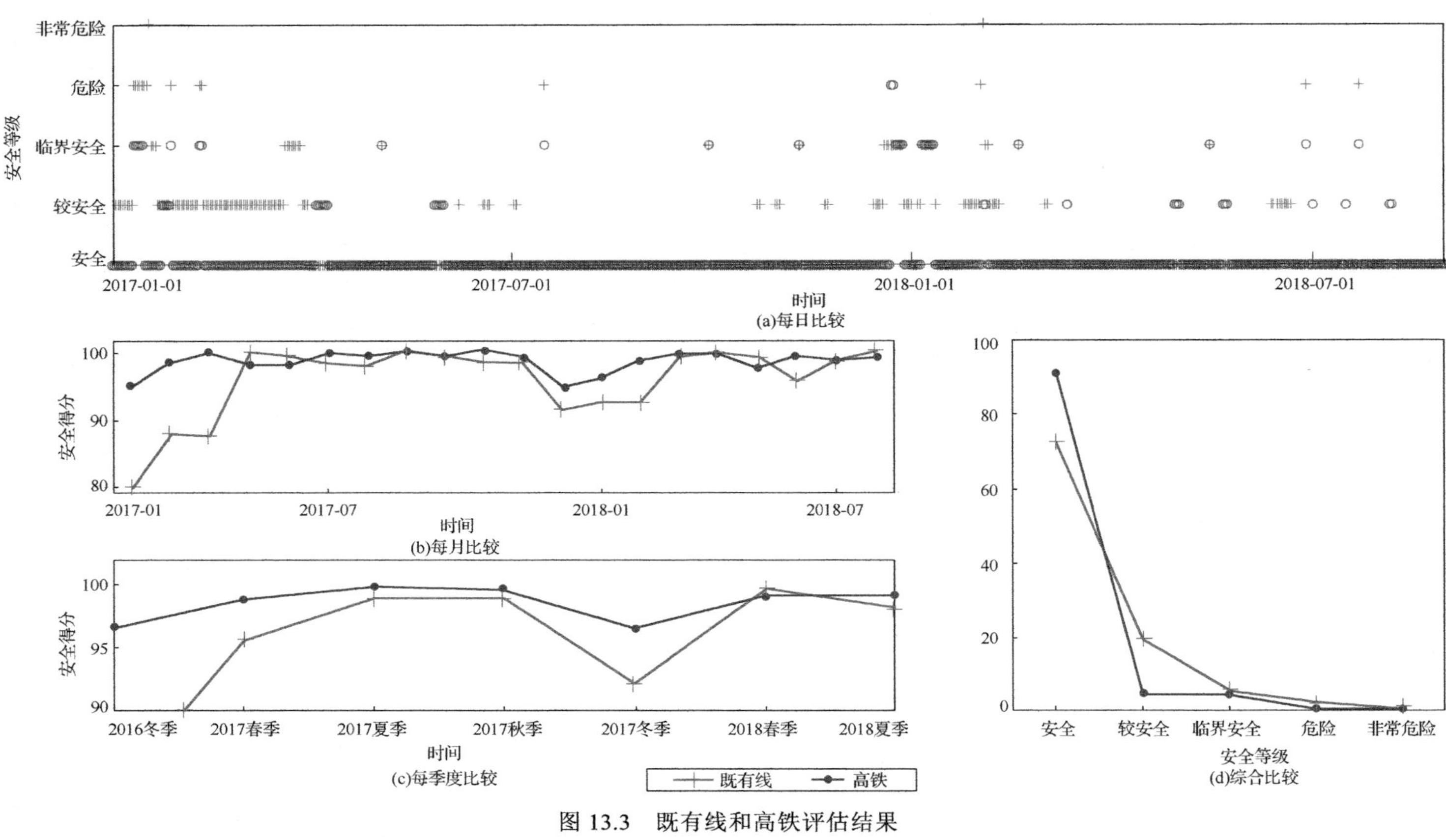

图 13.3　既有线和高铁评估结果

注：5 个等级：安全/较安全/临界安全/危险/非常危险的分数分别为 100/80/60/20/0。

成渝区域铁路运输安全性存在月度和季节性差异。如图 13.3(b)和(c)，既有线和高铁在春季和秋季(4 月、6 月、8 月和 10 月)相对安全，而冬季(主要是 1 月)则相对危险，但高铁在冬季的安全性也优于既有线。仅有的既有线安全性优于高铁的情况均发生在春夏交接之季(2017 年和 2018 年的 4 月和 5 月)。此时，天气状况良好，高铁均发生了设备故障但是既有线运行安全良好。

表 13.3　既有线和高铁安全性评估结果对比

	相对安全			相对危险	
	安全	较安全	临界安全	危险	非常危险
既有线	441 天(72.53%)	118 天(19.41%)	33 天(5.43%)	14 天(2.30%)	2 天(0.33%)
	总和 592 天(97.37%)			总和 16 天(2.63%)	
高铁	552 天(90.79%)	28 天(4.6%)	26 天(4.28%)	2 天(0.33%)	0 天
	总和 606 天(99.67%)			总和 2 天(0.33%)	

13.4.5　与历史铁路事故对比分析

由于历史上成渝区域铁路并未对其管内车站和设施开展安全性评估，因此以其管内历史记录的事故和故障为标准对比验证安全性评估结果。历史记录中事故或系统故障表示当天列车日间停车超过 6h 或夜间超过 8h，相对应的为本节方法评估为“危险(severe)”和“非常危险(extreme severe)”。

表 13.4 和图 13.4 给出了详细的历史事故与故障信息和相应的既有线与高铁安全性评估结果。

表 13.4　历史事故与故障信息和相应的既有线与高铁安全性评估结果

时间	既有线安全等级	高铁安全等级	事故/故障
2017-01-11	危险	临界安全	severe 大雾、霜冻；既有线 medium 员工素质、维修、沟通
2017-01-12	危险	临界安全	severe 大雾、霜冻；既有线 medium 员工素质、维修、沟通
2017-01-13	危险	临界安全	severe 大雾、霜冻；既有线 medium 员工素质、维修、沟通
2017-01-14	危险	临界安全	severe 大雾、霜冻；既有线 medium 员工素质、维修、沟通
2017-01-15	危险	临界安全	地震；severe 大雾、霜冻；既有线 medium 员工素质、维修、沟通
2017-01-16	危险		severe 大雾、霜冻；既有线 medium 轨道、信号系统故障；medium 员工素质、维修、沟通
2017-01-17	危险		severe 大雾、霜冻；既有线 medium 轨道、信号系统故障；medium 员工素质、维修、沟通
2017-01-18	非常危险		severe 大雾、霜冻；既有线 severe 轨道、信号系统故障；medium 员工素质、维修、沟通
2017-01-28	危险	临界安全	地震；既有线 medium 员工素质、维修、沟通
2017-02-10	危险	临界安全	severe 霜冻；既有线 medium 员工素质、维修、沟通
2017-02-11	危险	临界安全	severe 霜冻；既有线 medium 员工素质、维修、沟通

续表

时间	既有线安全等级	高铁安全等级	事故/故障
2017-03-23	临界安全		既有线 severe 轨道、信号系统故障
2017-05-22		较安全	高铁 medium 轨道、信号系统、受电弓故障
2017-06-20	较安全		高铁 severe 轨道、信号系统故障
2017-07-17	危险	临界安全	heavy 雨；strong 风；高铁 severe 轨道、信号系统故障
2017-12-22		危险	severe 大雾；高铁 severe 信号系统故障
2017-12-23		危险	severe 大雾；高铁 severe 信号系统故障
2018-02-01	危险		severe 大雾、霜冻；既有线 severe 信号系统故障
2018-02-02	非常危险		severe 大雾、霜冻；既有线 severe 信号系统故障
2018-05-21	安全		既有线 heavy 雨
2018-06-29	危险	临界安全	地震；heavy 雨
2018-07-23	危险	临界安全	地震

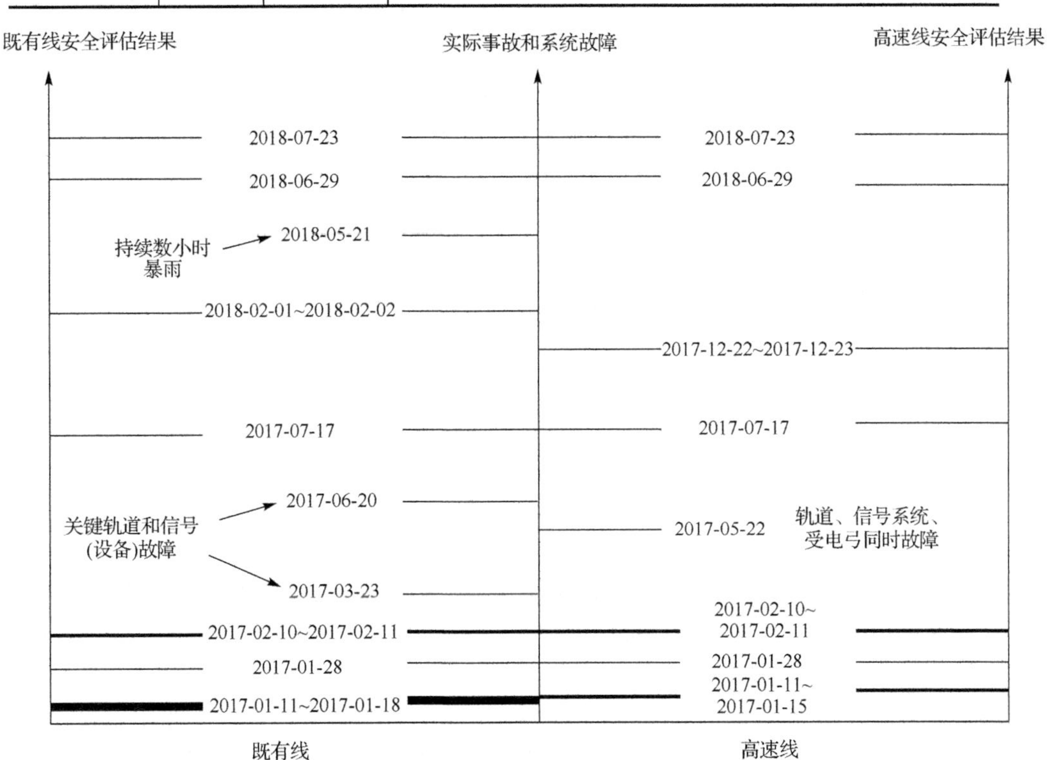

图 13.4　既有线和高铁安全性评估结果与历史报告对比

基于表 13.4 和图 13.4 分析可得以下结论。

(1) 所有评估结果为危险和非常危险的时间与某些事故或系统故障发生时间保

持一致，这也初步验证了基于混合 BRB 的安全性评估方法的有效性。某些实际系统故障导致的长时间的停车未被识别(既有线 3 起事故，高铁 1 起事故)。这些事故均由恶劣天气或设备故障引起，这是未来建模要更加注意的地方。

(2) 正确识别的安全性评估结果显示，在夏季评估为危险或非常危险的安全性等级一般并不会持续很长时间(部分原因是夏季的疾风骤雨并不会持续很长时间)，而冬季较为危险的安全性等级则可能会持续数日(冬季的雾和霜冻都可能持续较长时间)。同时，传统安全性评估中高估了如地震、滑坡等严重环境因素的影响。传统安全性评估中当发生严重的环境事故时会自动将安全情况评估为非常危险，但是严重环境事故通常会首先导致列车停止和安全检查，直到确认达到安全标准才会放行，这实际上确保了运输安全性，因此根据图 13.4 显示在 2017-01-01～2018-08-30 中均未发生由于地震、滑坡等严重环境因素直接导致(存在间接导致设备故障进而导致)发生的事故与严重系统故障。

(3) 所有未能正确识别的安全事故结果(既有线未正确识别 3 起，高铁未正确识别 1 起)都是由单一因素造成的，一般都是严重的环境因素或系统故障。对于建立的混合置信规则库模型而言，单一因素并不会直接造成严重的安全性评估结果，但是实际上，如果单一因素十分严重，如极为恶劣的气象条件或者严重的设备故障，也可能会造成严重的安全性等级，这是建立的混合置信规则库模型的不足之处。

图 13.5 和图 13.6 分别进一步给出了既有线在 2017 年 1 月 10 日至 20 日期间和高铁在 2017 年 12 月 18 日至 29 日期间的综合安全性评估结果与各影响因素参考等级的动态变化过程。通过对两个安全性评估相对危险时段的研究，分析了综合安全性评估结果产生的原因。

(1) 两个周期中安全性等级较差的均处于冬季，导致这一结果的部分原因是冬季持续的大雾和霜冻(相对而言夏季的降雨和大风最多会持续一至两日)。换言之，如图 13.6 所示的评估结果实际上描绘了一幅各因素是如何影响整体安全性等级的动态图像，也可以进一步辅助专家和决策者理解和指导如何提高铁路运输安全性等级的途径。

(2) 环境和设备因素对既有线和高铁安全性影响最大。具体而言，环境是影响安全性的直接因素，当环境条件恶劣时，整体安全性水平会直接下降(如 2017 年 1 月 11 日至 17 日环境因素持续 7 天参考等级为严重，安全性评估结果为“危险”)；但设备方面是决定性因素，设备严重故障会导致安全性水平评估为“非常危险”(如 2017 年 1 月 18 日设备严重故障导致安全性评估结果为“非常危险”)，如图 13.5 所示。

(3) 承载和事故因素在影响安全水平方面不具有决定性作用。因为承载或货物超载以及严重事故发生频率低，另外良好的管理对事故的预防、减少以及事故发生后的救援可以把事故的影响降到最小。

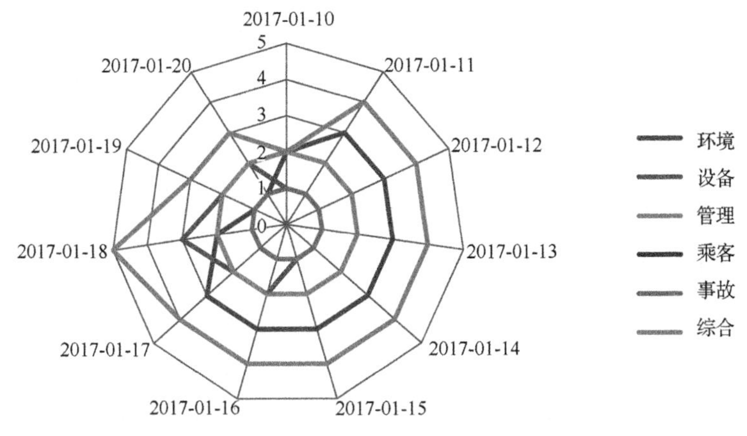

图 13.5　既有线综合安全性评估结果与各影响因素参考等级变化过程(见彩图)

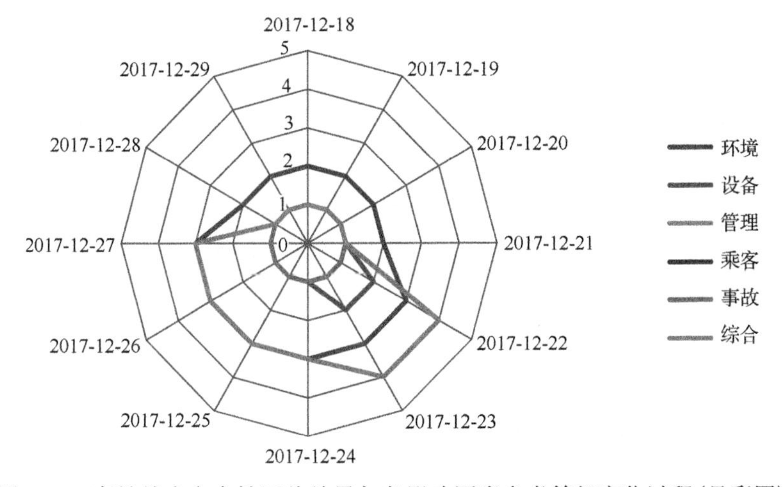

图 13.6　高铁综合安全性评估结果与各影响因素参考等级变化过程(见彩图)

综合而言，高铁的安全性水平整体上优于既有线。

(1) 相对于既有线，高铁较少受环境因素的影响。例如，高铁较少受制于多种气象条件的影响，包括强降雨、强风和霜冻等。

(2) 相对于既有线，高铁更新且受到的关注更多，因此其管理水平更高、设备状态和班组的维修能力更高，而且其承载的能力更强。

以下因素对于安全性评估结果的影响更为直接和严重。

(1) 环境和设备因素的影响最为直接。环境因素在冬季的影响更为持久，而在夏季则相对短暂，但是恶劣气象条件，如地震等，所起作用并未如预期那么严重。设备因素则起更为决定性作用，往往直接决定了安全性等级为危险或非常危险。

(2)较好的管理水平可以提升设备的维修能力，因此可以间接帮助解决恶化的安全性状态，同时较好的交叉部门沟通能力也可以帮助改进安全性水平，甚至避免财产损失或人员伤亡。

(3)承载与事故因素的影响较为间接和次要，部分原因在于当前超员/超载和事故发生的频率并不高，且已经有多种措施来规避这一情况的发生。

13.4.6　与国外铁路事故对比分析

下面进一步分析来自日本和加拿大的铁路事故统计报告(日本铁路安全性委员会 Japan Transportation Safety Board(http://www.mlit.go.jp/jtsb/statistics_rail.html)与加拿大铁路安全委员会 Transportation Safety Board of Canada(http://www.tsb.gc.ca/eng/stats/rail/))。可得到如下结论。

(1)脱轨与撞车是铁路事故中最主要的因素。由维修不当或车辆与行人突破闭塞而导致的列车事故，并最终导致的脱轨和撞车是最为主要的铁路事故。日本铁路在2001～2018年的18年间，脱轨和撞车事故分别占到274起事故中的187和50起。这也是加拿大铁路事故的主要因素：自2007～2017年间，撞车和脱轨分别占加拿大铁路事故的31%和37%，同时超过30%的事故均与设备相关。

(2)恶劣的气象条件或者超员或者危险物品可能进一步加重事故的级别。在日本，新干线在2018年6月14日发生的事故导致了多位乘客与行人伤亡。在加拿大，2017年的事故记录中大约10%与运输有毒货物有关，其中一起事故造成了严重的原油泄漏。

以上结论实际上与本节进行铁路运输安全性评估得出的结论基本一致：设备对于铁路运输安全性至关重要，而其他因素则较为间接，但是处理不当，则可能进一步恶化当前的安全性评估结果。

基于以上分析，可以分别针对不同方面提升铁路运输的安全性等级。

(1)对于环境因素，尤其需要注意突发性的严重气象条件，如夏季的突然强风和强降雨，以及持续性的气象条件，如冬季持续的浓雾和强霜冻。

(2)对于设备因素，需要注意钢轨、信号和受电弓等因素，大多数的设备因素都可能造成安全性困扰，同时，维修不当可能造成严重影响，但是维修得当，尤其是日常维护保养到位的话，可以规避严重事故和人员伤亡与财产损失。

(3)对于管理因素，需要特别留意保持铁路闭塞，这是造成很多安全性事故、故障的原因：列车脱轨、相撞等都是因为突破了铁路闭塞。突破铁路闭塞原因可能是车辆，也可能是人员(工作人员与行人均有可能)。总而言之，工作人员需要更加细心谨慎，而管理者则需要更加尽责。

(4)对于乘客与货物因素。需要尤其注意节假日的超员情况，对于货物而言需要处于装载加固的平衡情况。

(5) 对于事故因素。事故因素与管理因素和设备因素紧密相关，如果管理得当且设备日常维护保养到位，则可以在很大程度上规避事故的发生和减少相关损失。

13.5 结　　论

本章作为全书最后一章，在前述章节中均只涉及并集置信规则库(部分章节也涉及交集置信规则库)基础上进一步提出了包含交集假设和并集假设的混合置信规则库的建模与推理方法，以及基于混合置信规则库的铁路运输安全性评估方法。混合置信规则库的提出是为了更好地建模实际系统中多个因素之间的复杂情况。在本章示例中，成渝区域的铁路运输安全性评估问题涉及的众多因素之间即存在这种情况，这也是本章提出混合置信规则库的动机和目的。本章示例分析和安全性评估结果以及对比讨论与验证等都表明，基于混合置信规则库的安全性评估方法具有合理性：评估结果与历史事故和故障记录一致，也与日本和加拿大的铁路事故统计结果一致。由于混合置信规则库也具有公开、可参与以及可解释性的特点，因此基于本章提出的方法还分析了影响铁路运输安全性评估结果的因素。

对于后续研究，还应当进一步深入分析铁路运输安全性评估的影响因素，完善评估模型。对于混合置信规则库，还需要深入研究相关参数设置与学习方法，并开展更多的实例进行验证。

参 考 文 献

[1] Hu H, Yuan J, Nian V, Development of a multi-objective decision-making method to evaluate correlated decarbonization measures under uncertainty-The example of international shipping [J]. Transport Policy, 2019, 82: 148-157.

[2] Zeng J, Wei L, Wu P. Safety evaluation for railway vehicles using an improved indirect measurement method of wheel-rail forces[J]. Journal of Modern Transportation, 2016, 24(2): 114-123.

[3] 徐远卓. 基于仿真分析的换乘车站客流疏散安全评估问题研究[D]. 北京：北京交通大学, 2017.

[4] Yang Y, Liu Y, Zhou M, et al. Robustness assessment of urban rail transit based on complex network theory: A case study of the Beijing subway[J]. Safety Science, 2015, 79: 149-162.

[5] 王云琴. 基于复杂网络理论的城市轨道交通网络连通可靠性研究[D]. 北京：北京交通大学, 2008.

[6] 李彦锋. 复杂系统动态故障树分析的新方法及其应用研究[D]. 成都：电子科技大学, 2013.

[7] Fateme D, Dinmohammadi, Babakalli A, et al. Risk evaluation of railway rolling stock failures

using FMECA technique: A case study of passenger door system[J]. Urban Rail Transit, 2016, 2 (3/4): 128-145.

[8] Zhao G P, Yu L, Alice M, et al. Risk assessment of railway transportation systems using timed fault trees[J]. Quality and Reliability Engineering International, 2016, 32 (1): 181-194.

[9] Wang Y M, Elhag T M. Fuzzy TOPSIS method based on alpha level sets with an application to bridge risk assessment[J]. Expert Systems with Applications, 2006, 31 (2): 309-319.

[10] Castillo E, Grande Z, Calviño A. Bayesian networks-based probabilistic safety analysis for railway lines[J]. Computer-Aided Civil and Infrastructure Engineering, 2016, 31 (9): 681-700.

[11] Zhang L M, Wu X W, Ding L Y, et al. Bim-based risk identification system in tunnel construction[J]. Journal of Civil Engineering and Management, 2016, 22 (4): 529-539.

[12] Ćirović G, Pamučar D. Decision support model for prioritizing railway level crossings for safety improvements: Application of the adaptive neuro-fuzzy system[J]. Expert Systems with Applications, 2013, 40 (6): 2208-2223.

[13] Zhan Q J, Zheng W, Zhao B. A hybrid human and organizational analysis method for railway accidents based on HFACS-Railway Accidents (HFACS-RAs) [J]. Safety Science, 2017, 91: 232-250.

[14] Zhang L M, Wu X W, Zhu H P, et al. Perceiving safety risk of buildings adjacent to tunneling excavation: An information fusion approach[J]. Automation in Construction, 2017, 73: 88-101.

附录 A　$\mu(L)\neq 0$ 的证明

接下来将给出 $\mu(L)=\sum_{n=1}^{N}\prod_{k=1}^{L}\left(w_k\beta_{n,k}+1-w_k\sum_{n=1}^{N}\beta_{n,k}\right)-(N-1)\prod_{k=1}^{L}\left(1-w_k\sum_{n=1}^{N}\beta_{n,k}\right)\neq 0$ 的证明，其中 $0<w_k\leqslant 1$，$\sum_{k=1}^{L}w_k=1$，$0\leqslant\beta_{n,k}\leqslant 1$，$\sum_{n=1}^{N}\beta_{n,k}=1$，$n=1,\cdots,N;k=1,\cdots,L$。

证明　分为两种情况进行证明。

(1) 当 L=1 时，则有 $w_k=1$，此时易得

$$\begin{aligned}
\mu(L=1)&=\sum_{n=1}^{N}\left(\beta_{n,k}+1-\sum_{n=1}^{N}\beta_{n,k}\right)-(N-1)\left(1-\sum_{n=1}^{N}\beta_{n}\right)\\
&=\sum_{n=1}^{N}\left(\left(\beta_{n,k}+1-\sum_{n=1}^{N}\beta_{n,k}\right)-\left(1-\sum_{n=1}^{N}\beta_{n,k}\right)+\left(1-\sum_{n=1}^{N}\beta_{n,k}\right)\right)\\
&=\sum_{n=1}^{N}\beta_{n,k}+\left(1-\sum_{n=1}^{N}\beta_{n,k}\right)=1>0
\end{aligned}\tag{A.1}$$

因此，当 L=1 时，$\mu(L)\neq 0$。

(2) 当 L>1 时，则有 $0<w_k<1$，$k=1,\cdots,L$，分为 $P(n,k)$ 与 $Q(k)$ 两部分进行推导。显然有，假设：

$$\begin{cases}
P(n,k)=w_k\beta_{n,k}+1-w_k\sum_{n=1}^{N}\beta_{n,k}\\
Q(k)=1-w_k\sum_{n=1}^{N}\beta_{n,k}
\end{cases}\tag{A.2}$$

其中，$n=1,\cdots,N$，$k=1,\cdots,L$。

由于 $0<w_k<1$，$0<\sum_{n=1}^{N}\beta_{n,k}\leqslant 1$（$k=1,\cdots,L$），则有：

$$Q(k)=1-w_k\sum_{n=1}^{N}\beta_{n,k}>1-w_k>0\tag{A.3}$$

根据式 (A.3) 推导，可得

$$P(n,k)-Q(k)=w_k\beta_{n,k}\geqslant 0\tag{A.4}$$

其中，$n=1,\cdots,N$。

因此，$\forall n\in\{1,\cdots,N\}$，都有 $P(n,k)\geqslant Q(k)>0$，因此 $\prod_{k=1}^{L}P(n,k)\geqslant\prod_{k=1}^{L}Q(k)$。

由于 $0<\sum_{n=1}^{N}\beta_{n,k}\leqslant 1$，对于 $k=1,\cdots,L$，对于任意的 $k\in\{1,\cdots,L\}$，有至少一个 $n\in\{1,2,\cdots,N\}$，满足 $\beta_{n,k}\neq 0$，因此：

$$\prod_{k=1}^{L}P(n,k)>\prod_{k=1}^{L}Q(k) \tag{A.5}$$

基于式(A.1)～式(A.5)，有：

$$\begin{aligned}\mu(L>1)&=\sum_{n=1}^{N}\prod_{k=1}^{L}P(k)-(N-1)\prod_{k=1}^{L}Q(k)\\&=\sum_{n=1}^{N}\prod_{k=1}^{L}P(k)-N\prod_{k=1}^{L}Q(k)+\prod_{k=1}^{L}Q(k)\\&=\sum_{n=1}^{N}\left(\prod_{k=1}^{L}P(k)-\prod_{k=1}^{L}Q(k)\right)+\prod_{k=1}^{L}Q(k)\end{aligned} \tag{A.6}$$

其中，基于式(A.3)与式(A.5)可知前两项均大于0。因此，可得 $\mu(L>1)>0$。

根据情况(1)与情况(2)，$\mu(L)\neq 0$ 得证。

附录 B　管道风险评估问题示例分析

1. 地质变量(c_2)、管道相关变量(c_3)、技术和管理变量(c_4)与总体风险水平的子 BRB

c_2、c_3、c_4和总体风险水平的子 BRB 如表 B.1～表 B.4 所示。

表 B.1　地质变量因素(c_2)子 BRB

规则编号	权重	风险评估因子			评估结果		
		$c_{2\text{-}1}$	$c_{2\text{-}2}$	$c_{2\text{-}3}$	Ⅰ	Ⅱ	Ⅲ
1	1	0	0	0	0	0	1
2	1	0	0	15	0	0.8	0.2
3	1	0	0	45	0.2	0.6	0.2
4	1	0	12	0	0	0.6	0.4
5	1	0	12	15	0	0.9	0.1
6	1	0	12	45	0.4	0.6	0
7	1	0	25	0	0.4	0.6	0
8	1	0	25	15	0.5	0.5	0
9	1	0	25	45	0.6	0.4	0
10	1	30	0	0	0	0.4	0.6
11	1	30	0	15	0	0.7	0.3
12	1	30	0	45	0.4	0.6	0
13	1	30	12	0	0.2	0.8	0
14	1	30	12	15	0.3	0.7	0
15	1	30	12	45	0.7	0.3	0
16	1	30	25	0	0.7	0.3	0
17	1	30	25	15	0.8	0.2	0
18	1	30	25	45	0.9	0.1	0
19	1	60	0	0	0	0.6	0.4
20	1	60	0	15	0	0.7	0.3
21	1	60	0	45	0	0.8	0.2
22	1	60	12	0	0.4	0.6	0
23	1	60	12	15	0.6	0.4	0
23	1	60	12	45	0.7	0.3	0
25	1	60	25	0	0.6	0.4	0
26	1	60	25	15	0.8	0.2	0
27	1	60	25	45	1	0	0

表 B.2　管道相关变量(c_3)子 BRB

规则编号	权重	风险评估因子			评估结果		
		$c_{3\text{-}1}$	$c_{3\text{-}2}$	$c_{3\text{-}3}$	Ⅰ	Ⅱ	Ⅲ
1	1	5	0	100	0	0.6	0.4
2	1	5	0	60	0	0.8	0.2
3	1	5	0	0	0.4	0.4	0.2
4	1	5	0.4	100	0	0.2	0.8
5	1	5	0.4	60	0	0.9	0.1
6	1	5	0.4	0	0	0.8	0.2
7	1	5	1	100	0	0	1
8	1	5	1	60	0	0.2	0.8
9	1	5	1	0	0	0.6	0.4
10	1	1.5	0	100	0.5	0.5	0
11	1	1.5	0	60	0.3	0.5	0.2
12	1	1.5	0	0	0.5	0.5	0
13	1	1.5	0.4	100	0	0.4	0.6
14	1	1.5	0.4	60	0	0.5	0.5
15	1	1.5	0.4	0	0.3	0.5	0.2
16	1	1.5	1	100	0.2	0.4	0.4
17	1	1.5	1	60	0.2	0.7	0.1
18	1	1.5	1	0	0.2	0.6	0.2
19	1	0	0	100	0.4	0.4	0.2
20	1	0	0	60	0.8	0.2	0
21	1	0	0	0	1	0	0
22	1	0	0.4	100	0.3	0.6	0.1
23	1	0	0.4	60	0.4	0.4	0.2
23	1	0	0.4	0	0.5	0.3	0.2
25	1	0	1	100	0	0.3	0.7
26	1	0	1	60	0	0.4	0.6
27	1	0	1	0	0	0.5	0.5

表 B.3　技术和管理变量(c_4)子 BRB

规则编号	权重	风险评估因子			评估结果		
		$c_{4\text{-}1}$	$c_{4\text{-}2}$	$c_{4\text{-}3}$	Ⅰ	Ⅱ	Ⅲ
1	1	0	0	0	0	0	1
2	1	0	0	60	0	0.8	0.2

续表

规则编号	权重	风险评估因子			评估结果		
		$c_{4\text{-}1}$	$c_{4\text{-}2}$	$c_{4\text{-}3}$	Ⅰ	Ⅱ	Ⅲ
3	1	0	0	100	0.2	0.6	0.2
4	1	0	60	0	0	0.6	0.4
5	1	0	60	60	0	0.9	0.1
6	1	0	60	100	0.4	0.6	0
7	1	0	100	0	0.4	0.6	0
8	1	0	100	60	0.5	0.5	0
9	1	0	100	100	0.6	0.4	0
10	1	60	0	0	0	0.4	0.6
11	1	60	0	60	0	0.7	0.3
12	1	60	0	100	0.4	0.6	0
13	1	60	60	0	0.2	0.8	0
14	1	60	60	60	0.3	0.7	0
15	1	60	60	100	0.7	0.3	0
16	1	60	100	0	0.7	0.3	0
17	1	60	100	60	0.8	0.2	0
18	1	60	100	100	0.9	0.1	0
19	1	100	0	0	0	0.6	0.4
20	1	100	0	60	0	0.7	0.3
21	1	100	0	100	0	0.8	0.2
22	1	100	60	0	0.4	0.6	0
23	1	100	60	60	0.6	0.4	0
23	1	100	60	100	0.7	0.3	0
25	1	100	100	0	0.6	0.4	0
26	1	100	100	60	0.8	0.2	0
27	1	100	100	100	1	0	0

表 B.4　总体风险水平子 BRB

规则编号	权重	风险评估因子				评估结果				
		c_1	c_2	c_3	c_4	Ⅰ	Ⅱ	Ⅲ	Ⅳ	Ⅴ
1	1	Ⅰ	Ⅰ	Ⅰ	Ⅰ	1	0	0	0	0
2	1	Ⅰ	Ⅰ	Ⅰ	Ⅱ	0.7	0.2	0.1	0	0
3	1	Ⅰ	Ⅰ	Ⅰ	Ⅲ	0.5	0.4	0.1	0	0
4	1	Ⅰ	Ⅰ	Ⅱ	Ⅰ	0.7	0.2	0.1	0	0
5	1	Ⅰ	Ⅰ	Ⅱ	Ⅱ	0.5	0.4	0.1	0	0

续表

规则编号	权重	风险评估因子				评估结果				
		c_1	c_2	c_3	c_4	Ⅰ	Ⅱ	Ⅲ	Ⅳ	Ⅴ
6	1	Ⅰ	Ⅰ	Ⅱ	Ⅲ	0.3	0.3	0.3	0.1	0
7	1	Ⅰ	Ⅰ	Ⅲ	Ⅰ	0.5	0.4	0.1	0	0
8	1	Ⅰ	Ⅰ	Ⅲ	Ⅱ	0.3	0.3	0.3	0.1	0
9	1	Ⅰ	Ⅰ	Ⅲ	Ⅲ	0.15	0.35	0.3	0.2	0
10	1	Ⅰ	Ⅱ	Ⅰ	Ⅰ	0.7	0.2	0.1	0	0
11	1	Ⅰ	Ⅱ	Ⅰ	Ⅱ	0.5	0.4	0.1	0	0
12	1	Ⅰ	Ⅱ	Ⅰ	Ⅲ	0.3	0.3	0.3	0.1	0
13	1	Ⅰ	Ⅱ	Ⅱ	Ⅰ	0.5	0.4	0.1	0	0
14	1	Ⅰ	Ⅱ	Ⅱ	Ⅱ	0.3	0.3	0.3	0.1	0
15	1	Ⅰ	Ⅱ	Ⅱ	Ⅲ	0.15	0.35	0.3	0.2	0
16	1	Ⅰ	Ⅱ	Ⅲ	Ⅰ	0.3	0.3	0.3	0.1	0
17	1	Ⅰ	Ⅱ	Ⅲ	Ⅱ	0.15	0.35	0.3	0.2	0
18	1	Ⅰ	Ⅱ	Ⅲ	Ⅲ	0	0.25	0.4	0.3	0.05
19	1	Ⅰ	Ⅲ	Ⅰ	Ⅰ	0.5	0.4	0.1	0	0
20	1	Ⅰ	Ⅲ	Ⅰ	Ⅱ	0.3	0.3	0.3	0.1	0
21	1	Ⅰ	Ⅲ	Ⅰ	Ⅲ	0.15	0.35	0.3	0.2	0
22	1	Ⅰ	Ⅲ	Ⅱ	Ⅰ	0.3	0.3	0.3	0.1	0
23	1	Ⅰ	Ⅲ	Ⅱ	Ⅱ	0.15	0.35	0.3	0.2	0
23	1	Ⅰ	Ⅲ	Ⅱ	Ⅲ	0	0.25	0.4	0.3	0.05
25	1	Ⅰ	Ⅲ	Ⅲ	Ⅰ	0.15	0.35	0.3	0.2	0
26	1	Ⅰ	Ⅲ	Ⅲ	Ⅱ	0	0.25	0.4	0.3	0.05
27	1	Ⅰ	Ⅲ	Ⅲ	Ⅲ	0	0.2	0.4	0.3	0.1
28	1	Ⅱ	Ⅰ	Ⅰ	Ⅰ	0.7	0.2	0.1	0	0
29	1	Ⅱ	Ⅰ	Ⅰ	Ⅱ	0.5	0.4	0.1	0	0
30	1	Ⅱ	Ⅰ	Ⅰ	Ⅲ	0.3	0.3	0.3	0.1	0
31	1	Ⅱ	Ⅰ	Ⅱ	Ⅰ	0.5	0.4	0.1	0	0
32	1	Ⅱ	Ⅰ	Ⅱ	Ⅱ	0.3	0.3	0.3	0.1	0
33	1	Ⅱ	Ⅰ	Ⅱ	Ⅲ	0.15	0.35	0.3	0.2	0
34	1	Ⅱ	Ⅰ	Ⅲ	Ⅰ	0.3	0.3	0.3	0.1	0
35	1	Ⅱ	Ⅰ	Ⅲ	Ⅱ	0.15	0.35	0.3	0.2	0
36	1	Ⅱ	Ⅰ	Ⅲ	Ⅲ	0	0.25	0.4	0.3	0.05
37	1	Ⅱ	Ⅱ	Ⅰ	Ⅰ	0.5	0.4	0.1	0	0
38	1	Ⅱ	Ⅱ	Ⅰ	Ⅱ	0.3	0.3	0.3	0.1	0
39	1	Ⅱ	Ⅱ	Ⅰ	Ⅲ	0.15	0.35	0.3	0.2	0

续表

规则编号	权重	风险评估因子				评估结果				
		c_1	c_2	c_3	c_4	Ⅰ	Ⅱ	Ⅲ	Ⅳ	Ⅴ
40	1	Ⅱ	Ⅱ	Ⅱ	Ⅰ	0.3	0.3	0.3	0.1	0
41	1	Ⅱ	Ⅱ	Ⅱ	Ⅱ	0.15	0.35	0.3	0.2	0
42	1	Ⅱ	Ⅱ	Ⅱ	Ⅲ	0	0.25	0.4	0.3	0.05
43	1	Ⅱ	Ⅱ	Ⅲ	Ⅰ	0.15	0.35	0.3	0.2	0
44	1	Ⅱ	Ⅱ	Ⅲ	Ⅱ	0	0.25	0.4	0.3	0.05
45	1	Ⅱ	Ⅱ	Ⅲ	Ⅲ	0	0.2	0.4	0.3	0.1
46	1	Ⅱ	Ⅲ	Ⅰ	Ⅰ	0.3	0.3	0.3	0.1	0
47	1	Ⅱ	Ⅲ	Ⅰ	Ⅱ	0.15	0.35	0.3	0.2	0
48	1	Ⅱ	Ⅲ	Ⅰ	Ⅲ	0	0.25	0.4	0.3	0.05
49	1	Ⅱ	Ⅲ	Ⅱ	Ⅰ	0.15	0.35	0.3	0.2	0
50	1	Ⅱ	Ⅲ	Ⅱ	Ⅱ	0	0.25	0.4	0.3	0.05
51	1	Ⅱ	Ⅲ	Ⅱ	Ⅲ	0	0.2	0.4	0.3	0.1
52	1	Ⅱ	Ⅲ	Ⅲ	Ⅰ	0	0.25	0.4	0.3	0.05
53	1	Ⅱ	Ⅲ	Ⅲ	Ⅱ	0	0.2	0.4	0.3	0.1
54	1	Ⅱ	Ⅲ	Ⅲ	Ⅲ	0	0.1	0.25	0.3	0.35
55	1	Ⅲ	Ⅰ	Ⅰ	Ⅰ	0.5	0.4	0.1	0	0
56	1	Ⅲ	Ⅰ	Ⅰ	Ⅱ	0.3	0.3	0.3	0.1	0
57	1	Ⅲ	Ⅰ	Ⅰ	Ⅲ	0.15	0.35	0.3	0.2	0
58	1	Ⅲ	Ⅰ	Ⅱ	Ⅰ	0.3	0.3	0.3	0.1	0
59	1	Ⅲ	Ⅰ	Ⅱ	Ⅱ	0.15	0.35	0.3	0.2	0
60	1	Ⅲ	Ⅰ	Ⅱ	Ⅲ	0	0.25	0.4	0.3	0.05
61	1	Ⅲ	Ⅰ	Ⅲ	Ⅰ	0.15	0.35	0.3	0.2	0
62	1	Ⅲ	Ⅰ	Ⅲ	Ⅱ	0	0.25	0.4	0.3	0.05
63	1	Ⅲ	Ⅰ	Ⅲ	Ⅲ	0	0.2	0.4	0.3	0.1
64	1	Ⅲ	Ⅱ	Ⅰ	Ⅰ	0.3	0.3	0.3	0.1	0
65	1	Ⅲ	Ⅱ	Ⅰ	Ⅱ	0.15	0.35	0.3	0.2	0
66	1	Ⅲ	Ⅱ	Ⅰ	Ⅲ	0	0.25	0.4	0.3	0.05
67	1	Ⅲ	Ⅱ	Ⅱ	Ⅰ	0.15	0.35	0.3	0.2	0
68	1	Ⅲ	Ⅱ	Ⅱ	Ⅱ	0	0.25	0.4	0.3	0.05
69	1	Ⅲ	Ⅱ	Ⅱ	Ⅲ	0	0.2	0.4	0.3	0.1
70	1	Ⅲ	Ⅱ	Ⅲ	Ⅰ	0	0.25	0.4	0.3	0.05
71	1	Ⅲ	Ⅱ	Ⅲ	Ⅱ	0	0.2	0.4	0.3	0.1
72	1	Ⅲ	Ⅱ	Ⅲ	Ⅲ	0	0.1	0.25	0.3	0.35
73	1	Ⅲ	Ⅲ	Ⅰ	Ⅰ	0.15	0.35	0.3	0.2	0

续表

规则编号	权重	风险评估因子				评估结果				
		c_1	c_2	c_3	c_4	Ⅰ	Ⅱ	Ⅲ	Ⅳ	Ⅴ
74	1	Ⅲ	Ⅲ	Ⅰ	Ⅱ	0	0.25	0.4	0.3	0.05
75	1	Ⅲ	Ⅲ	Ⅰ	Ⅲ	0	0.2	0.4	0.3	0.1
76	1	Ⅲ	Ⅲ	Ⅱ	Ⅰ	0	0.25	0.4	0.3	0.05
77	1	Ⅲ	Ⅲ	Ⅱ	Ⅱ	0	0.2	0.4	0.3	0.1
78	1	Ⅲ	Ⅲ	Ⅱ	Ⅲ	0	0.1	0.25	0.3	0.35
79	1	Ⅲ	Ⅲ	Ⅲ	Ⅰ	0	0.2	0.4	0.3	0.1
80	1	Ⅲ	Ⅲ	Ⅲ	Ⅱ	0	0.1	0.25	0.3	0.35
81	1	Ⅲ	Ⅲ	Ⅲ	Ⅲ	0	0	0	0.1	0.9

2. 10根管道风险评估等级的置信度最小值、平均值和最大值

10根管道风险评估等级的置信度最小值、平均值和最大值如表B.5～表B.7所示。

表B.5　10根管道风险评估等级的置信度最小值

管道编号	Ⅰ	Ⅱ	Ⅲ	Ⅳ	Ⅴ
1	0.0164	0.1687	0.3090	0.3071	0.1505
2	0.0032	0.0896	0.2304	0.3404	0.2983
3	0.0818	0.2528	0.3593	0.2360	0.0478
4	0.0010	0.0394	0.1517	0.3265	0.4189
5	0.0183	0.1718	0.3119	0.3114	0.1660
6	0.0400	0.2275	0.3550	0.2699	0.0757
7	0.0363	0.2065	0.3373	0.2709	0.0875
8	0.0126	0.1464	0.2886	0.3187	0.1948
9	0.0163	0.1526	0.2915	0.3195	0.2159
10	0.0013	0.0652	0.1987	0.3438	0.3621

表B.6　10根管道风险评估等级的置信度平均值

管道编号	Ⅰ	Ⅱ	Ⅲ	Ⅳ	Ⅴ
1	0.0191	0.1798	0.3184	0.3126	0.1701
2	0.0040	0.0957	0.2366	0.3418	0.3218
3	0.0846	0.2560	0.3608	0.2422	0.0563
4	0.0018	0.0550	0.1755	0.3312	0.4365
5	0.0199	0.1781	0.3172	0.3130	0.1717
6	0.0461	0.2350	0.3588	0.2757	0.0843

续表

管道编号	Ⅰ	Ⅱ	Ⅲ	Ⅳ	Ⅴ
7	0.0455	0.2210	0.3463	0.2810	0.1062
8	0.0152	0.1590	0.3001	0.3211	0.2046
9	0.0166	0.1538	0.2926	0.3199	0.2171
10	0.0019	0.0709	0.2055	0.3448	0.3770

表 B.7　10 根管道风险评估等级的置信度最大值

管道编号	Ⅰ	Ⅱ	Ⅲ	Ⅳ	Ⅴ
1	0.0225	0.1918	0.3282	0.3171	0.1887
2	0.0050	0.1063	0.2500	0.3441	0.3326
3	0.0887	0.2627	0.3649	0.2456	0.0606
4	0.0025	0.0619	0.1846	0.3348	0.4814
5	0.0209	0.1815	0.3201	0.3159	0.1822
6	0.0511	0.2412	0.3620	0.2827	0.0947
7	0.0538	0.2337	0.3541	0.2923	0.1275
8	0.0166	0.1647	0.3052	0.3260	0.2265
9	0.0168	0.1546	0.2933	0.3204	0.2192
10	0.0025	0.0778	0.2138	0.3456	0.3892

附录C 不完备信息条件下的区域防空武器装备目标拦截能力评估示例

1. 初始子置信规则库评估结果

初始子置信规则库评估结果如表C.1～表C.4所示。

表C.1 初始子置信规则库Ⅰ的评估结果与误差

序号	结论等级			能力等级		误差个数
	低	中	高	估计值	真实值	
测试集数据						
1	0.2575	0.2992	0.4433	高	中	1
2	0.3311	0.2844	0.3845	高	中	1
3	0.2141	0.3113	0.4746	高	高	0
4	0.3400	0.3095	0.3505	高	中	1
5	0.5133	0.2951	0.1915	低	中	1
6	0.2989	0.3069	0.3942	高	中	1
7	0.3604	0.2920	0.3476	低	低	0
8	0.4454	0.3030	0.2516	低	低	0
9	0.2512	0.3272	0.4216	高	中	1
10	0.2816	0.3317	0.3868	高	中	1
11	0.2625	0.3186	0.4189	高	中	1
12	0.1743	0.2888	0.5370	高	高	0
训练集数据						
1	0.3660	0.3031	0.3309	低	中	1
2	0.3655	0.3034	0.3311	低	中	1
3	0.4090	0.2921	0.2988	低	低	0

表C.2 初始子置信规则库Ⅱ的评估结果与误差

序号	结论等级			能力等级		误差个数
	低	中	高	估计值	真实值	
测试集数据						
1	0.1670	0.4027	0.4303	高	中	1

续表

序号	结论等级			能力等级		误差个数
	低	中	高	估计值	真实值	
2	0.2472	0.3741	0.3787	高	中	1
3	0.1586	0.3898	0.4516	高	高	0
4	0.1702	0.4620	0.3678	中	中	0
5	0.3300	0.4059	0.2641	中	中	0
6	0.2064	0.3815	0.4121	高	中	1
7	0.3879	0.3075	0.3046	低	低	0
8	0.3227	0.3940	0.2833	中	低	1
9	0.1607	0.4288	0.4105	中	中	0
10	0.1990	0.4471	0.3539	中	中	0
11	0.1662	0.4349	0.3989	中	中	0
12	0.1731	0.3232	0.5037	高	高	0
训练集数据						
4	0.2587	0.3922	0.3490	中	中	0
5	0.2240	0.3105	0.4655	高	高	0
6	0.2365	0.3751	0.3884	高	中	1

表 C.3　初始子置信规则库Ⅲ的评估结果与误差

序号	结论等级			能力等级		误差个数
	低	中	高	估计值	真实值	
测试集数据						
1	0.1097	0.5552	0.3352	中	中	0
2	0.1828	0.5071	0.3101	中	中	0
3	0.0779	0.5581	0.3639	中	高	1
4	0.1948	0.5253	0.2799	中	中	0
5	0.4059	0.3876	0.2065	低	中	1
6	0.0830	0.6231	0.2940	中	中	0
7	0.2329	0.5178	0.2493	中	低	1
8	0.4291	0.3510	0.2199	低	低	0
9	0.1016	0.5797	0.3187	中	中	0
10	0.1552	0.5752	0.2696	中	中	0
11	0.1360	0.5353	0.3287	中	中	0
12	0.0563	0.5627	0.3810	中	高	1
训练集数据						
7	0.1051	0.6118	0.2831	中	中	0
8	0.1399	0.5454	0.3148	中	中	0
9	0.3901	0.3921	0.2178	中	低	1
10	0.3415	0.3622	0.2936	中	高	1

表 C.4　初始子置信规则库Ⅳ的评估结果与误差

序号	结论等级			能力等级		误差个数
	低	中	高	估计值	真实值	
测试集数据						
1	0.1687	0.4767	0.3546	中	中	0
2	0.2399	0.3892	0.3709	中	中	0
3	0.1617	0.4858	0.3525	中	高	1
4	0.3218	0.3849	0.2933	中	中	0
5	0.3319	0.3862	0.2819	中	中	0
6	0.2189	0.4145	0.3666	中	中	0
7	0.3162	0.3840	0.2998	中	低	1
8	0.3197	0.3846	0.2958	中	低	1
9	0.1683	0.4771	0.3546	中	中	0
10	0.3293	0.3860	0.2847	中	中	0
11	0.2404	0.3883	0.3714	中	中	0
12	0.1270	0.3406	0.5324	高	高	0
训练集数据						
11	0.2485	0.4279	0.3236	中	中	0
12	0.3455	0.4261	0.2284	中	低	1
13	0.1409	0.4052	0.4539	高	高	0
14	0.2408	0.4394	0.3199	中	中	0

2. 优化后子置信规则库评估结果

对于所有优化后的子置信规则库，其训练集评估误差均为 0。测试集误差如表 C.5～表 C.8。

表 C.5　优化后子置信规则库Ⅰ的评估结果与误差

序号	结论等级			能力等级		误差个数
	低	中	高	估计值	真实值	
1	0.3895	0.3649	0.2457	低	中	1
2	0.3782	0.3720	0.2498	低	中	1
3	0.2915	0.3896	0.3188	中	高	1
4	0.3022	0.3650	0.3328	中	中	0
5	0.3393	0.3579	0.3028	中	中	0
6	0.3202	0.3833	0.2965	中	中	0
7	0.3652	0.3664	0.2683	中	低	1
8	0.4665	0.3387	0.1949	低	低	0

续表

序号	结论等级			能力等级		误差个数
	低	中	高	估计值	真实值	
9	0.2429	0.3722	0.3849	高	中	1
10	0.2428	0.3674	0.3897	高	中	1
11	0.2559	0.3735	0.3707	中	中	0
12	0.2607	0.4024	0.3369	中	高	1

表 C.6　优化后子置信规则库Ⅱ的评估结果与误差

序号	结论等级			能力等级		误差个数
	低	中	高	估计值	真实值	
1	0.0962	0.4563	0.4475	中	中	0
2	0.2042	0.4277	0.3681	中	中	0
3	0.0536	0.4868	0.4596	中	高	1
4	0.1383	0.4877	0.3741	中	中	0
5	0.3066	0.3941	0.2993	中	中	0
6	0.0914	0.5689	0.3397	中	中	0
7	0.2408	0.4429	0.3162	中	低	1
8	0.2777	0.4272	0.2951	中	低	1
9	0.0933	0.4782	0.4285	中	中	0
10	0.1615	0.5007	0.3378	中	中	0
11	0.0959	0.4782	0.4258	中	中	0
12	0.0575	0.4228	0.5198	高	高	0

表 C.7　优化后子置信规则库Ⅲ的评估结果与误差

序号	结论等级			能力等级		误差个数
	低	中	高	估计值	真实值	
1	0.0962	0.4563	0.4475	中	中	0
2	0.2042	0.3681	0.4277	高	中	1
3	0.0672	0.4698	0.4629	中	高	1
4	0.1383	0.4877	0.3741	中	中	0
5	0.1762	0.5017	0.3221	中	中	0
6	0.1136	0.5071	0.3793	中	中	0
7	0.2408	0.4429	0.3162	中	低	1
8	0.2361	0.4332	0.3307	中	低	1
9	0.0933	0.4782	0.4285	中	中	0
10	0.1615	0.5007	0.3378	中	中	0
11	0.0959	0.4782	0.4258	中	中	0
12	0.0575	0.4228	0.5198	高	高	0

表 C.8　优化后子置信规则库Ⅳ的评估结果与误差

序号	结论等级			能力等级		误差个数
	低	中	高	估计值	真实值	
1	0.1687	0.3546	0.4767	高	中	1
2	0.2399	0.3709	0.3892	高	中	1
3	0.1617	0.3525	0.4858	高	高	0
4	0.3218	0.3849	0.2933	中	中	0
5	0.3319	0.3862	0.2819	中	中	0
6	0.2189	0.3666	0.4145	高	中	1
7	0.3162	0.3840	0.2998	中	低	1
8	0.3197	0.3846	0.2958	中	低	1
9	0.1683	0.3546	0.4771	高	中	1
10	0.3293	0.3860	0.2847	中	中	0
11	0.2404	0.3714	0.3883	高	中	1
12	0.1270	0.3406	0.5324	高	高	0

3. 完全置信规则库评估结果

完全置信规则库评估结果如表 C.9 和表 C.10 所示。

表 C.9　完全置信规则库的评估结果与误差(测试集)

序号	结论等级			能力等级		误差个数
	低	中	高	估计值	真实值	
1	0.2022	0.4013	0.3965	中	中	0
2	0.2843	0.3895	0.3262	中	中	0
3	0.1433	0.4173	0.4393	高	高	0
4	0.1731	0.4347	0.3922	中	中	0
5	0.2515	0.4209	0.3277	中	中	0
6	0.2042	0.3976	0.3982	高	中	1
7	0.3516	0.3445	0.3038	低	低	0
8	0.4401	0.3235	0.2364	低	低	0
9	0.1479	0.4517	0.4004	中	中	0
10	0.1953	0.4377	0.367	中	中	0
11	0.1487	0.4443	0.4069	中	中	0
12	0.1180	0.3933	0.4887	高	高	0

表 C.10　完全置信规则库的评估结果与误差(训练集)

序号	结论等级			能力等级		误差个数
	低	中	高	估计值	真实值	
1	0.2781	0.4007	0.3212	中	中	0
2	0.3061	0.3617	0.3321	中	中	0
3	0.3241	0.3843	0.2917	中	低	1
4	0.2833	0.3958	0.3209	中	中	0
5	0.1984	0.3761	0.4255	高	高	0
6	0.2072	0.3995	0.3934	中	中	0
7	0.258	0.3741	0.3679	中	中	0
8	0.1700	0.4151	0.4149	中	中	0
9	0.4690	0.3223	0.2087	低	低	0
10	0.3072	0.3919	0.3009	中	高	1
11	0.3443	0.3469	0.3088	中	中	0
12	0.7239	0.1940	0.0821	低	低	0
13	0.1268	0.4283	0.4449	高	高	0
14	0.3545	0.3666	0.2789	中	中	0

附录 D　交集置信规则库联合优化实验数据

交集置信规则库联合优化实验数据如表 D.1～表 D.4 所示。

表 D.1　第 27 次实验统计数据

规则 1	2	2	3	2	4	3	5	2	3
规则 2	2	3	2	4	2	3	2	5	4
规则数量/个	4	6	6	8	8	9	10	10	12
参数数量/个	24	37	37	50	50	56	63	63	75
MSE	0.5926	0.5667	0.4001	0.5856	0.3939	0.3963	0.3900	0.5948	0.4372
AIC	6220.11	6207.20	5903.68	6261.81	5916.06	5933.39	5933.57	6301.32	6057.12
规则 1	4	2	6	5	3	4	3	6	5
规则 2	3	6	2	3	5	4	6	3	4
规则数量/个	12	12	12	15	15	16	18	18	20
参数数量/个	75	76	76	94	94	100	113	113	125
MSE	0.3983	0.5960	0.3659	0.3949	0.4300	0.4461	0.4011	0.3287	0.3692
AIC	5975.88	6329.09	5903.86	6006.46	6080.59	6124.63	6058.00	5884.34	6009.61
规则 1	4	4	6	5	5	6	6		
规则 2	5	6	4	5	6	5	6		
规则数量/个	20	24	24	25	30	30	36		
参数数量/个	125	150	150	158	187	187	224		
MSE	0.4741	0.5392	0.3611	0.4123	0.3683	0.3720	0.3985		
AIC	6227.60	6389.84	6040.30	6171.88	6131.61	6140.40	6274.30		

表 D.2　第 28 次实验统计数据

规则 1	2	2	3	2	4	3	5	2	3
规则 2	2	3	2	4	2	3	2	5	4
规则数量/个	4	6	6	8	8	9	10	10	12
参数数量/个	24	37	37	50	50	56	63	63	75
MSE	0.5704	0.5843	0.4277	0.5813	0.4208	0.4075	0.3644	0.5835	0.4919
AIC	6186.83	6233.89	5961.93	6255.37	5973.68	5957.75	5874.34	6284.71	6159.80
规则 1	4	2	6	5	3	4	3	6	5
规则 2	3	6	2	3	5	4	6	3	4
规则数量/个	12	12	12	15	15	16	18	18	20

续表

参数数量/个	75	76	76	94	94	100	113	113	125
MSE	0.3988	0.5981	0.3563	0.3944	0.4816	0.4297	0.4099	0.3632	0.4367
AIC	5977.02	6332.25	5880.79	6005.23	6179.31	6092.04	6076.90	5971.41	6156.14
规则 1	4	4	6	5	5	6	6		
规则 2	5	6	4	5	6	5	6		
规则数量/个	20	24	24	25	30	30	36		
参数数量/个	125	150	150	158	187	187	224		
MSE	0.5305	0.4379	0.3921	0.4130	0.4681	0.3723	0.4277		
AIC	6325.63	6208.36	6112.15	6173.41	6340.67	6140.97	6335.96		

表 D.3 第 29 次实验统计数据

规则 1	2	2	3	2	4	3	5	2	3
规则 2	2	3	2	4	2	3	2	5	4
规则数量/个	4	6	6	8	8	9	10	10	12
参数数量/个	24	37	37	50	50	56	63	63	75
MSE	0.5672	0.5684	0.4009	0.5755	0.3411	0.3904	0.3998	0.5874	0.5219
AIC	6181.95	6209.78	5905.57	6246.64	5790.60	5920.43	5955.22	6290.48	6211.43
规则 1	4	2	6	5	3	4	3	6	5
规则 2	3	6	2	3	5	4	6	3	4
规则数量/个	12	12	12	15	15	16	18	18	20
参数数量/个	75	76	76	94	94	100	113	113	125
MSE	0.4159	0.6084	0.3909	0.3787	0.4146	0.4557	0.4078	0.3574	0.3797
AIC	6013.46	6347.02	5961.41	5969.87	6048.85	6143.21	6072.31	5957.29	6034.20
规则 1	4	4	6	5	5	6	6		
规则 2	5	6	4	5	6	5	6		
规则数量/个	20	24	24	25	30	30	36		
参数数量/个	125	150	150	158	187	187	224		
MSE	0.4970	0.4091	0.3914	0.3601	0.4006	0.4090	0.4194		
AIC	6268.87	6149.10	6110.54	6054.03	6204.79	6222.91	6318.74		

表 D.4 综合结果的统计数据

规则 1	2	2	3	2	4	3	5	2	3
规则 2	2	3	2	4	2	3	2	5	4
规则数量/个	4	6	6	8	8	9	10	10	12
参数数量/个	24	37	37	50	50	56	63	63	75
MSE	0.5662	0.5667	0.3882	0.5693	0.3411	0.3894	0.3485	0.5746	0.3925
AIC	6180.37	6207.14	5877.43	6237.11	5790.60	5918.05	5835.46	6271.21	5963.00

续表

规则 1	4	2	6	5	3	4	3	6	5
规则 2	3	6	2	3	5	4	6	3	4
规则数量/个	12	12	12	15	15	16	18	18	20
参数数量/个	75	76	76	94	94	100	113	113	125
MSE	0.3853	0.3882	0.3418	0.3446	0.4015	0.3969	0.3921	0.3287	0.3692
AIC	5946.86	5955.43	5844.51	5887.59	6020.79	6022.77	6038.23	5884.34	6009.61
规则 1	4	4	6	5	5	6	6		
规则 2	5	6	4	5	6	5	6		
规则数量/个	20	24	24	25	30	30	36		
参数数量/个	125	150	150	158	187	187	224		
MSE	0.4116	0.3774	0.3458	0.3581	0.3683	0.3669	0.3617		
AIC	6104.50	6078.96	6002.53	6045.20	6131.61	6128.29	6189.73		

附录E 并发故障诊断

并发故障诊断如表 E.1～表 E.3 所示。

表 E.1 等属性权重策略的交集 BRB

规则编号	权重	前提属性				故障诊断结果				
		Fe	Al	Pb	Si	正常	故障 1	故障 2	故障 3	故障 4
1	0.9990	12.5000	2.9000	2.0000	1.6000	0.1826	0.1662	0.4956	0.0383	0.1172
2	0.1605	12.5000	2.9000	2.0000	5.4952	0.0935	0.3082	0.2419	0.2907	0.0657
3	0.1496	12.5000	2.9000	2.0000	52.3000	0.4637	0.0547	0.0493	0.3719	0.0605
4	0.6268	12.5000	2.9000	3.8470	1.6000	0.5503	0.1782	0.0649	0.1334	0.0732
5	0.8990	12.5000	2.9000	3.8470	5.4952	0.0699	0.0566	0.7205	0.0696	0.0833
6	0.1872	12.5000	2.9000	3.8470	52.3000	0.2834	0.2813	0.0943	0.1702	0.1707
7	0.9399	12.5000	2.9000	18.5000	1.6000	0.1727	0.1575	0.6063	0.0037	0.0598
8	0.0591	12.5000	2.9000	18.5000	5.4952	0.5629	0.1527	0.0814	0.0614	0.1415
9	0.0858	12.5000	2.9000	18.5000	52.3000	0.6152	0.0041	0.1470	0.1463	0.0874
10	0.4948	12.5000	7.1730	2.0000	1.6000	0.1199	0.4900	0.0512	0.1012	0.2377
11	0.8574	12.5000	7.1730	2.0000	5.4952	0.2651	0.2057	0.1988	0.1845	0.1458
12	0.0889	12.5000	7.1730	2.0000	52.3000	0.0816	0.1173	0.0693	0.4163	0.3156
13	0.9216	12.5000	7.1730	3.8470	1.6000	0.7713	0.0195	0.1454	0.0067	0.0571
14	0.0201	12.5000	7.1730	3.8470	5.4952	0.1158	0.4573	0.0972	0.0384	0.2914
15	0.0072	12.5000	7.1730	3.8470	52.3000	0.0052	0.0156	0.2137	0.5272	0.2383
16	0.8207	12.5000	7.1730	18.5000	1.6000	0.3650	0.2882	0.0579	0.0796	0.2092
17	0.8382	12.5000	7.1730	18.5000	5.4952	0.0936	0.2039	0.5978	0.0724	0.0323
18	0.9756	12.5000	7.1730	18.5000	52.3000	0.0286	0.3859	0.3570	0.2064	0.0220
19	0.2441	12.5000	26.4000	2.0000	1.6000	0.0329	0.2749	0.1150	0.5062	0.0710
20	0.4561	12.5000	26.4000	2.0000	5.4952	0.3370	0.2689	0.0394	0.1713	0.1834
21	0.9846	12.5000	26.4000	2.0000	52.3000	0.4963	0.0823	0.0992	0.0906	0.2317
22	0.1103	12.5000	26.4000	3.8470	1.6000	0.2252	0.1711	0.3574	0.1606	0.0857
23	0.9942	12.5000	26.4000	3.8470	5.4952	0.0077	0.0692	0.0008	0.9198	0.0024
24	0.4203	12.5000	26.4000	3.8470	52.3000	0.6104	0.0556	0.1117	0.0163	0.2061
25	0.9633	12.5000	26.4000	18.5000	1.6000	0.1049	0.1265	0.1179	0.1023	0.5483
26	0.0345	12.5000	26.4000	18.5000	5.4952	0.3228	0.0048	0.4844	0.0664	0.1216
27	0.7501	12.5000	26.4000	18.5000	52.3000	0.1945	0.0531	0.0240	0.1127	0.6157

续表

规则编号	权重	前提属性				故障诊断结果				
		Fe	Al	Pb	Si	正常	故障 1	故障 2	故障 3	故障 4
28	0.1176	51.4610	2.9000	2.0000	1.6000	0.4511	0.1376	0.0374	0.0974	0.2765
29	0.8938	51.4610	2.9000	2.0000	5.4952	0.3518	0.1111	0.0380	0.3617	0.1375
30	0.3406	51.4610	2.9000	2.0000	52.3000	0.3926	0.0816	0.0019	0.2851	0.2388
31	0.0197	51.4610	2.9000	3.8470	1.6000	0.3260	0.1574	0.0920	0.1514	0.2732
32	0.1228	51.4610	2.9000	3.8470	5.4952	0.3724	0.2268	0.1385	0.2561	0.0062
33	0.0447	51.4610	2.9000	3.8470	52.3000	0.3932	0.0592	0.0246	0.0395	0.4836
34	0.7248	51.4610	2.9000	18.5000	1.6000	0.2486	0.3267	0.0003	0.3419	0.0826
35	0.0650	51.4610	2.9000	18.5000	5.4952	0.4295	0.2273	0.1427	0.0013	0.1992
36	0.1454	51.4610	2.9000	18.5000	52.3000	0.1605	0.3798	0.3493	0.0170	0.0934
37	0.7302	51.4610	7.1730	2.0000	1.6000	0.1504	0.0532	0.3330	0.2690	0.1944
38	0.9960	51.4610	7.1730	2.0000	5.4952	0.5227	0.0999	0.0995	0.1354	0.1425
39	0.4337	51.4610	7.1730	2.0000	52.3000	0.0761	0.3362	0.2557	0.0429	0.2892
40	0.5687	51.4610	7.1730	3.8470	1.6000	0.6995	0.0082	0.1772	0.0689	0.0462
41	0.0009	51.4610	7.1730	3.8470	5.4952	0.1526	0.2976	0.1239	0.3696	0.0563
42	0.6054	51.4610	7.1730	3.8470	52.3000	0.2664	0.2483	0.3285	0.0808	0.0760
43	0.3456	51.4610	7.1730	18.5000	1.6000	0.3989	0.0992	0.1015	0.0046	0.3958
44	0.9183	51.4610	7.1730	18.5000	5.4952	0.0691	0.8113	0.0042	0.0733	0.0420
45	0.2192	51.4610	7.1730	18.5000	52.3000	0.1589	0.0468	0.4090	0.3092	0.0761
46	0.4719	51.4610	26.4000	2.0000	1.6000	0.0145	0.5393	0.0025	0.2501	0.1936
47	0.8006	51.4610	26.4000	2.0000	5.4952	0.6264	0.0802	0.1166	0.0170	0.1599
48	0.3333	51.4610	26.4000	2.0000	52.3000	0.0213	0.0519	0.3159	0.3700	0.2409
49	0.9622	51.4610	26.4000	3.8470	1.6000	0.1802	0.2423	0.0501	0.3663	0.1611
50	0.0633	51.4610	26.4000	3.8470	5.4952	0.0012	0.1442	0.4315	0.3926	0.0306
51	0.2142	51.4610	26.4000	3.8470	52.3000	0.0384	0.2870	0.3978	0.0040	0.2729
52	0.9524	51.4610	26.4000	18.5000	1.6000	0.0245	0.3114	0.3014	0.1822	0.1805
53	0.0231	51.4610	26.4000	18.5000	5.4952	0.0651	0.6111	0.1076	0.0525	0.1637
54	0.2224	51.4610	26.4000	18.5000	52.3000	0.4260	0.0749	0.3460	0.1501	0.0030
55	0.2405	85.3000	2.9000	2.0000	1.6000	0.1379	0.1151	0.1425	0.2119	0.3926
56	0.9722	85.3000	2.9000	2.0000	5.4952	0.4994	0.0343	0.3778	0.0183	0.0702
57	0.4794	85.3000	2.9000	2.0000	52.3000	0.2634	0.1418	0.1594	0.4310	0.0043
58	0.6536	85.3000	2.9000	3.8470	1.6000	0.0120	0.0624	0.1343	0.5332	0.2581
59	0.8062	85.3000	2.9000	3.8470	5.4952	0.3502	0.1469	0.2782	0.1157	0.1091
60	0.9231	85.3000	2.9000	3.8470	52.3000	0.1399	0.2605	0.0861	0.3091	0.2043
61	0.7525	85.3000	2.9000	18.5000	1.6000	0.6226	0.0874	0.0279	0.1432	0.1189

续表

规则编号	权重	前提属性				故障诊断结果				
		Fe	Al	Pb	Si	正常	故障 1	故障 2	故障 3	故障 4
62	0.6991	85.3000	2.9000	18.5000	5.4952	0.1165	0.0518	0.2268	0.1422	0.4626
63	0.9556	85.3000	2.9000	18.5000	52.3000	0.1961	0.4298	0.0553	0.2955	0.0233
64	0.2801	85.3000	7.1730	2.0000	1.6000	0.1179	0.5553	0.0910	0.1577	0.0781
65	0.8941	85.3000	7.1730	2.0000	5.4952	0.2973	0.0418	0.0481	0.3792	0.2337
66	0.2752	85.3000	7.1730	2.0000	52.3000	0.0966	0.1117	0.1640	0.2968	0.3310
67	0.7474	85.3000	7.1730	3.8470	1.6000	0.0877	0.0435	0.4745	0.2024	0.1920
68	0.9111	85.3000	7.1730	3.8470	5.4952	0.1385	0.0035	0.0517	0.0123	0.7940
69	0.2530	85.3000	7.1730	3.8470	52.3000	0.5036	0.1427	0.1402	0.0833	0.1301
70	0.5282	85.3000	7.1730	18.5000	1.6000	0.3090	0.1786	0.1046	0.0403	0.3675
71	0.1303	85.3000	7.1730	18.5000	5.4952	0.1185	0.2353	0.3495	0.1790	0.1178
72	0.6080	85.3000	7.1730	18.5000	52.3000	0.0841	0.0493	0.3564	0.2676	0.2427
73	0.9026	85.3000	26.4000	2.0000	1.6000	0.1370	0.1699	0.1650	0.1489	0.3792
74	0.7144	85.3000	26.4000	2.0000	5.4952	0.0064	0.0137	0.0131	0.7627	0.2041
75	0.0890	85.3000	26.4000	2.0000	52.3000	0.1821	0.0016	0.5090	0.1201	0.1872
76	0.6715	85.3000	26.4000	3.8470	1.6000	0.0523	0.4045	0.0646	0.2234	0.2552
77	0.9354	85.3000	26.4000	3.8470	5.4952	0.0376	0.0315	0.3145	0.3202	0.2962
78	0.7029	85.3000	26.4000	3.8470	52.3000	0.3093	0.1846	0.0220	0.3678	0.1163
79	0.9525	85.3000	26.4000	18.5000	1.6000	0.1737	0.1258	0.0099	0.0332	0.6575
80	0.2353	85.3000	26.4000	18.5000	5.4952	0.5196	0.0134	0.1669	0.1075	0.1926
81	0.4717	85.3000	26.4000	18.5000	52.3000	0.1867	0.2507	0.0491	0.2706	0.2430

表 E.2　固定属性权重策略的交集 BRB

规则编号	权重	前提属性				故障诊断结果				
		Fe	Al	Pb	Si	正常	故障 1	故障 2	故障 3	故障 4
1	0.6036	12.5000	2.9000	2.0000	1.6000	0.4701	0.0389	0.1281	0.0805	0.2823
2	0.0946	12.5000	2.9000	2.0000	7.0687	0.3440	0.0695	0.0969	0.1999	0.2897
3	0.8935	12.5000	2.9000	2.0000	52.3000	0.1008	0.1642	0.3983	0.1712	0.1656
4	0.6998	12.5000	2.9000	9.2199	1.6000	0.4429	0.1707	0.1285	0.1234	0.1346
5	0.6695	12.5000	2.9000	9.2199	7.0687	0.3505	0.1522	0.2027	0.1732	0.1214
6	0.8052	12.5000	2.9000	9.2199	52.3000	0.0580	0.2670	0.5125	0.0501	0.1123
7	0.5124	12.5000	2.9000	18.5000	1.6000	0.0547	0.2191	0.2612	0.3270	0.1379
8	0.5985	12.5000	2.9000	18.5000	7.0687	0.0215	0.2141	0.5358	0.0279	0.2007
9	0.2585	12.5000	2.9000	18.5000	52.3000	0.1432	0.3651	0.1651	0.2952	0.0313
10	0.0713	12.5000	25.6019	2.0000	1.6000	0.2758	0.2206	0.1171	0.1452	0.2413

续表

规则编号	权重	前提属性				故障诊断结果				
		Fe	Al	Pb	Si	正常	故障 1	故障 2	故障 3	故障 4
11	0.5576	12.5000	25.6019	2.0000	7.0687	0.0908	0.0582	0.2626	0.5129	0.0755
12	0.4181	12.5000	25.6019	2.0000	52.3000	0.1537	0.2614	0.0316	0.0240	0.5293
13	0.6695	12.5000	25.6019	9.2199	1.6000	0.2856	0.1155	0.2988	0.2303	0.0698
14	0.5468	12.5000	25.6019	9.2199	7.0687	0.1659	0.3418	0.0189	0.4267	0.0468
15	0.0914	12.5000	25.6019	9.2199	52.3000	0.0457	0.0612	0.0875	0.5241	0.2815
16	0.7389	12.5000	25.6019	18.5000	1.6000	0.4599	0.0128	0.1797	0.1211	0.2265
17	0.7639	12.5000	25.6019	18.5000	7.0687	0.1429	0.0398	0.2676	0.0749	0.4749
18	0.0276	12.5000	25.6019	18.5000	52.3000	0.1822	0.0771	0.3888	0.2350	0.1168
19	0.4545	12.5000	26.4000	2.0000	1.6000	0.0921	0.0751	0.3646	0.2074	0.2609
20	0.4906	12.5000	26.4000	2.0000	7.0687	0.0059	0.0504	0.6237	0.2823	0.0377
21	0.3918	12.5000	26.4000	2.0000	52.3000	0.3703	0.0551	0.2634	0.0446	0.2667
22	0.2963	12.5000	26.4000	9.2199	1.6000	0.1352	0.0964	0.2831	0.3893	0.0960
23	0.8120	12.5000	26.4000	9.2199	7.0687	0.0225	0.0023	0.1422	0.4882	0.3448
24	0.0431	12.5000	26.4000	9.2199	52.3000	0.1749	0.1737	0.3570	0.0006	0.2938
25	0.4881	12.5000	26.4000	18.5000	1.6000	0.4474	0.1027	0.2769	0.1259	0.0471
26	0.8264	12.5000	26.4000	18.5000	7.0687	0.0228	0.1641	0.2443	0.1968	0.3720
27	0.8819	12.5000	26.4000	18.5000	52.3000	0.0962	0.4611	0.0100	0.3281	0.1045
28	0.1544	57.5370	2.9000	2.0000	1.6000	0.2194	0.2675	0.2018	0.2345	0.0768
29	0.7826	57.5370	2.9000	2.0000	7.0687	0.1978	0.0475	0.2016	0.0787	0.4743
30	0.4409	57.5370	2.9000	2.0000	52.3000	0.0784	0.4544	0.1149	0.0996	0.2527
31	0.1159	57.5370	2.9000	9.2199	1.6000	0.2314	0.3942	0.0254	0.1662	0.1828
32	0.4805	57.5370	2.9000	9.2199	7.0687	0.0790	0.3783	0.1492	0.1036	0.2899
33	0.5494	57.5370	2.9000	9.2199	52.3000	0.2024	0.1027	0.3186	0.1554	0.2209
34	0.4710	57.5370	2.9000	18.5000	1.6000	0.0261	0.4542	0.0937	0.0693	0.3567
35	0.8259	57.5370	2.9000	18.5000	7.0687	0.0334	0.5458	0.1367	0.1529	0.1313
36	0.0441	57.5370	2.9000	18.5000	52.3000	0.3478	0.0014	0.3565	0.2350	0.0593
37	0.0199	57.5370	25.6019	2.0000	1.6000	0.3917	0.0259	0.1459	0.3484	0.0881
38	0.1487	57.5370	25.6019	2.0000	7.0687	0.1736	0.1046	0.5643	0.0231	0.1344
39	0.2011	57.5370	25.6019	2.0000	52.3000	0.0336	0.4370	0.0153	0.2285	0.2855
40	0.6099	57.5370	25.6019	9.2199	1.6000	0.0549	0.1566	0.4876	0.0193	0.2817
41	0.3398	57.5370	25.6019	9.2199	7.0687	0.1008	0.5956	0.0255	0.2236	0.0545
42	0.2543	57.5370	25.6019	9.2199	52.3000	0.0501	0.1276	0.1086	0.1320	0.5817
43	0.4335	57.5370	25.6019	18.5000	1.6000	0.2199	0.1564	0.2889	0.1527	0.1820
44	0.5468	57.5370	25.6019	18.5000	7.0687	0.2917	0.1124	0.0333	0.2193	0.3433

续表

规则编号	权重	前提属性				故障诊断结果				
		Fe	Al	Pb	Si	正常	故障1	故障2	故障3	故障4
45	0.6409	57.5370	25.6019	18.5000	52.3000	0.1495	0.3279	0.2498	0.2376	0.0352
46	0.1947	57.5370	26.4000	2.0000	1.6000	0.2194	0.0474	0.2052	0.3616	0.1664
47	0.1210	57.5370	26.4000	2.0000	7.0687	0.1764	0.1102	0.1930	0.1837	0.3367
48	0.2499	57.5370	26.4000	2.0000	52.3000	0.1465	0.1063	0.2878	0.3078	0.1516
49	0.9870	57.5370	26.4000	9.2199	1.6000	0.2040	0.2231	0.2071	0.0671	0.2987
50	0.9749	57.5370	26.4000	9.2199	7.0687	0.2435	0.0874	0.2750	0.1025	0.2916
51	0.2516	57.5370	26.4000	9.2199	52.3000	0.1250	0.1022	0.2184	0.0782	0.4762
52	0.1140	57.5370	26.4000	18.5000	1.6000	0.4505	0.2384	0.0801	0.2188	0.0123
53	0.8554	57.5370	26.4000	18.5000	7.0687	0.0885	0.1592	0.2203	0.3061	0.2260
54	0.9454	57.5370	26.4000	18.5000	52.3000	0.2111	0.1950	0.1577	0.2796	0.1566
55	0.2258	85.3000	2.9000	2.0000	1.6000	0.2574	0.2552	0.3411	0.0257	0.1208
56	0.7557	85.3000	2.9000	2.0000	7.0687	0.5047	0.0607	0.0827	0.0161	0.3357
57	0.3047	85.3000	2.9000	2.0000	52.3000	0.0684	0.1512	0.3909	0.3612	0.0282
58	0.7350	85.3000	2.9000	9.2199	1.6000	0.5869	0.1134	0.0136	0.0035	0.2827
59	0.4430	85.3000	2.9000	9.2199	7.0687	0.1144	0.2438	0.0961	0.0566	0.4892
60	0.8335	85.3000	2.9000	9.2199	52.3000	0.1928	0.2031	0.1789	0.0835	0.3417
61	0.8763	85.3000	2.9000	18.5000	1.6000	0.2966	0.3095	0.0966	0.0378	0.2595
62	0.3574	85.3000	2.9000	18.5000	7.0687	0.3389	0.2182	0.3014	0.0266	0.1148
63	0.3348	85.3000	2.9000	18.5000	52.3000	0.0734	0.5555	0.2664	0.0478	0.0570
64	0.8256	85.3000	25.6019	2.0000	1.6000	0.0882	0.1850	0.2897	0.3129	0.1242
65	0.4004	85.3000	25.6019	2.0000	7.0687	0.1358	0.1070	0.1230	0.1245	0.5097
66	0.3116	85.3000	25.6019	2.0000	52.3000	0.1188	0.4833	0.1899	0.1617	0.0464
67	0.1635	85.3000	25.6019	9.2199	1.6000	0.1418	0.1952	0.0531	0.0024	0.6075
68	0.3419	85.3000	25.6019	9.2199	7.0687	0.0209	0.2309	0.2855	0.2867	0.1760
69	0.3616	85.3000	25.6019	9.2199	52.3000	0.2051	0.2509	0.0236	0.3006	0.2198
70	0.7227	85.3000	25.6019	18.5000	1.6000	0.2363	0.5367	0.0624	0.0683	0.0964
71	0.2086	85.3000	25.6019	18.5000	7.0687	0.3892	0.1072	0.1655	0.1226	0.2155
72	0.2099	85.3000	25.6019	18.5000	52.3000	0.3619	0.2314	0.3576	0.0217	0.0274
73	0.9834	85.3000	26.4000	2.0000	1.6000	0.1567	0.0279	0.1040	0.2602	0.4512
74	0.6129	85.3000	26.4000	2.0000	7.0687	0.1214	0.1829	0.0309	0.3208	0.3440
75	0.1305	85.3000	26.4000	2.0000	52.3000	0.2843	0.2968	0.1383	0.1864	0.0942
76	0.7161	85.3000	26.4000	9.2199	1.6000	0.3878	0.1244	0.3369	0.1231	0.0278
77	0.4709	85.3000	26.4000	9.2199	7.0687	0.0709	0.0687	0.2560	0.5249	0.0795
78	0.5002	85.3000	26.4000	9.2199	52.3000	0.6477	0.0000	0.0679	0.0788	0.2056

续表

规则编号	权重	前提属性				故障诊断结果				
		Fe	Al	Pb	Si	正常	故障 1	故障 2	故障 3	故障 4
79	0.2962	85.3000	26.4000	18.5000	1.6000	0.0828	0.3267	0.0415	0.0644	0.4846
80	0.8965	85.3000	26.4000	18.5000	7.0687	0.5159	0.0887	0.2152	0.1013	0.0789
81	0.6234	85.3000	26.4000	18.5000	52.3000	0.0279	0.1910	0.3640	0.0837	0.3335

表 E.3　优化属性权重策略的交集 BRB

规则编号	权重	前提属性				故障诊断结果				
		Fe	Al	Pb	Si	正常	故障 1	故障 2	故障 3	故障 4
1	0.0548	12.5000	2.9000	2.0000	1.6000	0.4373	0.2547	0.1499	0.0549	0.1032
2	0.3897	12.5000	2.9000	2.0000	23.9378	0.2309	0.0595	0.2175	0.2581	0.2340
3	0.9107	12.5000	2.9000	2.0000	52.3000	0.2828	0.2212	0.0991	0.0089	0.3880
4	0.0261	12.5000	2.9000	8.9715	1.6000	0.1670	0.0662	0.3745	0.1379	0.2543
5	0.2034	12.5000	2.9000	8.9715	23.9378	0.2554	0.0338	0.4196	0.2854	0.0058
6	0.6592	12.5000	2.9000	8.9715	52.3000	0.0390	0.2179	0.5593	0.0132	0.1706
7	0.6198	12.5000	2.9000	18.5000	1.6000	0.3319	0.2494	0.1140	0.3020	0.0028
8	0.1699	12.5000	2.9000	18.5000	23.9378	0.1885	0.1450	0.1939	0.1553	0.3173
9	0.1332	12.5000	2.9000	18.5000	52.3000	0.3224	0.2083	0.0954	0.3241	0.0496
10	0.9312	12.5000	8.6410	2.0000	1.6000	0.2936	0.0039	0.2699	0.2508	0.1818
11	0.2480	12.5000	8.6410	2.0000	23.9378	0.0889	0.1235	0.2704	0.3586	0.1585
12	0.7350	12.5000	8.6410	2.0000	52.3000	0.2624	0.2386	0.2480	0.1705	0.0804
13	0.5585	12.5000	8.6410	8.9715	1.6000	0.3186	0.1192	0.1374	0.2226	0.2022
14	0.9708	12.5000	8.6410	8.9715	23.9378	0.1757	0.1952	0.2751	0.0819	0.2720
15	0.4972	12.5000	8.6410	8.9715	52.3000	0.1215	0.1212	0.1409	0.2558	0.3605
16	0.2699	12.5000	8.6410	18.5000	1.6000	0.1262	0.0929	0.2958	0.0115	0.4737
17	0.5639	12.5000	8.6410	18.5000	23.9378	0.1555	0.0440	0.2535	0.1376	0.4094
18	0.0229	12.5000	8.6410	18.5000	52.3000	0.2072	0.1930	0.2473	0.2190	0.1336
19	0.2736	12.5000	26.4000	2.0000	1.6000	0.0726	0.3335	0.2285	0.3305	0.0348
20	0.7271	12.5000	26.4000	2.0000	23.9378	0.2993	0.1958	0.0479	0.3331	0.1240
21	0.0187	12.5000	26.4000	2.0000	52.3000	0.0695	0.2668	0.3083	0.0155	0.3399
22	0.5471	12.5000	26.4000	8.9715	1.6000	0.0979	0.2485	0.0851	0.5604	0.0080
23	0.0890	12.5000	26.4000	8.9715	23.9378	0.1639	0.1516	0.1510	0.1693	0.3642
24	0.9746	12.5000	26.4000	8.9715	52.3000	0.1026	0.3311	0.1252	0.2542	0.1868
25	0.7985	12.5000	26.4000	18.5000	1.6000	0.1109	0.2768	0.0948	0.3011	0.2165
26	0.3938	12.5000	26.4000	18.5000	23.9378	0.4549	0.2607	0.1296	0.0607	0.0942
27	0.4225	12.5000	26.4000	18.5000	52.3000	0.0660	0.2789	0.0962	0.1949	0.3639

续表

规则编号	权重	前提属性				故障诊断结果				
		Fe	Al	Pb	Si	正常	故障1	故障2	故障3	故障4
28	0.8749	35.9059	2.9000	2.0000	1.6000	0.3029	0.2002	0.0781	0.2291	0.1897
29	0.5668	35.9059	2.9000	2.0000	23.9378	0.0103	0.2684	0.4111	0.2411	0.0690
30	0.8155	35.9059	2.9000	2.0000	52.3000	0.5506	0.1994	0.1853	0.0376	0.0270
31	0.1878	35.9059	2.9000	8.9715	1.6000	0.0308	0.3253	0.4244	0.1313	0.0882
32	0.7965	35.9059	2.9000	8.9715	23.9378	0.0711	0.3125	0.5014	0.0538	0.0612
33	0.1217	35.9059	2.9000	8.9715	52.3000	0.2686	0.3020	0.2869	0.0784	0.0642
34	0.5194	35.9059	2.9000	18.5000	1.6000	0.0291	0.3871	0.3398	0.2144	0.0296
35	0.7708	35.9059	2.9000	18.5000	23.9378	0.3336	0.2675	0.1759	0.0327	0.1903
36	0.0293	35.9059	2.9000	18.5000	52.3000	0.2746	0.1398	0.3184	0.1348	0.1323
37	0.5372	35.9059	8.6410	2.0000	1.6000	0.5477	0.0669	0.1052	0.0781	0.2021
38	0.9927	35.9059	8.6410	2.0000	23.9378	0.0477	0.2583	0.3007	0.0053	0.3881
39	0.3029	35.9059	8.6410	2.0000	52.3000	0.1650	0.2781	0.0790	0.2495	0.2284
40	0.3408	35.9059	8.6410	8.9715	1.6000	0.3586	0.3444	0.1737	0.0451	0.0782
41	0.7004	35.9059	8.6410	8.9715	23.9378	0.0411	0.2705	0.3025	0.0181	0.3678
42	0.7232	35.9059	8.6410	8.9715	52.3000	0.0832	0.4274	0.0672	0.3840	0.0381
43	0.3266	35.9059	8.6410	18.5000	1.6000	0.1817	0.5324	0.2666	0.0016	0.0177
44	0.4419	35.9059	8.6410	18.5000	23.9378	0.1231	0.3172	0.2103	0.1197	0.2297
45	0.9047	35.9059	8.6410	18.5000	52.3000	0.1977	0.0325	0.2352	0.3746	0.1600
46	0.1506	35.9059	26.4000	2.0000	1.6000	0.1089	0.1440	0.3246	0.2183	0.2042
47	0.8161	35.9059	26.4000	2.0000	23.9378	0.0304	0.0499	0.0306	0.5423	0.3469
48	0.6600	35.9059	26.4000	2.0000	52.3000	0.3661	0.1115	0.1115	0.2522	0.1588
49	0.9833	35.9059	26.4000	8.9715	1.6000	0.0007	0.0985	0.2420	0.5129	0.1458
50	0.1673	35.9059	26.4000	8.9715	23.9378	0.2543	0.0931	0.1894	0.1705	0.2926
51	0.8931	35.9059	26.4000	8.9715	52.3000	0.4182	0.0890	0.0042	0.2457	0.2429
52	0.2784	35.9059	26.4000	18.5000	1.6000	0.0243	0.1788	0.2271	0.4632	0.1066
53	0.7656	35.9059	26.4000	18.5000	23.9378	0.1024	0.2159	0.2466	0.2126	0.2225
54	0.0482	35.9059	26.4000	18.5000	52.3000	0.4103	0.1915	0.1431	0.0246	0.2306
55	0.9491	85.3000	2.9000	2.0000	1.6000	0.0055	0.1177	0.1766	0.1799	0.5203
56	0.3590	85.3000	2.9000	2.0000	23.9378	0.2347	0.1506	0.1756	0.0587	0.3805
57	0.5252	85.3000	2.9000	2.0000	52.3000	0.1243	0.1374	0.2006	0.5036	0.0340
58	0.6832	85.3000	2.9000	8.9715	1.6000	0.2059	0.3796	0.1793	0.0498	0.1854
59	0.3101	85.3000	2.9000	8.9715	23.9378	0.2087	0.3511	0.0812	0.0777	0.2813
60	0.7942	85.3000	2.9000	8.9715	52.3000	0.2897	0.3076	0.1091	0.0903	0.2033
61	0.2103	85.3000	2.9000	18.5000	1.6000	0.3158	0.2048	0.0667	0.3641	0.0486

续表

规则编号	权重	前提属性				故障诊断结果				
		Fe	Al	Pb	Si	正常	故障 1	故障 2	故障 3	故障 4
62	0.0968	85.3000	2.9000	18.5000	23.9378	0.0486	0.0668	0.0172	0.2652	0.6022
63	0.5786	85.3000	2.9000	18.5000	52.3000	0.0924	0.1780	0.4091	0.2584	0.0622
64	0.7339	85.3000	8.6410	2.0000	1.6000	0.0080	0.3135	0.0411	0.1057	0.5316
65	0.6192	85.3000	8.6410	2.0000	23.9378	0.1016	0.1826	0.1881	0.1661	0.3615
66	0.0064	85.3000	8.6410	2.0000	52.3000	0.0228	0.3424	0.3052	0.2386	0.0910
67	0.0843	85.3000	8.6410	8.9715	1.6000	0.0087	0.2504	0.1275	0.1201	0.4932
68	0.4540	85.3000	8.6410	8.9715	23.9378	0.4347	0.1540	0.1502	0.0943	0.1669
69	0.2446	85.3000	8.6410	8.9715	52.3000	0.0990	0.3174	0.2035	0.0577	0.3224
70	0.9309	85.3000	8.6410	18.5000	1.6000	0.0519	0.3696	0.0794	0.3709	0.1282
71	0.9384	85.3000	8.6410	18.5000	23.9378	0.2574	0.2555	0.2127	0.0364	0.2380
72	0.0410	85.3000	8.6410	18.5000	52.3000	0.2435	0.3064	0.1416	0.2509	0.0576
73	0.0942	85.3000	26.4000	2.0000	1.6000	0.3385	0.4222	0.1115	0.0909	0.0370
74	0.3870	85.3000	26.4000	2.0000	23.9378	0.4727	0.0041	0.1239	0.1757	0.2236
75	0.4934	85.3000	26.4000	2.0000	52.3000	0.2933	0.1548	0.3650	0.1715	0.0154
76	0.2028	85.3000	26.4000	8.9715	1.6000	0.1831	0.2106	0.1590	0.3636	0.0837
77	0.8609	85.3000	26.4000	8.9715	23.9378	0.1498	0.3579	0.1364	0.1876	0.1683
78	0.2310	85.3000	26.4000	8.9715	52.3000	0.4287	0.1835	0.1541	0.0514	0.1824
79	0.9206	85.3000	26.4000	18.5000	1.6000	0.1151	0.2107	0.1408	0.2665	0.2668
80	0.9760	85.3000	26.4000	18.5000	23.9378	0.0124	0.4655	0.0547	0.3396	0.1277
81	0.5572	85.3000	26.4000	18.5000	52.3000	0.5471	0.0361	0.2045	0.0182	0.1941

彩　　图

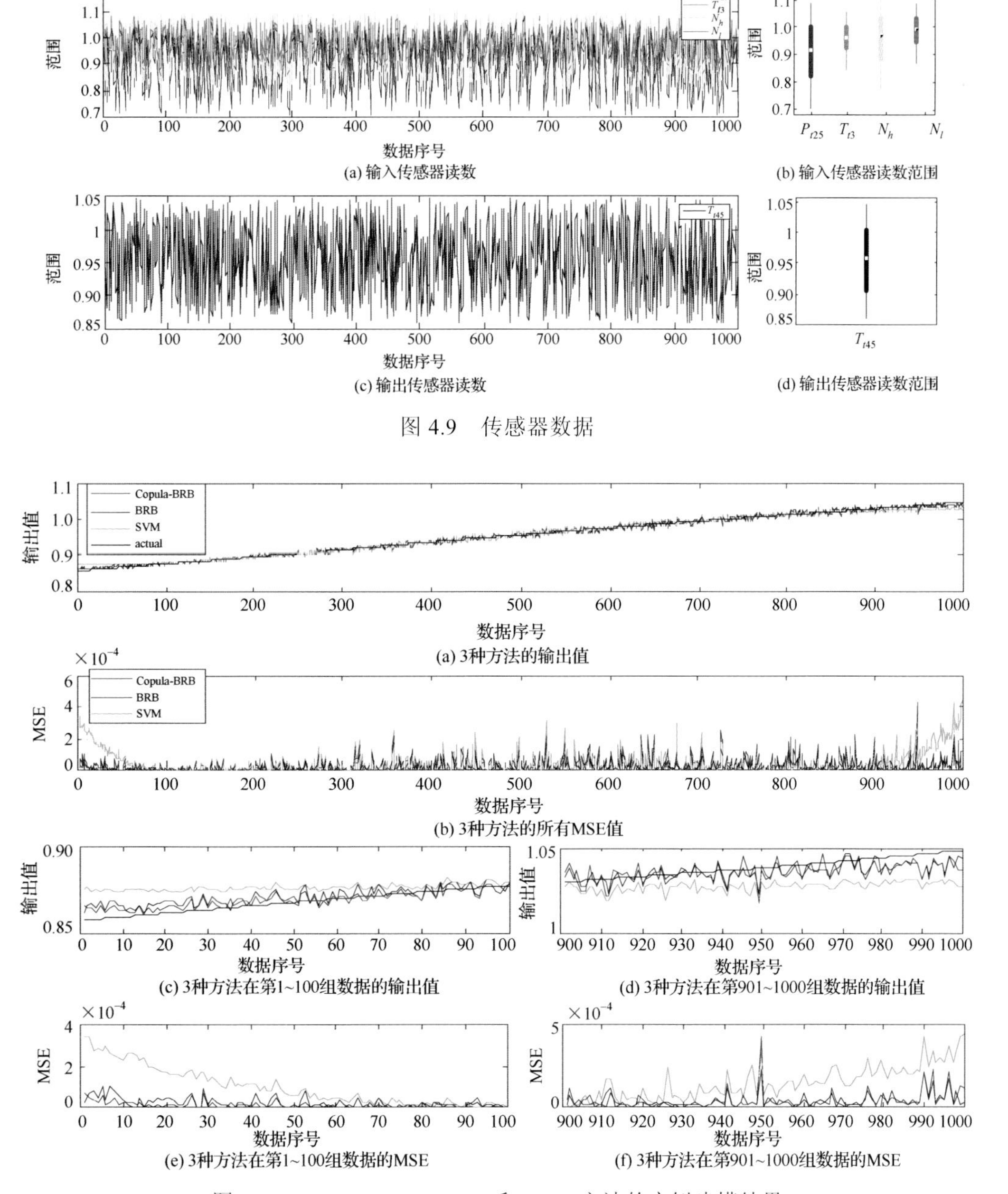

图 4.9　传感器数据

图 4.11　Copula-BRB、BRB 和 SVM 方法的实例建模结果

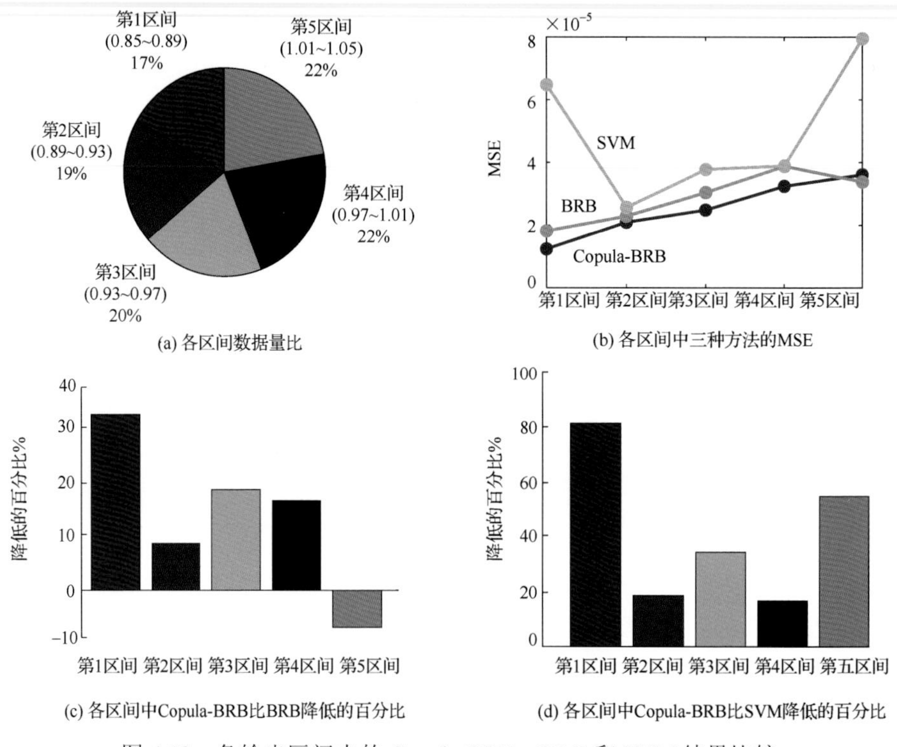

图 4.12　各输出区间内的 Copula-BRB、BRB 和 SVM 结果比较

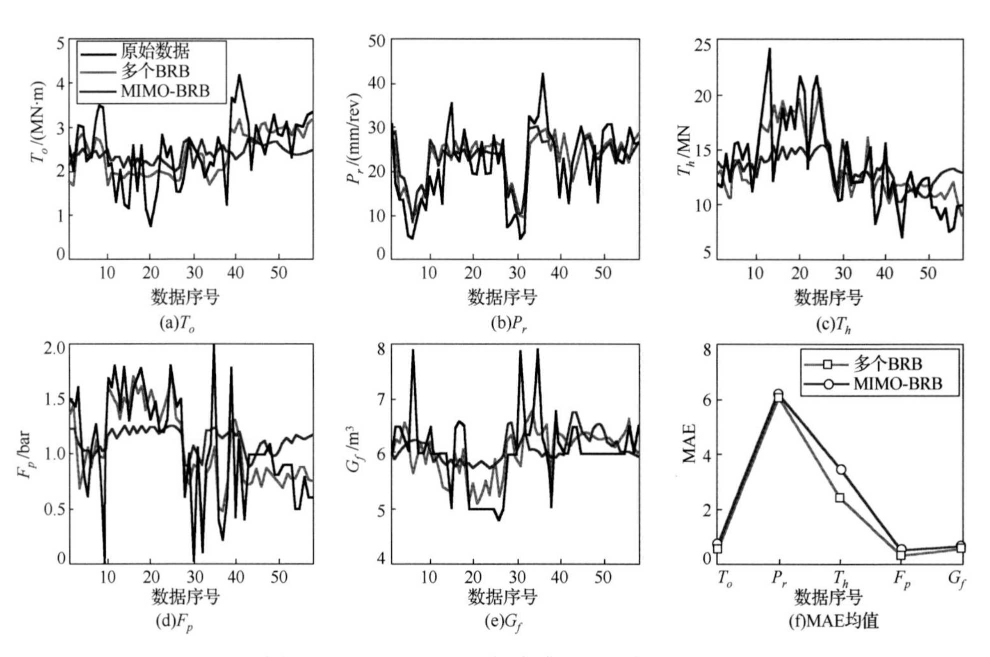

图 4.16　MIMO-BRB 与多个 BRB 结果对比

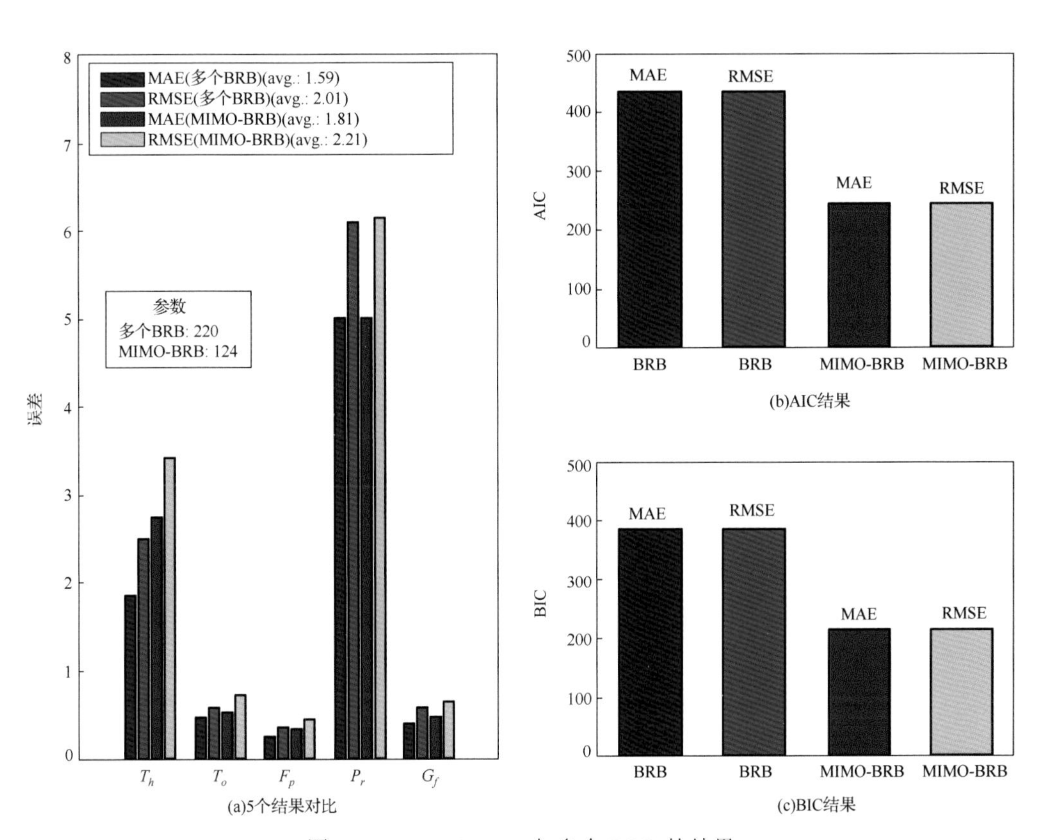

图 4.17　MIMO-BRB 与多个 BRB 的结果

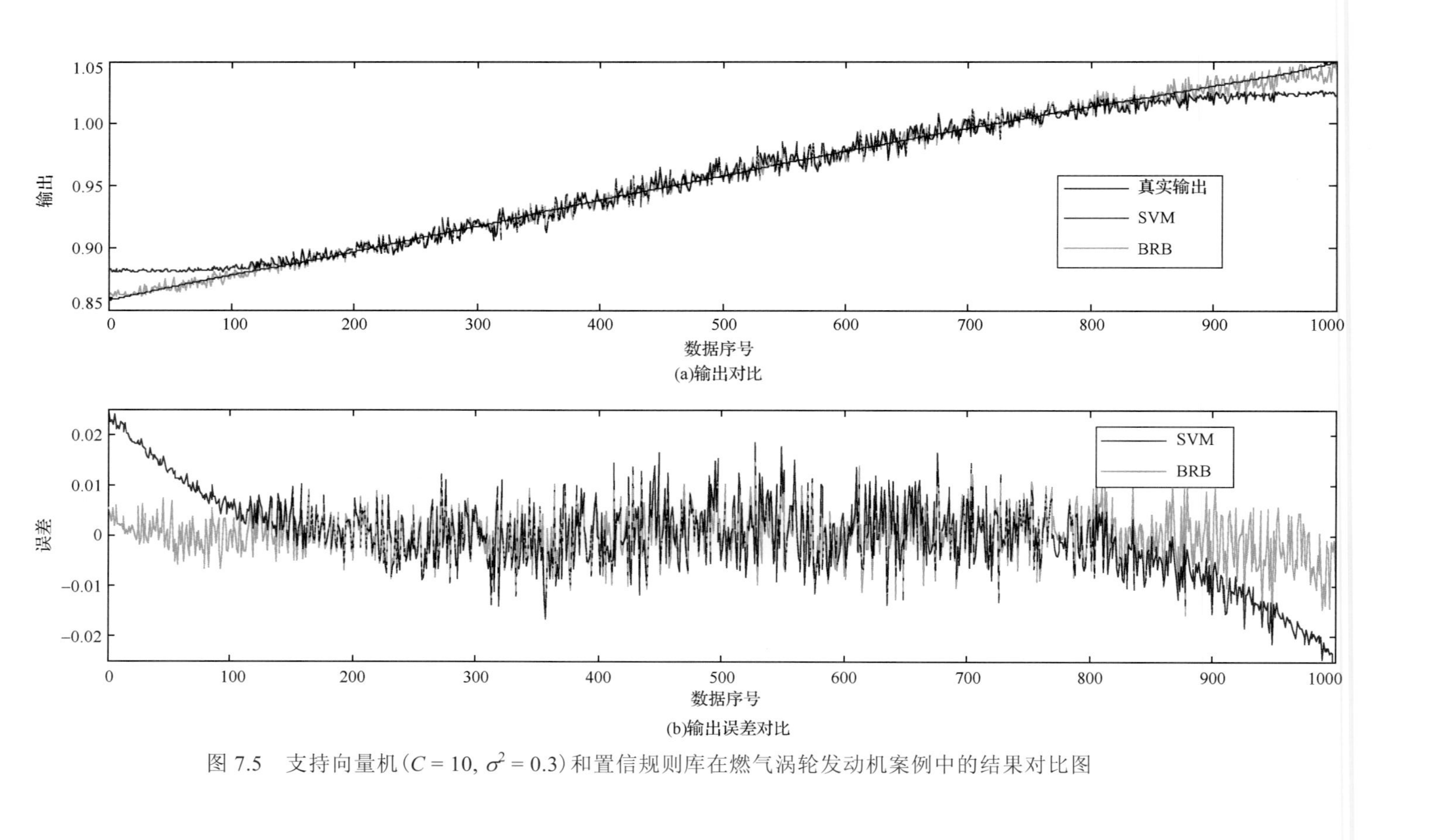

图 7.5　支持向量机($C = 10, \sigma^2 = 0.3$)和置信规则库在燃气涡轮发动机案例中的结果对比图

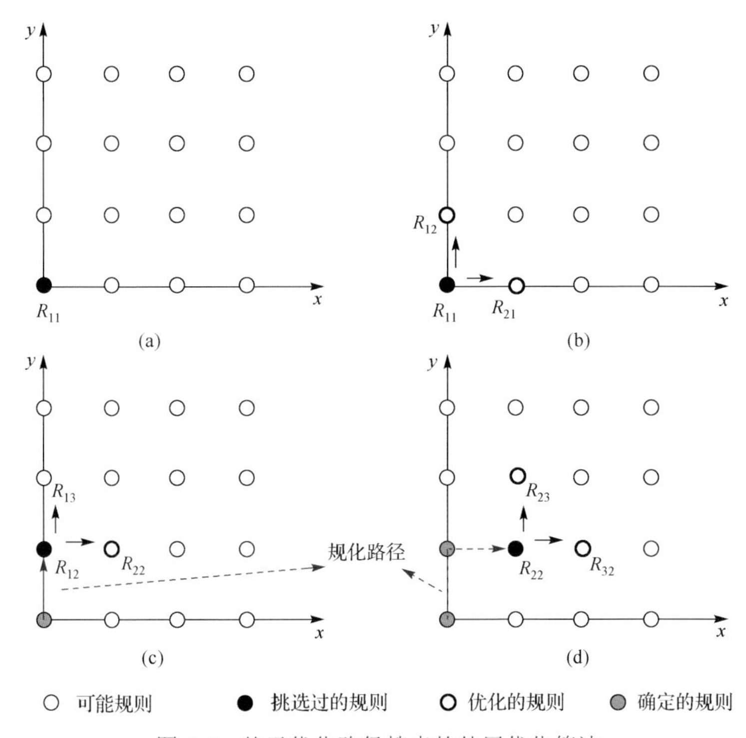

图 8.4　基于优化路径搜索的外层优化算法

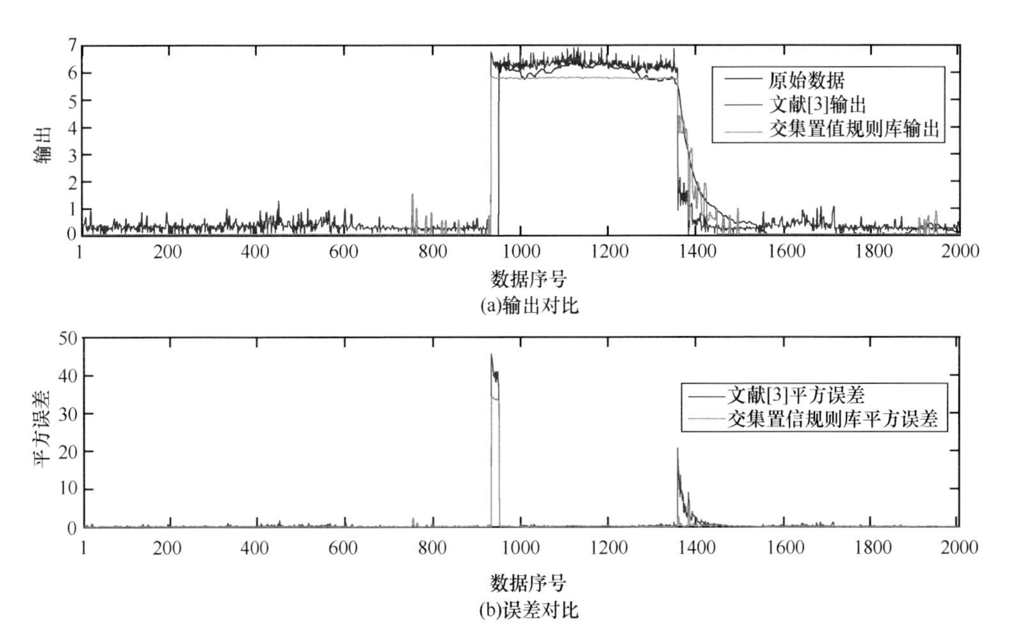

图 8.6　基于交集置信规则的输油管道泄漏规模评估结果与误差对比

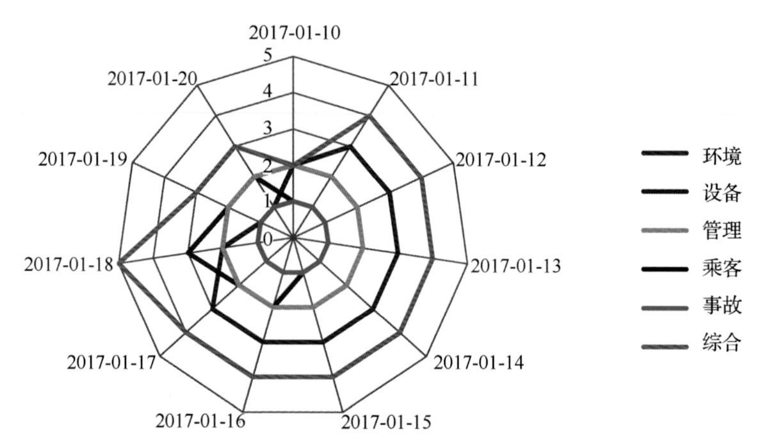

图 13.5　既有线综合安全性评估结果与各影响因素参考等级变化过程

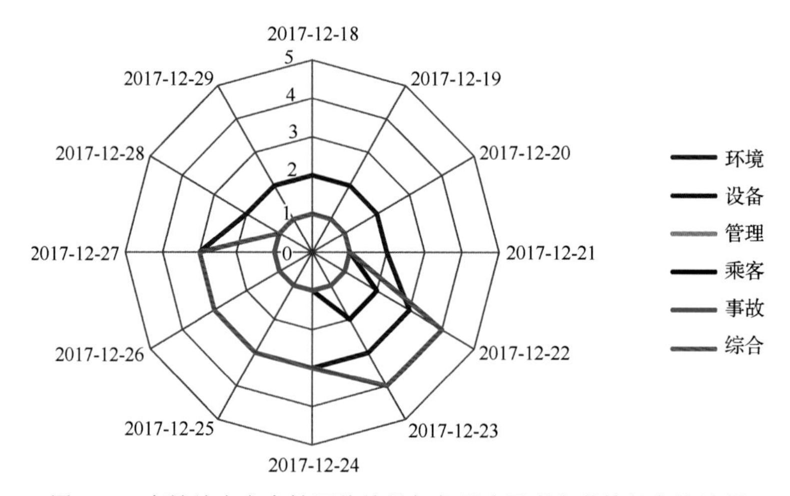

图 13.6　高铁综合安全性评估结果与各影响因素参考等级变化过程